Osama Khalil

Isothermes Kurzzeitermüdungsverhalten der hochwarm-festen Aluminium-Knetlegierung 2618A (AlCu2Mg1,5Ni)

Schriftenreihe
des Instituts für Angewandte Materialien
Band 34

Karlsruher Institut für Technologie (KIT)
Institut für Angewandte Materialien (IAM)

Eine Übersicht über alle bisher in dieser Schriftenreihe erschienenen Bände finden Sie am Ende des Buches.

Isothermes Kurzzeitermüdungs-verhalten der hochwarmfesten Aluminium-Knetlegierung 2618A (AlCu2Mg1,5Ni)

von
Osama Khalil

Dissertation, Karlsruher Institut für Technologie (KIT)
Fakultät für Maschinenbau
Tag der mündlichen Prüfung: 15. Januar 2014

Impressum

Karlsruher Institut für Technologie (KIT)
KIT Scientific Publishing
Straße am Forum 2
D-76131 Karlsruhe

KIT Scientific Publishing is a registered trademark of Karlsruhe Institute of Technology. Reprint using the book cover is not allowed.

www.ksp.kit.edu

Print on Demand 2014

ISSN 2192-9963
ISBN 978-3-7315-0208-1
DOI 10.5445/KSP/1000040485

Isothermes Kurzzeitermüdungsverhalten der hochwarmfesten Aluminium-Knetlegierung 2618A (AlCu2Mg1,5Ni)

Zur Erlangung des akademischen Grades

Doktor der Ingenieurwissenschaften

an der Fakultät für Maschinenbau des

Karlsruher Institut für Technologie (KIT)

genehmigte

Dissertation

von

Dipl.-Ing. Osama Khalil

aus Kairo / Ägypten

Tag der mündlichen Prüfung: 15.01.2014

Hauptreferent: Prof. Dr.-Ing. M. Heilmaier

Korreferent: Prof. Dr.-Ing. T. Beck

تم بحمد الله وتوفيقه له العزة والجبروت والصلاة والسلام على النبى الأمى المكتوب فى التوراة والانجيل

اللهم اغفر لوالدى وارحمهما كما ربيانى صغيرا

الى بعض نفسى التى أسكن اليها

زوجتى آلاء رامز قنديل،

الى أولادى الأحباء محمد و على و عمر،

الى علماءنا الأجلاء النجوم الذين أضاءوا الكون بأفكارهم وكتبهم،

أهدى هذا الكتاب [i]

أسامة خليل

[i] Im Namen des barmherzigen und gnädigen Gottes

Ich danke meinem Gott dem Allmächtigen. Friede und Segen sind auf dem Propheten, wie es in der Thora und der Bibel geschrieben wurde.

Oh Allah vergebe meinen Eltern und sei barmherzig zu ihnen, wie sie mich als Kind erzogen haben.

Für meine Frau Allaa Ramez Kandil, für meine geliebten Kinder Mohammed, Ali und Omar, für die Wissenschaftler, die die Welt mit ihrem Wissen und ihren Büchern und Schriften erleuchteten, widme ich dieses Buch.

Vorwort

Die für diese Arbeit notwendigen Untersuchungen wurden im Rahmen meiner Tätigkeit als wissenschaftlicher Mitarbeiter am Institut für Angewandte Materialien - Werktoffkunde (ehemals Werkstoffkunde I) der Universität Karlsruhe durchgeführt. An dieser stelle möchte ich all denjenigen ein Dankschön aussprechen, die zum Gelingen dieser Arbeit beigetragen haben.

Herrn Prof. Dr.-Ing. Detlef Löhe danke ich, dass er mir die Durchführung dieser Arbeit ermöglichen konnte. Herrn Prof. Dr.-Ing. Martin Heilmaier danke ich für die Übernahme des Hauptreferates. Herrn Prof. Dr.-Ing. Tilmann Beck danke ich für die Übernahme des Korreferates und die kritische Durchsicht des Manuskriptes. Herrn Dr.-Ing. Karl-Heinz Lang gebührt mein besonderer und herzlicher Dank für die Betreuung meiner Projekte, die zahlreichen wertvollen wissenschaftlichen Diskussionen, die sehr engagierte Durchsicht des Manuskriptes und das mir entgegen gebrachte Vertrauen.

Des Weiteren danke ich allen Kolleginnen und Kollegen vom Institut für Angewandte Materialien - Werktoffkunde ehemals Werkstoffkunde I für die Unterstützung bei den verschiedenen Aufgaben.

Den Herrn Mustafa Özden, Tim Feser, Andreas Reeb und Atif Ejrhom, die als Studienarbeiter und wissenschaftliche Hilfskräfte tätig waren und mit ihren Untersuchungen einen großen Beitrag geliefert haben, gilt ebenfalls mein Dank.

Gelsenkirchen im September 2013

Osama Khalil

Inhaltsverzeichnis

1 Einleitung

Der Abgasturbolader ist eine Schlüsseltechnologie zur Leistungssteigerung von Dieselmotoren. Die Kernkomponente des Abgasturboladers ist ein Rotor mit Turbine und Radialverdichterrad. Der Abgasstrom treibt die Turbine an. Mit diesem Antrieb komprimiert das Verdichterrad Luft und liefert mehr Sauerstoff in die Verbrennungskammer. Dadurch wird das Verdichterrad thermisch und mechanisch beansprucht. Das Radialverdichterrad wird standardmäßig aus der hochwarmfesten Aluminium-Schmiedelegierung 2618A gefertigt. Die hohe Warmfestigkeit wird durch eine Ausscheidungshärtung erreicht, wobei für Radialverdichterräder üblicher Weise der Zustand T6 angestrebt wird. Die Auslegung von Aluminium-Radialverdichterrädern für Abgasturbolader erfolgt überwiegend auf der Basis von LCF (low cycle fatigue) Daten ohne Berücksichtigung der Einflüsse von Haltezeiten und Mitteldehnungen und ist in der Regel konservativ. In naher Zukunft werden sich die Anforderungen an die Turbolader ändern. Durch kompaktere Bauweisen und Veränderungen der motorischen Randbedingungen werden Temperaturen und Umfangsgeschwindigkeiten steigen. Eine Steigerung der Umfangsgeschwindigkeiten ist bisher nur durch den Einsatz höherfester Werkstoffe realisierbar. Diese sind sowohl durch die Werkstoffkosten als auch durch den erhöhten Fertigungsaufwand erheblich kostenintensiver.

Die vorliegende Arbeit soll dazu beitragen, eine verbesserte Vorgehensweise zur Lebensdauerberechnung von Aluminium-Radialverdichterrädern für Abgasturbolader zu entwickeln. Radialverdichterräder stellen sehr komplex und hoch beanspruchte Bauteile dar. Im Bereich der Nabenbohrung z.B. ist das Bauteil einer mehrachsigen Beanspruchung bei relativ niedrigen Temperaturen ausgesetzt, die statische und zyklische Komponenten umfasst. Die statische Beanspruchung kann durch die Vorspannung des Verdichterrades hervorgerufen werden. Zyklische Komponenten entstehen durch Start-Stopp-Zyklen oder Laständerungen und werden mechanisch durch Fliehkräfte und thermisch durch inhomogene und instationäre Temperaturfelder induziert. Im Kerbgrund werden bei duktilen Werkstoffen plastische Verformungen durch die hohen Beanspruchungen hervorgerufen. Im Versuch können diese Beanspruchungen im Bereich der Kurzzeitfestigkeit (low cycle fatigue, LCF) abgebildet werden, indem die Proben mit dehnungskontrollierten Wechselbeanspruchungen beaufschlagt werden. Eine andere hoch beanspruchte Stelle ist der Radrücken, wo der Werkstoff der Fliehkraft und der Ausrittstemperatur unterworfen ist. Es können Umfanggeschwindigkeiten bis 500 m/s und Austritttemperaturen bis etwa 150 °C auftreten. An dieser Stelle erfährt der Werkstoff eine überlagerte thermische und mechanische Beanspruchung. Besonders kritisch ist das Langzeitkriechverhalten der ausgehärteten Legierung im Temperaturbereich der Warmauslagerung.

Eine rechnerische Lebensdauervorhersage für Verdichterräder kann nur auf der Basis solider Daten zur Beschreibung des Verformungs- und des Lebensdauerverhalten unter einsatzrelevanten Bedingungen erfolgreich sein. Zur Schaffung einer derartigen Datenbasis wurden unterschiedliche Versuche durchgeführt. Die Werkstoffkennwerte wurden an Proben ermittelt, die aus fertig wärmebehandelten Bauteil-Rohlingen mit einem Durchmesser von etwa 180 mm entnommen wurden. Diese Rohlinge hatten eine homogene Mikrostruktur. Zunächst wurde eine Grundcharakterisierung des derzeit im Einsatz befindlichen Werkstoffes im Temperaturbereich von 20 °C bis 200 °C vorgenommen. Anschließend wurde das isotherme LCF-Verhalten an glatten Proben bei den Temperaturen 20 °C, 80 °C, 150 °C und 180 °C in totaldehnungskontrollierten LCF-Versuchen untersucht. Für T = 80 °C und T = 180 °C wurde der Einfluss einer Mitteldehnung für die Lastverhältnisse $R_\varepsilon = 0$ und $R_\varepsilon = 0{,}33$ sowie der Einfluss von mehrachsigen Beanspruchungszuständen in nenndehnungskontrollierten LCF-Versuchen an gekerbten Rundproben ermittelt.

Da das Schädigungsverhalten unter vorliegenden Betriebsbeanspruchungen unbekannt ist, sollen fundierte Kenntnisse über die Entstehung und Entwicklung von Schädigungen im Werkstoff unter isothermen LCF-Beanspruchungen an glatten sowie an Kerbproben erarbeitet werden. Hierzu wurden Oberflächenbeobachtungen in unterbrochenen LCF-Versuchen an Proben mit zuvor polierter Oberfläche durchgeführt.

Des Weiteren wurde der Einfluss der Bauteilgröße auf die mechanischen Kennwerte, das LCF-Verhalten und die Schädigungsentwicklung untersucht. Hierfür stand eine Schmiederonde mit einem Nenndurchmesser von 520 mm zur Verfügung, die eine inhomogene Mikrostruktur aufwies. Hinsichtlich der Mikrostruktur wurden das isotherme LCF- sowie das Schädigungsverhalten an Proben aus dem Außen- sowie dem Kernbereich der Schmiederonde untersucht.

Die vorliegende Arbeit wurde im Rahmen eines von der FVV geförderten Forschungsprojekts durchgeführt. Die Untersuchung soll zur Erarbeitung und Verifizierung eines Schädigungsparameters, welcher auf der zeitabhängigen elastisch-plastischen Bruchmechanik kleiner Risse beruht, beitragen. Diese Aufgabe ist nicht Teil dieser Arbeit, sondern wird vom Projektpartner „Fraunhofer-Institut für Werkstoffmechanik in Freiburg“ durchgeführt [1].

2 Kenntnisstand

2.1 Werkstoffkundliche Grundlagen

Im Bereich des Leichtbaus finden Aluminium-Legierungen wegen ihrer guten Verarbeitbarkeit und geringeren Dichte stetig zunehmend Anwendung. Der Einsatz von Aluminium-Legierungen für thermisch und mechanisch hochbeanspruchte Bauteile wurde erst durch die Entdeckung der Aushärtbarkeit von Aluminium-Legierungen möglich. Die Festigkeitseigenschaften lassen sich durch die Erzeugung von Ausscheidungen steigern [2-4]. Die Ausscheidungshärtung beruht auf diffusionskontrollierten Vorgängen, die die Bildung und das Wachstum kohärenter fein verteilter Ausscheidungen hervorrufen. Voraussetzung für die Aushärtung ist eine abnehmende Löslichkeit im Mischkristall mit abnehmender Temperatur. Am besten untersucht und am besten verstanden ist die Aushärtbarkeit im binären System Al-Cu. Für die Aushärtung sind Legierungen mit 3 bis 5 Masse-% Cu geeignet. Die Aushärtung erfolgt durch Auslagern des übersättigten Mischkristalls. Für eine Aushärtung muss zunächst eine Lösungsglühung im Bereich einer bei hohen Temperaturen stabilen Mischkristallphase durchgeführt werden.

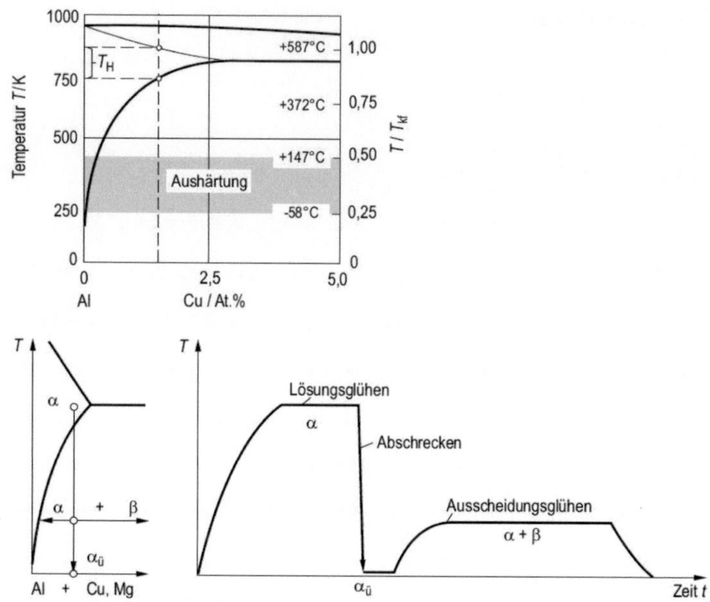

Abbildung 2.1 Vorgehensweise zur Aushärtung einer binären Al-Cu-Legierung [3]

Nach der Lösungsglühung wird der Mischkristall auf Raumtemperatur abgeschreckt. Somit liegt ein übersättigter Mischkristall vor. Wird dieser bei einer höheren Temperatur ausgelagert, weist der Werkstoff einen beachtlichen Festigkeitsanstieg auf. Während der Auslagerung des übersättigten Mischkristalls entstehen feine Ausscheidungen in den Körnern, deren Art und Größe unmittelbar von der Temperatur und Zeit der Auslagerung abhängen. Abbildung 2.1 stellt die Vorgehensweise zur Aushärtung einer binären Al-Cu-Legierung beispielhaft dar.

Bei der Auslagerung entstehen zunächst kohärente Ausscheidungen in Form von einschichtigen Cu-Atomlagen, die als Guinier-Preston I Zonen (GP I) bezeichnet werden. Durch Anhäufungen von GP I Zonen bilden sich dann die ebenfalls kohärente GP II Zonen, die aus parallelen Cu-Schichten längs {111}-Ebenen bestehen und auch als θ'' bezeichnet werden. Bei längerem Auslagern stellt sich die teilkohärente Phase θ' ein. Im fortgeschritten Verlauf der Auslagerung entsteht schließlich die Gleichgewichtsphase θ, deren Entstehung mit einer Abnahme der Festigkeit verbunden ist. Diese oft unerwünschte Festigkeitsabnahme wird als Überalterung bezeichnet [2-4].

Die Festigkeitssteigerung beruht auf der Wechselwirkung von Ausscheidungen und Versetzungen. In Abhängigkeit von Art, Abstand und Größe der Ausscheidungen werden die Versetzungen die Ausscheidungen schneiden oder umgehen. Abbildung 2.2 zeigt die nötige Schubspannung zur Überwindung einer kohärenten Ausscheidung als Funktion vom Radius der Ausscheidung. Kleine Teilchen werden geschnitten. Die dazu notwendige Schubspannung nimmt mit anwachsender Ausscheidungsgröße kontinuierlich zu. Schließlich wird der Orowan-Mechanismus zur Überwindung der Ausscheidung günstiger, da hier die nötige Schubspannung mit zunehmendem Abstand zwischen den Ausscheidungen abnimmt [2-5].

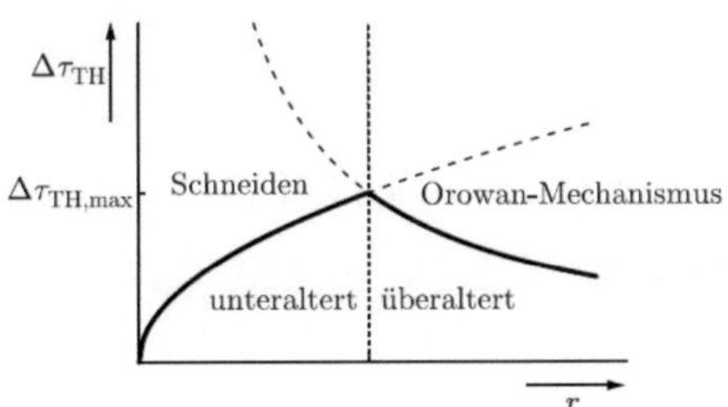

Abbildung 2.2 Abhängigkeit des Widerstandes zur Überwindung kohärenter Ausscheidungen vom Radius der ausgeschiedenen Teilchen [4]

2.1.1 Al-Cu-Mg-Legierungen

Die 2000-Gruppe der Al-Legierungen basiert meistens auf dem ternären Al-Cu-Mg-Legierungssystem. Bei den ternären Al-Cu-Mg-Legierungen hängt das Gefüge sehr stark von der chemischen Zusammensetzung der Legierung ab (Abbildung 2.3). In der Regel liegen die technisch relevanten Al-Cu-Mg-Legierungen im Bereich der Phasen (α + S).

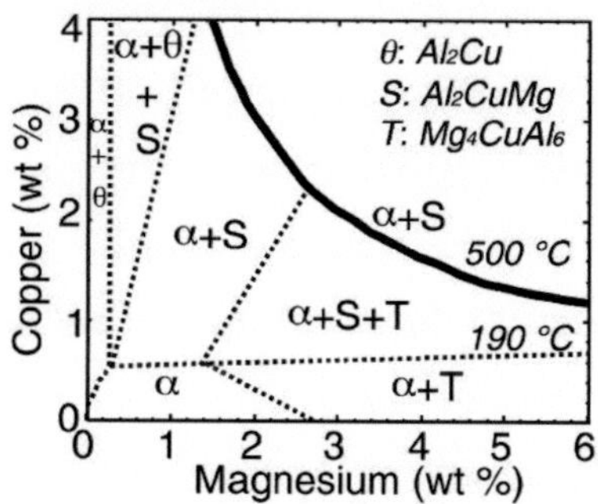

Abbildung 2.3 Al-reiche Ecke im Phasendiagramm der Al-Cu-Mg-Legierung in Abhängigkeit der chem. Zusammensetzung mit den Phasen nach der Auslagerung bei 190 °C [6]

Bei den ternären Al-Cu-Mg-Legierungen des Bereichs (α + S) erfolgt die Aushärtung im Temperaturbereich zwischen 100 °C und 240 °C in zwei Stufen, die durch ein Härteplateau zu unterscheiden sind [7, 8]. Es war allgemein akzeptiert, dass die primäre Zunahme der Härte auf die Bildung der GP-Zonen beruht, während die zweite Stufe auf die Bildung der teilkohärenten Phasen S' und der stabilen Phase S beruht [9, 10]. Ringer et al. [11] hat keine GP-Zone nach der ersten Härtungsstufe festgestellt. Sie führten die rapide Zunahme der Härte (etwa 70 % der maximalen Härte) auf eine kleine Zahl von Atomen zurück, die auch Cu-Mg co-clusters genannt wurden. Am Ende des Härteplateaus wurden die ersten GP-Zonen beobachtet, welche sich zu feinen Ausscheidungen während der zweiten Härtungsstufe überall im ganzen Korn bilden. Nach Erreichen der maximalen Härte setzt die Überalterung ein [11]. Neuere Untersuchungen haben bei der Legierung Al-Cu4-0,3Mg gezeigt, dass die Ausscheidungsprozesse komplexer sind als in den binäre Al-Cu und ternäre Al-Cu-Mg Systemen [12]. Eine neue Orientierung sowie Morphologie wurde für die θ` (Al_2Cu) gemessen und eine neue kubische σ Phase ($Al_5Cu_6Mg_2$) wurde beobachtet [13]. [14] untersuchte die Mikrostruktur der Legierung 2009 und eine mit SiC verstärkte Variante. Nur in der partikelverstärkten Legierung 2009/SiC wurde die σ Phase ($Al_5Cu_6Mg_2$) im Transmissionelektronenmikroskop gefunden. Vermutlich begünstigt das Vorhandensein von Si in der partikelverstärkten Legierung die Bildung der kubischen σ Phase.

Zusammenfassend kann die Ausscheidungsfolge bei Al-Cu-Mg-Legierung wie folgt angegeben werden:

$\alpha_{ss} \rightarrow$ Co-clusters $\rightarrow$ GP-Zone $\rightarrow$ S'' $\rightarrow$ S'/S (Al_2CuMg)

Die rapide Härtezunahme wurde von Reich et al. untersucht [15]. Bei einer Auslagerung bei 150 °C sowie bei 200 °C erreicht die Härte bereits nach einer Minute das Plateau (Abbildung 2.4). In diesem Stadium wurden noch keine GP-Zonen erkannt. Die Ausbildung homogener Cu-Mg-co-clusters, aus denen die GP-Zonen während der zweiten Stufe entstehen können, findet erst am Ende des Härteplateaus statt. Zusätzlich wurde der Einfluss der plastischen Verformung auf das Ausscheidungsverhalten untersucht (Abbildung 2.4 links). Die Erhöhung der Versetzungsdichte durch die plastische Verformung hat zu einem höheren Härteplateau geführt. Demzufolge wurde vermutet, dass die primäre Härtezunahme durch die Wechselwirkung von Fremdatomen und

Versetzungen entsteht. Ähnliche Ergebnisse wurden für die Legierung 2024 in [7] gefunden.

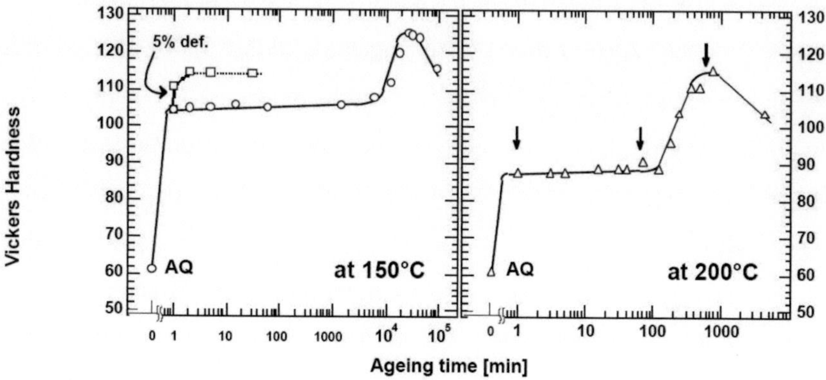

Abbildung 2.4 Aushärtung einer Al-1,7at.%Mg-1,1at.%Cu-Legierung erfolgt in zwei Stufen, bei T= 150 °C (links) und bei T= 200 °C (rechts) [15]

Die Wechselwirkung zwischen Versetzungen und Ausscheidungsbildung zeigen die Untersuchungen in [16]. Eine plastische Verformung nach dem Abschrecken führt zu einer feineren Ausbildung der Ausscheidungen und damit zu höheren Festigkeitswerten (Abbildung 2.5). In anderen HREM-Untersuchungen (**H**igh **R**esolution **E**lectron **M**icroscopy) wurde die Bildung feiner Ausscheidungen in der Legierung 2650-T8 beobachtet [17]. Diese feinen Nadeln tendieren zu verschwinden, wenn die Legierung bei hoher Temperatur (T=150 °C) ausgelagert wird. Mit dem Verschwinden dieser Ausscheidungen ist eine kontinuierliche Abnahme der Härte verbunden.

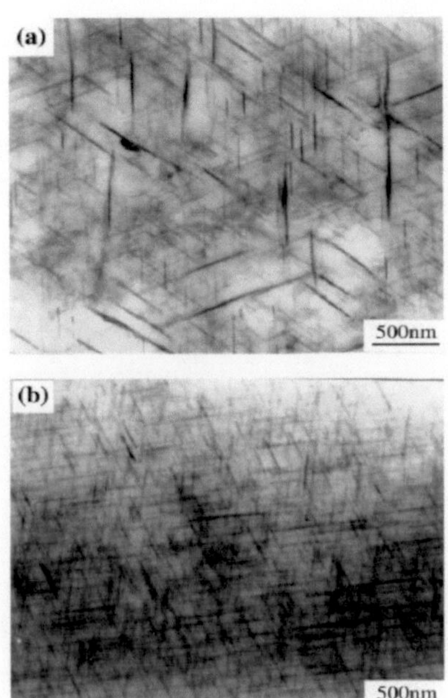

Abbildung 2.5 TEM-Untersuchungen zur Entwicklung der Ausscheidungen in der Al-Legierung 2618 (a) im Zustand T6 und (b) nach einer zusätzlichen plastischen Verformung nach dem Abschrecken [16]

2.1.2 Mikrostruktur der Al-Legierung 2618A

Die Legierung 2618A (Al-2,2Cu-1,5Mg-1,1Fe-1Ni-0,2Si) wurde zuerst für Verkleidungen und andere Strukturkomponente für das Concorde-Flugzeug verwendet [18].

Die Al-Legierung 2618A ist eine aushärtbare Al-Cu-Mg-Fe-Ni-Schmiedelegierung. In der Regel wird die Legierung 2618A ausgehärtet im Zustand T6 verwendet [19]. Silizium-Zusatz von etwa 0,2% zur ternären Al-Cu-Mg-Legierung verbessert die Zug- und Kriechfestigkeit, indem Silizium die Leerstellenkonzentration und die Stabilität der teilkohärenten Phase S' (Al_2CuMg) erhöht [20]. In der Legierung 2618A sind Fe und Ni keine Verunreinigungen sondern werden in gleichen Mengen zulegiert [21]. Fe- und Ni-Zusätze führen zur Bildung der intermetallischen Phase Al_9FeNi, die die Warmfestigkeit der Legierung besonders steigert [10, 22], in dem Versetzungsbewegung erschwert wird [23]. Dabei wurden detaillierte Untersuchungen der Mikrostruktur der Legierung 2618A im T6-Zustand sowie nach Kriechbelastungen bei 140 MPa und 270 °C durchgeführt. Die am Lichtmikroskop beobachteten intermetallischen Phasen (Abbildung 2.6) bestanden zu 99% aus der Al_9FeNi-Phase. Am TEM wurden Ausscheidungen der intermetallischen Phase S infolge der Temperaturbelastung bei 270 °C an den Korngrenzen beobachtet, deren Entstehen zur Bildung einer ausscheidungsfreien Zone (AFZ) an den Korngrenzen führte. Ähnliche Untersuchungen wurden an der Al-Legierung 2618A im Gusszustand und nach einer anschließenden Lösungsglühung bei einer Temperatur von 530 °C wird von Feng et al. in [24] vorgenommen.

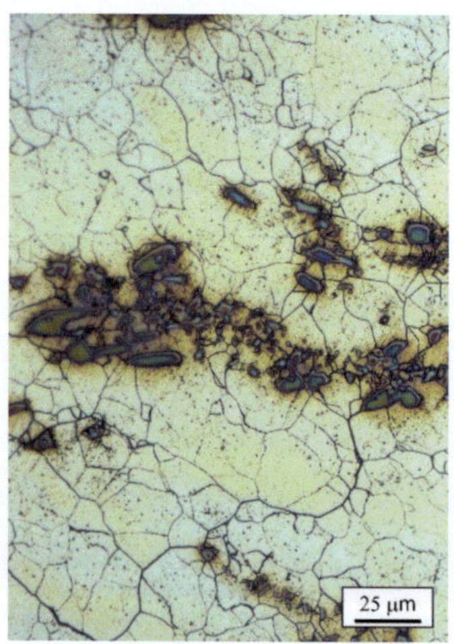

Abbildung 2.6 Mikrostruktur der Al-Legierung 2618A am Lichtmikroskop, Ätzmittel: Dix-Keller [23]

Bei den Untersuchungen von Wang et al. [16] wurden die ausscheidungsfreien Zonen an der Al-Legierung 2618A im T6-Zustand beobachtet. Wang et al. haben den Einfluss der plastischen Verformung vor der Auslagerung auf die Mikrostruktur und Eigenschaften der Legierung 2618A untersucht. Der Werkstoff wurde nach einer Lösungsglühung bei 535 °C im Wasser abgeschreckt. Nach einer Kaltverformung von 10% wurde die Legierung auf die Maximalhärte bei 200°C ausgelagert. Aufgrund dieser als Deformation Ageing Treatment (DAT) bezeichneten Behandlung wies der Werkstoff einen Anstieg in der Zugfestigkeit um etwa 15% im Vergleich zum Zustand T6 sowohl bei Raumtemperatur als auch bei 200°C auf. Dabei wurde eine kleinere ausscheidungsfreie Zone als im T6-Zustand in den rasterelektronenmikroskopischen Untersuchungen beobachtet. Die Autoren führten diese Verringerung der ausscheidungsfreien Zone auf eine durch die plastische Verformung verursachte Erhöhung der Leerstellenkonzentration und der Versetzungsdichte zurück.

Ein verbessertes Kriechverhalten der Legierung 2618A kann durch Mikrolegieren mit Ag oder Sc und Zr durch die Stabilisierung der Ausscheidungen erzielt werden. Weiterführende Aspekte der Werkstoffentwicklung finden sich in der fachlichen Literatur [13, 18, 25-44]. Z.B. [31] untersuchte den Einfluss seltener Erdmetalle auf die Mikrostruktur und die zyklische Rissausbreitung bei einer Al-Cu-Mg-Ag-Legierung und fand dabei einen erhöhten Widerstand gegen die Ausbreitung von Ermüdungsrissen. [44] untersuchte die Mikrostruktur und die mechanischen Eigenschaften der Legierung 2618 mit Sc und Zr Zusätzen. Die Sc und Zr Beimengungen führen zur Steigerung der mechanischen Eigenschaften bei den untersuchten Temperaturen. Einerseits kann die primäre Al_3(Sc, Zr) zur geringen Gusskorngröße führen, indem sie als Keimbildner bei der Erstarrung dient. Andererseits tragen die kohärenten Al_3(Sc, Zr) Ausscheidungen, die sich auch während der Glühung der Gussbarren als feine Dispersion bilden können, zur weiteren Festigkeitssteigerung bei. TEM-Untersuchungen [43] haben jedoch gezeigt, dass es bei den Al-Cu-Mg-Ag-Sc-Legierungen ebenfalls zur Gefügeevolution bzw. zur Bildung ausscheidungsfreier Bereiche kommt (s. Abbildung 2.7).

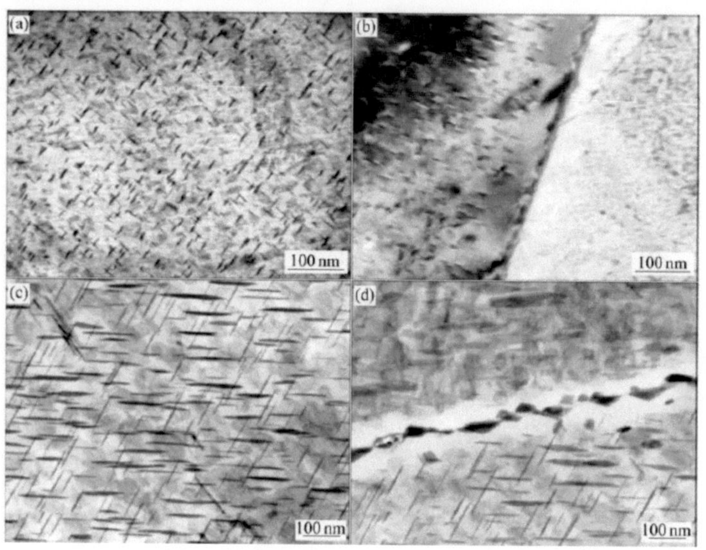

Abbildung 2.7 TEM-Untersuchungen der Mikrostruktur der Legierung Al-4,72Cu-0,45Mg-0,54Ag-0,17Zr nach unterschiedlichen Wärmebehandlungen: (a) Gefüge nach 2 h bei 165°C, (b) Korngrenze nach 2 h bei 165°C, (c) Gefüge nach weiterer Auslagerung für 20 h bei 200°C, (d) Korngrenze nach 20 h bei 200°C [43].

Die Al-Cu-Li-Mg-Legierungen besitzen auch gute Warmfestigkeiten und können einer potentiellen Alternative zur Legierung 2618A darstellen [45, 46]. Durch Zusatz von 1,3 bis 2,5% Li erhalten Al-Cu-Mg-Legierungen ein um etwa 10% geringeres spezifisches Gewicht und einen um etwa 6% erhöhten E-

Modul [20, 46]. Bei den Al-Cu-Li-Legierungen können sehr kleine Mengen von Ag und Mg die Ausscheidungshärtung durch Bildung fein verteilter und stabiler T_1-Ausscheidungen wesentlich beeinflussen [47]. Die Beimischung von Sc begünstigt die Bildung homogener und fein verteilter Ausscheidungen vom Typ $Al_3(Sc,Zr)/Al_3Li$ und δ [48].

Aufgrund der guten Hochtemperatureigenschaften, der niedrigen Eigenspannungsbildung und der Verfügbarkeit wird die Legierung 2618A in den letzten 30 Jahren für Bauteile für Hochtemperaturanwendungen in Leichtbauanwendungen immer wieder eingesetzt [18, 40].

2.2 Quasistatisches Verformungsverhalten

Die plastische Verformung von Metallen beruht hauptsächlich auf der Bewegung von Versetzungen [2-4]. Im Bereich niedriger Temperaturen bestimmen Vorgänge wie die Entstehung, Gleitung und Aufstau von Versetzungen das Verformungs- und Festigkeitsverhalten eines Werkstoffes [2]. Zur Erhöhung der Festigkeit der Konstruktionswerkstoffe muss die Bewegung der Versetzungen durch mikrostrukturelle Hindernisse erschwert werden. Diese Verfestigung kann durch Verformung, Kornverfeinerung, Mischkristallhärtung, Teilchenhärtung und Orientierungsverfestigung realisiert werden. In der Literatur [2-4] sind diese Verfestigungsmechanismen und das Verformungsverhalten der Werkstoffe ausführlich beschrieben.

Grundlegend lässt sich das mechanische Verformungsverhalten eines Werkstoffes bzw. eines Werkstoffzustandes mit dem Zugversuch quantitativ prüfen. Schnelle Aussagen über die Festigkeit können auch durch Härtemessungen gewonnen werden. Die quasistatischen Eigenschaften der handelsüblichen Al-Legierungen sind in Normen (wie z.B. DIN EN 755-2 für Rundstangen) geregelt.

Die chemische Zusammensetzung der Al-Legierung 2618A wird in DIN EN 573 geregelt, während die mechanischen Eigenschaften der Legierung im Rahmen der DIN EN Normen nicht geregelt sind. Zusätzlich stehen Werkstoffdaten zur Härte und Zugfestigkeit bei erhöhter Temperatur in den Handbüchern zur Verfügung [22, 49].

Die Al-Legierung 2618A besitzt im Zustand T6 eine Zugfestigkeit von 390 bis 430 MPa, eine 0,2%-Dehngrenze von 305 bis 375 MPa und eine Bruchdehnung (A_5) zwischen 3 und 8 % [50]. Die Härteprüfung kann mit einer Vielzahl von Prüfverfahren durchgeführt werden. Das Verfahren nach Brinell hat sich bei Aluminiumknetlegierungen am besten bewährt. Es zählt zu den statischen Verfahren, bei denen die Prüfkraft stoßfrei aufgebracht wird. Der Vorteil beim Brinell-Verfahren ist, dass relativ große Eindrücke erzeugt werden und daher auch bei heterogenen Werkstoffen ein für das Gefüge repräsentativer Härtewert ermittelt werden kann. Die ausgehärtete Al-Legierung 2618 weist im Zustand T6 eine Brinell-Härte von etwa 130 HB auf, während die Härte nach der Kaltauslagerung bei etwa 80 HB liegt [51]

Mit zunehmender Temperatur nehmen die Gitterschwingung der Atome sowie die Leerstellenkonzentration zu [2]. Somit wird die Mobilität der Leerstellen und der Versetzungen erleichtert. Die Festigkeit nimmt durch Erholungsvorgänge und die erhöhten Versetzungsmobilität mit zunehmender Temperatur ab [3]. Bei der T6 ausgehärteten Al-Legierung 2618 beginnt der Festigkeitsabfall bei etwa 100 °C (s. Abbildung 2.8) [49]. Ab etwa 180 °C weist die Legierung einen sehr steilen Abfall der Festigkeitswerte auf. Bei Temperaturen, die im Bereich der Warmauslagerungen liegen, tragen andere Mechanismen wie Überalterungs- und Kriechvorgänge zum steilen Abfall bei [23, 51, 52]. Es ist auch festzustellen, dass das Verhältnis zwischen der Dehngrenze und der Zugfestigkeit mit zunehmender Temperatur signifikant abnimmt. Abbildung 2.8 zeigt die Abhängigkeit der Festigkeitswerte von der Prüftemperatur beispielhaft für einige hochfeste Al-Legierungen.

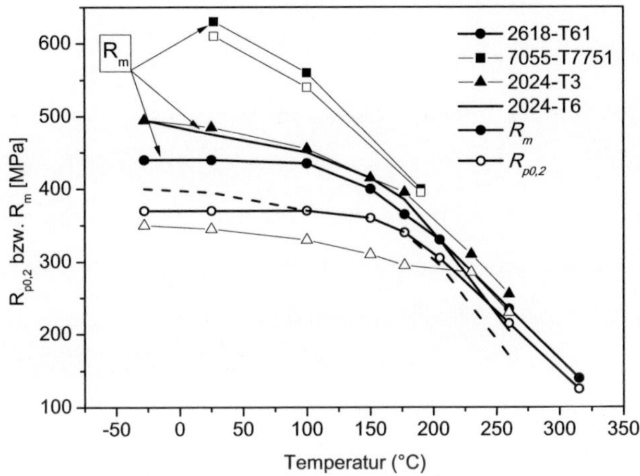

Abbildung 2.8 Zugfestigkeit und 0,2-Dehngrenze aushärtbarer Al-Legierungen in Abhängigkeit der Prüftemperatur, AlCuMg-Legierungen weisen einen steilen Abfall ab 200 °C auf [49]; und die Al-Legierung 7055-T7751einen nahezu linearen Abfall [53].

[54] untersuchte den Einfluss von Sc, Mg und Zr auf das Festigkeitsverhalten der Al-Cu-Legierung 2219 bei Temperaturen von RT bis 350 °C. Die Dehngrenze nahm kontinuierlich mit zunehmender Temperatur ab, z.B. bei 250 °C ist die Dehngrenze um die Hälfte des Wertes bei Raumtemperatur gesunken. Der Autor stellte fest, dass die Beimengung von Sc und die Beimengung von Zr mit Mg zur deutlichen Kornverfeinerung sowie zu homogener Verteilung der Ausscheidungen führen.

Die höchste Warmfestigkeit ergab sich bei der Legierung 2219+0,8%Sc+0,45%Mg+0,2Zr. Henne [55] untersuchte die Zugfestigkeit von AlSi10Mg im Zustand T6 im Temperaturbereich von RT bis 300 °C. Die Zugfestigkeit sowie die Dehngrenze sanken mit zunehmender Temperatur kontinuierlich. Die Zugfestigkeit z.B. nahm von 310 MPa bei RT auf 240 MPa bei 150 °C und auf 205 MPa bei 200 °C ab.

Henne [55] hat den Einfluss unterschiedlicher Auslagerungstemperaturen und -zeiten auf die Härte der Al-Legierungen AlSi10Mg im Zustand T6, AlSi6Cu4 (lösungsgeglüht) und AlSi6Cu4 im Zustand T7 untersucht. Die Legierung AlSi10Mg zeigte bei diesen Untersuchungen einen deutlich größeren Abfall der Härte in Abhängigkeit der Auslagerungsdauer gegenüber der Legierung AlSi6Cu4. Zugversuche bei 200 °C an 150 h bei 200 °C ausgelagerten Proben aus der Al-Legierung AlSi10Mg-T6, zeigen eine Festigkeitsabnahme von etwa 95 MPa. Zugversuche bei 250 °C an 100 h bei 250 °C ausgelagerten Proben aus der Al-Legierung AlSi10Mg-T6, zeigen die zweifache Festigkeitsabnahme auf etwa 55 MPa. Da die maximale Festigkeit durch eine T6-Wärmebehandlung erreicht wird, ist dementsprechend mit einer sehr hohen Empfindlichkeit gegen die Überalterung im Vergleich zum überalterten Zustand T7 zu rechnen. [56] kommt zu ähnlichen Zusammenhängen für eine Al-Mg-Si-Legierung.

Die zusätzliche Problematik bei der Beurteilung der Festigkeit bei hoher Temperatur besteht darin, dass das Gefüge sich während einer Langzeitbelastung verändern kann [12, 55, 56]. Da die Festigkeit hochfester Al-Legierungen durch Ausscheidungshärtung erreicht wird, hängt die Festigkeit ausgehärteter Al-Legierungen massiv vom Ausscheidungsgefüge ab. Viele Untersuchungen wurden in den letzten Jahren zur Beschreibung der Abhängigkeit der Dehngrenze und der Duktilität von der Ausscheidungshärtung durchgeführt [56-60].

[57] stellt ein quantitatives Model zur Vorhersage der Dehngrenze von Al-Cu-Li-Legierungen in Abhängigkeit der Ausscheidungs-, Mischkristall- und Korngrenzenverfestigung vor. [58] untersuchte die Evolution der Ausscheidungen in einer ternären Al-Zn-Mg-Legierung. Die Entwicklung der Ausscheidungen wurde in der Wärmeeinflusszone geschweißter Proben in Abhängigkeit des Temperaturzeitverlaufs charakterisiert. Auf Basis dieser Untersuchungen wurde ein Modell zur Beschreibung der Gefügeevolution entwickelt, das auf Wachstum und Auflösung von Ausscheidungen unterschiedlicher Größe basiert. [60] untersuchte die Wechselwirkung unterschiedlicher Ausscheidungen (runde Pre-β''-, stäbchenförmige β''- und nadelförmige β'-Phase) auf die Festigkeit und Duktilität von Al-Mg-Si-Legierungen. Durch die Berücksichtigung der Dichte und Verteilung der drei Phasen konnte das Verformungsverhalten in Abhängigkeit der Aushärtung erfolgreich modelliert werden. In diesen Untersuchungen ergibt sich, dass die Duktilität sechsfach durch eine geeignete Kombination der verschiedenen Ausscheidungen auf Kosten der Dehngrenze gesteigert werden kann.

Zahlreiche Untersuchungen finden sich in der Literatur zum Einfluss der Dehnrate auf das quasistatische Verformungsverhalten der Al-Knetlegierungen. [61] untersuchte das quasistatische Verformungsverhalten der Al-Legierung 6111 bei unterschiedlichen Verformungsgeschwindigkeiten im Temperaturbereich von 4,2 bis 293 K. Dabei wurde eine starke Abhängigkeit der Dehnratenempfindlichkeit von der Ausscheidungshärtung beobachtet. [62] entwickelte ein numerisches thermo-viskoplastisches Modell zur Vorhersage der Fließkurve sowie der dynamischen Rekristallisation während der Warmumformung einer AlMg5-Legierung auf der Basis von Warmdruckversuchen. [63] untersuchte das Verformungsverhalten der Al-Legierung 2219 im Temperaturbereich von

205 °C bis 500 °C. Dabei wurde die Dehnrate zwischen $1{,}5.10^{-6}$ und 3.10^{-2} s^{-1} variiert. Abnehmende Temperatur und höhere Dehnraten führen zu lokalisierendem Gleiten von Versetzungen. Steigende Temperatur führt zum Quergleiten sowie zum Übergang von Mehrfachgleiten zu einfachem Gleiten von Versetzungen. [64] untersuchte das Warmverformungsverhalten der Al-Legierung 2618 mittels Torsionsversuchen im Temperaturbereich von 150 °C bis 500 °C mit Dehnraten zwischen 10^{-3} und 1 s^{-1}. Während der Verformung bei 250 °C wies der Werkstoff im lösungsgeglühten Zustand eine ähnliche Fließspannung wie im Zustand T6 auf. Im Temperaturbereich von 150 °C bis 200 °C wird die Aushärtung bei niedrigeren Dehnraten durch eine dynamische Ausscheidung gefördert. Allerdings ist der Einfluss der Dehnrate auf die Festigkeit bis zu einer Temperatur von 200 °C gering. In den Untersuchungen von [65] ergibt sich, dass die Fließspannung mit steigender Dehnrate zunimmt. Die Fließspannung kann mit einer hyperbolischen Sinusfunktion sowie mit dem Zener-Hollomon-Parameter Z beschrieben werden. Das Verformungsverhalten der Al-Legierung 2618 wird bei hohen Z-Werten im Temperaturbereich 100 bis 200 °C hauptsächlich durch dynamische Erholung bestimmt. Bei niedrigen Z-Werten führt die dynamische Rekristallisation zur Entfestigung des Werkstoffes im Temperaturbereich von 350 °C bis 400 °C. Im mittleren Temperaturbereich bestimmen dynamische Erholung und dynamische Rekristallisation gemeinsam das Verformungsverhalten [66].

Die plastische Verformung bei höheren Temperaturen ($T > 0{,}4.T_m$) hängt nicht nur von der Spannung sondern auch von der Zeit ab. Diese Formänderungen, die in längeren Zeiträumen ablaufen, werden als Kriechen bezeichnet [67]. [68] untersuchte das Kriechverhalten von 30 Al-Legierungen hinsichtlich der Anwendung im zivilen Überschall-Luftfahrzeug. Es ergab sich, dass die Al-

Legierung 2618A die höchste Kriechbeständigkeit in Hinsicht auf die Langzeitbeanspruchung aufweist. Die Legierung weist keine Kriechverformung bei 150 °C unter einer Nennspannung von 185 MPa für 1000 h (Abbildung 2.9 links) auf [69]. Obwohl in den Untersuchungen die Legierung 2024 im Zustand T8 niedrige Kriechdehnungen zeigten, besitzt die Legierung 2618A langfristig wiederum ein günstigeres Kriechverhalten, da das tertiäre Kriechen und somit der Bruch deutlich früher bei der Legierung 2024 als bei 2618 auftreten (Abbildung 2.9 rechts) [70].

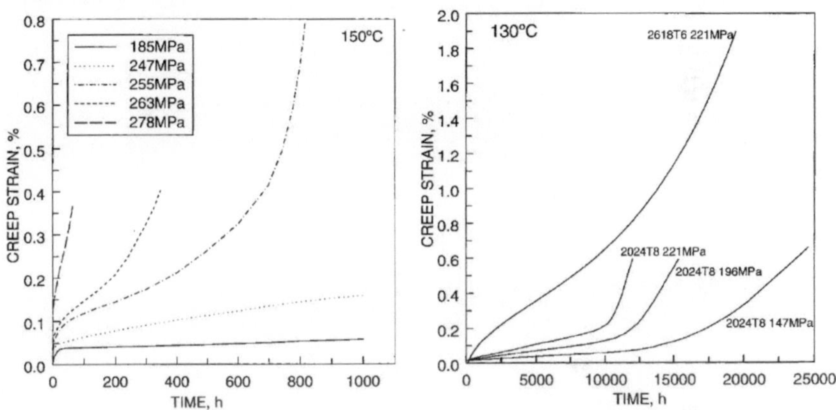

Abbildung 2.9 Kriechverhalten der Legierung 2618-T6 bei 150 °C [66] (links) und bei 130 °C im Vergleich zu anderen warmfesten Al-Legierungen [67] (rechts)

In Al-Cu-Mg-Ag-Versuchslegierungen führt die Beimengung von Ag zur Erhöhung der Warmfestigkeit und zur Verbesserung der Kriechbeständigkeit des Werkstoffes. In Abbildung 2.10 ist der Larson-Miller-Parameter der Versuchslegierungen im Vergleich zu den handelsüblichen Al-Cu-Mg-Legierungen aufgetragen [18]. Das Kriechverhalten hängt hauptsächlich von Art, Größe und

Verteilung der Ausscheidungen im Gefüge ab. Die Korngröße und der Verformungsgrad haben eher einen geringen Einfluss auf das Kriechverhalten der Al-Cu-Mg-Ag-Legierungen. Eine unterbrochene Aushärtung kann zur Verbesserung der Kriechbeständigkeit der Al-Cu-Mg-Legierung beitragen [27]. [71] stellte einen sekundären Härtungseffekt in Al-Cu-Mg-Ag-Legierungen fest, der während der Haltezeiten bei Betriebstemperaturen durch eine erhöhte Leerstellendiffusion ausgehend von der Ω–Phase gefördert wird. Es erwies sich, dass das Festigkeitsverhalten dieser Legierungen sehr stark von der Wechselwirkung von Leerstellen und den so genannten Atomen-cluster im Mischkristall mit Versetzungen abhängt.

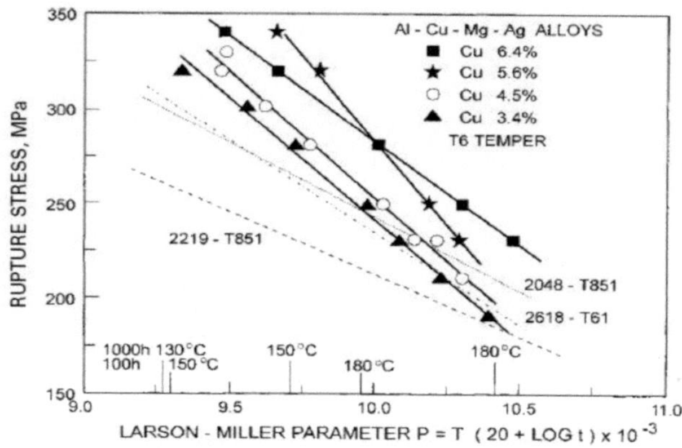

Abbildung 2.10 Larson-Miller-Parameter von unterschiedlichen Al-Cu-Mg-Ag-Legierungen im Vergleich zu den handelsüblichen Al-Legierungen [29]

2.3 Isothermes Ermüdungsverhalten

Unter Ermüdung versteht man die in einem Werkstoff bei veränderlichen, zeitlich wiederholt auftretenden mechanischen und/oder thermischen Beanspruchungen ablaufenden Prozesse, die im Verlauf der Betriebszeit des Bauteils zu einer Beeinträchtigung der Funktion oder zu einem Ausfall führen [72-74]. Bevorzugt an Fehlstellen, Kerben und Querschnittsübergängen bilden sich nach kleinerer oder größerer Schwingspielzahl Anrisse [75-77]. Mit der weiteren Beanspruchung vergrößern sich die Risse. Schließlich tritt der Gewaltbruch des Restquerschnittes ein. Das Verhalten von Bauteilen unter zyklischer Beanspruchung hängt von einer Vielzahl von Einflussgrößen ab (Art der zyklischen Beanspruchung, Bauteilumgebung, Bauteil und Werkstoff) [72, 74, 78].

August Wöhler führte erste systematische Untersuchungen zum Verhalten metallischer Werkstoffe bei schwingender Beanspruchung durch. Die von ihm untersuchten Bauteile besaßen oberhalb einer bestimmten Spannungsamplitude, die kleiner als die Streckgrenze ist, eine begrenzte Lebensdauer. Anhand von Wöhlerkurven ist die direkte Bewertung der zyklischen Beanspruchbarkeit möglich [79].

Nach Macherauch [72] ist das Versagen metallischer Werkstoffe unter schwingender Beanspruchung nicht auf einen einzelnen Ermüdungsprozess zurückzuführen, sondern entsteht aus dem Zusammenwirken der Teilprozesse:

1. Anrissfreie Ermüdungsphase mit Ver-/Entfestigung
2. Anrissbildung
3. Rissausbreitung
4. Gewaltbruch

Die Anteile an der Gesamtlebensdauer dieser Teilprozesse sind u. a. von der Beanspruchungshöhe und dem Werkstoffzustand abhängig.

In der zugänglichen Literatur finden sich nur wenige Daten zum Ermüdungsverhalten der Al-Legierung 2618A. Das Handbuch über die mechanischen Eigenschaften der Al-Legierungen [49] enthält Daten zu Festigkeitseigenschaften bei unterschiedlichen Temperaturen sowie Daten zum Kriechverhalten, die an der äquivalenten Legierung in den USA ermittelt wurden. Neben Informationen über das Verhalten im Zugversuch bei unterschiedlichen Randbedingungen sind auch Informationen über die Ermüdungsfestigkeit bei unterschiedlichen Temperaturen enthalten. In der FKM-Richtlinie [80] werden temperaturabhängige Werkstoffkennwerte für die rechnerische Auslegung dynamisch beanspruchter Bauteile aus Al-Legierungen genannt. Quantitative Hinweise, in welchem Ausmaß thermische und/oder mechanische Vorbeanspruchung die Beanspruchbarkeit verändern, fehlen weitestgehend.

2.3.1 Low Cycle Fatigue (LCF)

Viele Bauteile weisen im Betrieb besonders in Hochtemperaturanwendungen nach relativ wenigen Schwingspielen oder sogenannten Start-Stopp-Zyklen Schädigungen auf, die später zum Ausfall führen [81]. Die Schädigung entsteht aufgrund örtlicher inelastischer Wechselverformungen, die durch thermische und/oder mechanische Beanspruchungen hervorgerufen werden. Die plastische Verformung des Werkstoffelementes im Kerbgrund wird durch die elastische Verformung des umliegenden Materials begrenzt [78, 82]. Deshalb wird das Low Cycle Fatigue-Werkstoffverhalten in dehnungskontrollierten Versuchen ermittelt. Das grundsätzliche Phänomen Low Cycle Fatigue ist in der Literatur ausführlich dargelegt [4, 73, 83-85].

Die erste Methode zur Beschreibung der Lebensdauer im Bereich der Kurzzeitfestigkeit oder Low Cycle Fatigue (LCF) wurde von Coffin entwickelt. In zahlrei-

chen Ermüdungsversuchen an metallischen Werkstoffen [81] ergibt sich, dass die Lebensdauer sich ausgehend von der wahren Bruchdehnung des Warmzugversuchs anhand der Gleichung

$$\varepsilon'_f = 2.\ \Delta\varepsilon_p.\ (N_f)^{0,5} \tag{1}$$

darstellen lässt. N_f ist die Lebensdauer in Zyklen, ε'_f ist die wahre Bruchdehnung aus dem Warmzugversuch und $\Delta\varepsilon_p$ ist die plastische Schwingbreite so, dass im Zugversuch bei N_f = 1/4 die Bruchdehnung gleich die plastische Schwingbreite ($\varepsilon'_f = \Delta\varepsilon_p$) wird. Mit der Arbeit von Manson [86] und Morrow [87] wurde dieser Ansatz zur bekannten Dehnungswöhlerlinie erweitert (Gleichung 2).

$$\varepsilon_{a,t} = \frac{\sigma'_f}{E} \cdot N_A^b + \varepsilon'_f \cdot N_A^c \tag{2}$$

Morrow verwendet in diesem Ansatz zwar die Dehnungsamplitude ($\varepsilon_{a,p} = \Delta\varepsilon_p/2$) als Funktion der Lebensdauer N_f in Zyklen, aber die Konstanten ε'_f *und* σ'_f werden als Schnittpunkte der ε_a-Achse bei $2N_f=1$ ermittelt. σ'_f ist der Schwingfestigkeitskoeffizient, b der Schwingfestigkeitsexponent, *E* der Elastizitätsmodul, ε'_f der zyklische Duktilitätskoeffizient und c der zyklische Duktilitätsexponent. Auf dieser Basis lässt sich das LCF-Lebensdauer für sämtliche Metalle anhand der „Universal Slope Method“ nach Manson ableiten [83].

Im Fall, dass keine experimentellen Ergebnisse vorliegen, bieten sich die phänomenologischen Ansätze an, die erforderlichen zyklischen Werkstoffkennwerte abzuschätzen. Eine Methode zur Abschätzung der Dehnungswöhlerlinie und der zyklischen Spannungs-Dehnungskennlinie ist das Uniform Material Law (UML) nach Bäumel und Seeger [88]. Tabelle 2.1 stellt die Schätzformeln für die Kennwerte der Dehnungswöhlerlinie von metallischen Werkstoffen zusammen. Dies gilt für den zyklisch stabilisierten Zustand bzw. für die halbe Anriss-Schwingspielzahl.

Tabelle 2.1 Schätzformeln für die Kennwerte der Wöhlerlinie metallischer Werkstoffe

Method of Universal slopes nach Manson für alle metallische Werkstoffe	Uniform Materila Law nach Bäumel-Seeger	
	Für unlegierte und niederlegierte Stähle	Für Aluminium- und Titanlegirungen
$\sigma'_f = 1{,}9 \cdot R_m$ $b = -0{,}12$ $\varepsilon'_f = 0{,}76 \cdot D^{0{,}6}$ $c = -0{,}6$	$\sigma'_f = 1{,}5 \cdot R_m$ $b = -0{,}087$ $\varepsilon'_f = 0{,}59 \cdot \psi$ $c = -0{,}58$ $\sigma_D = 0{,}45 \cdot R_m$ $\varepsilon_D = 0{,}45 \cdot R_m/E + 1{,}95 \cdot 10^{-4} \cdot \psi$ $N_D = 5 \cdot 10^5$ $K' = 1{,}65 \cdot R_m$ $n' = 0{,}15$	$\sigma'_f = 1{,}67 \cdot R_m$ $b = -0{,}095$ $\varepsilon'_f = 0{,}35$ $c = -0{,}69$ $\sigma_D = 0{,}42 \cdot R_m$ $\varepsilon_D = 0{,}42 \cdot R_m/E$ $N_D = 1 \cdot 10^6$ $K' = 1{,}61 \cdot R_m$ $n' = 0{,}11$
$D = -ln(1-Z)$ mit Z= Brucheinschnürung; $\psi = 1$ für $R_m \leq 630$; $\psi = 1{,}375 - 125 \cdot R_m/E$ für $R_m > 630$ MPa		

Allerdings stimmen die abgeschätzten Konstanten ε'_f und σ'_f nach Manson und nach Bäumel-Seeger nicht exakt überein. Bei der Anwendung dieser Ansätze muss berücksichtigt werden, dass die Bezeichnung N_B für die Lebensdauer in Zyklen in der Coffin-Manson-Gleichung mit der Methode Method of Universal Slopes nach Manson; während die Methode nach Bäumel-Seeger $2N_B$ verwendet. Diese Problematik kann aus den unterschiedlichen Bezeichnungen der Lebensdauer als Lastspiele (cycles) oder auch als Lastwechsel (reversals) entstehen.

Der Zusammenhang zwischen der Spannungsamplitude und der Dehnungsamplitude wird mit der im stabilisierten Schwingversuch ermittelten zyklischen Spannungs-Dehnungs-Kurve beschreiben [4, 82, 83]. Die Gleichung der zyklischen σ-ε-Kurve lautet mit Elastizitätsmodul *E*, zyklischem Verfestigungskoeffizienten *K'* und zyklischem Verfestigungsexponenten *n'* (nach Ramberg und Osgood):

$$\varepsilon_{a,t} = \frac{\sigma_a}{E} + \left(\frac{\sigma_a}{K'}\right)^{1/n'} \qquad (3)$$

In der zweiten Hälfte des letzten Jahrhunderts wurde das Ermüdungsverhalten hochfester Al-Legierungen besonders für Anwendungen im Flugzeugbau intensiv untersucht. Schijve [76] stellt eine Literaturübersicht der wichtigsten Untersuchungen zu Ermüdungsverhalten und –Schädigung von Al-Legierungen hinsichtlich Leichtbauanwendungen zusammen. In spannungskontrollierten Wöhlerversuchen stellte [89] fest, dass eine Kaltverformung von etwa 5% die Ermüdungsfestigkeit gekerbter Proben aus der Legierung AlCuMg2 um etwa 30% herabsetzt. Als Ursache wurden örtliche Entfestigungsvorgänge im Kerbgrund identifiziert. Es erwies sich, dass eine geeignete Vorhersage der

Ermüdungslebensdauer im Bereich der Zeitfestigkeit bis zum technischen Anriss ausschließlich durch die Betrachtung der zyklischen plastischen Verformungen im Kerbgrund möglich ist. Zur Beschreibung der elastisch-plastischen Verformung im Kerbgrund werden derzeit phänomenologische Modelle vom Typ des Chaboche- oder Jiang-Modells verwendet [90, 91]. Abbildung 2.11 stellt den Einfluss der Wärmebehandlung auf das zyklische Spannungs-Dehnungs-Verhalten und die Anrisslebensdauer von Al-Legierungen der 5xxx und 6xxx Gruppen dar [92]. In diesen Untersuchungen wurde kein Einfluss auf das zyklische Spannungs-Dehnungs-Verhalten der 5xxx-Legierungen festgestellt.

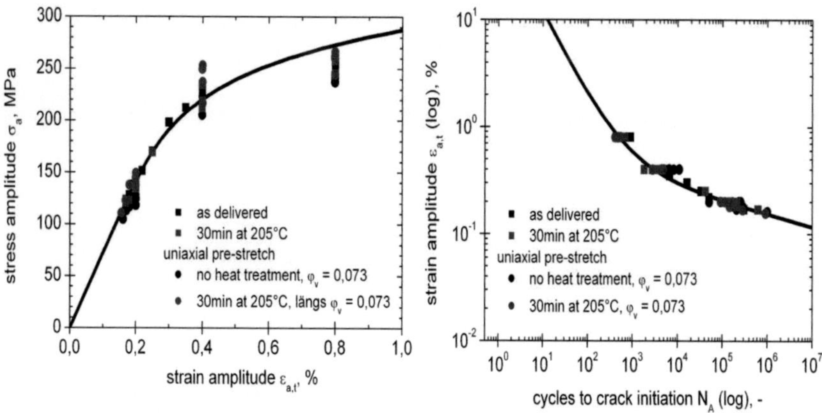

Abbildung 2.11 Einfluss der Wärmebehandlung auf das zyklische Spannungs-Dehnungs-Verhalten (links) und Anrisslebensdauer von Al-Legierungen (rechts) [92]

[93] stellt bei spannungsgeregelten Versuchen an 14 Al-Legierungen fest, dass das Ermüdungsverhalten im gesamten Lebensdauerbereich durch zwei abschnittsweise lineare S-N-Zusammenhänge sehr gut beschreibbar ist. Der Au-

tor unterscheidet zwischen einem plastisch dominierten Bereich und einem elastisch dominierten Bereich. Die meisten Werkstoffdaten finden sich für Al-SiMg-Gusslegierungen für die Anwendung als Zylinderkopfwerkstoffe in Verbrennungsmotoren. Die Lebensdauer wird durch den Coffin-Manson-Ansatz beschrieben. In dieser Gruppe führt bei übereutektischen Legierungen die Anrissbildung an den groben β–Mischkristall zur Verschlechterung der Ermüdungsfestigkeit [94]. Mit abnehmendem Dendritenarmabstand (DAS) verstärkt sich die Rissverzweigung und somit verbessert sich die Ermüdungsfestigkeit [95]. [96] untersuchte das zyklische Wechselverformungsverhalten von zwei Al-Legierungen 6082 und 6060 jeweils im Zustand T6 in dehnungskontrollierten LCF-Versuchen mit einem Dehnungsverhältnis von $R_\varepsilon = -1$ bei Raumtemperatur. Während die Legierung 6060-T6 ein neutrales zyklisches Verhalten zeigt, weist die Legierung 6082 bei kleinen Dehnungsamplituden und im Lebensdauerbereich $N_A > 1000$ Zyklen zyklische Entfestigung auf. Vermutlich tritt die Entfestigung aufgrund der längeren Versuchsdauer auf.

Das Dehnungsverhältnis R_ε ist das Verhältnis zwischen der unteren Dehnung und der oberen Dehnung. Bei der Übertragung der an Proben mit einem Dehnungsverhältnis von $R_\varepsilon = -1$ und bei konstanter Temperatur ermittelten Werkstoffkennwerte auf Bauteile müssen verschiedene Grundzusammenhänge betrachtet und analysiert werden. Die Zusammenhänge werden im Bereich der Schwingfestigkeit bereits als unterschiedliche Einflüsse berücksichtigt. In der Fachlichen Literatur werden diese Einflüsse ausführlich behandelt [73, 74, 82, 83]. Im Folgenden werden einige Einflüsse auf das LCF-Verhalten diskutiert, die für diese Bauteile relevant sind.

2.3.2 Einfluss der Temperatur

Das LCF-Verhalten eines Werkstoffes wird üblicherweise bei konstanter Temperatur ermittelt. Die Prüftemperatur hat dabei meist einen starken Einfluss auf das Ermüdungsverhalten. Dies gilt besonders für ausgehärtete Al-Legierungen im Bereich hoher Temperaturen, da dort Erholungs-, Kriech- und Überalterungsvorgänge ablaufen können. Die FKM-Richtlinie [80] spezifiziert eine einfache Vorgehensweise zur Beurteilung der Wechselfestigkeit aushärtbarer und nichtaushäertbarer Al-Legierungen auf Basis der bezogenen Warmfestigkeit. Für warmfeste Al-Legierungen findet sich in Robinson et al. [40] eine zusammenfassende Datensammlung über das isotherme Ermüdungsverhalten und das Langzeitkriechverhalten der hochwarmfesten Al-Legierungen. Abbildung 2.12 zeigt beispielhaft den Einfluss der Versuchstemperatur auf das Lebensdauerverhalten.

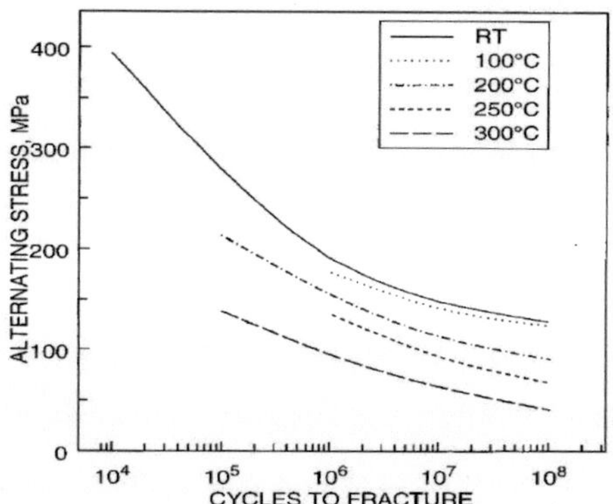

Abbildung 2.12 HCF-Ermüdungsverhalten der Legierung 2618A-T6 in Abhängigkeit der Temperatur [30]

Die Schwingfestigkeit der Legierung 2618A bleibt im Temperaturbereich von 20 °C bis 100 °C nahezu gleich. Bei erhöhter Temperatur nimmt die Schwingfestigkeit der Legierung dann signifikant ab. Das LCF-Verhalten der Legierung 2618A im Zustand T6 ist besonders im Bereich erhöhter Temperatur bisher allerdings kaum erforscht. Das zyklische Verformungsverhalten ist für die Beurteilung des LCF-Verhaltens von zentraler Bedeutung. Die sogenannten Wechselverformungskurven liefern Aussagen über die mechanische Stabilität des Werkstoffes. Je höher die Temperatur ist, desto ausgeprägter ist der Einfluss der Versuchsdauer auf das Wechselverformungsverhalten. In der Literatur finden sich Untersuchungen zum Einfluss der Prüftemperatur auf das LCF-Verhalten hochfester Al-Legierungen z.B. in [53, 97-102].

[97] hat das Schwingfestigkeitsverhalten der Al-Legierung 7055 im Zustand T7751 im Temperaturbereich zwischen 27 °C und 190 °C untersucht. Abbildung 2.13 stellt exemplarisch die Spannungsamplitude in Abhängigkeit der Lastspielzahl bei RT sowie bei 190 °C dar. Die ausgehärtete Al-Legierung zeigt bei allen untersuchten Temperaturen ein zyklisch entfestigendes Wechselverformungsverhalten. Dabei wurde eine lokalisierte Verformung in den Bereichen nahe der Korngrenzen beobachtet. Der Autor führt die niedrigere LCF-Lebensdauer bei erhöhter Temperatur (100 °C und 190 °C) auf Oxidbildung in interkristallinen Mikrorissen und Versprödung zurück.

[100] untersuchte den Einfluss der Temperatur auf das LCF- und Bruchverhalten der Al-Legierung 2524 im Zustand T31. Die LCF-Lebensdauer ist in Abhängigkeit der plastischen Dehnungsamplitude nach dem Ansatz von Manson beschreibbar. Der Werkstoff weist bei Raumtemperatur ein stabiles zyklisches Verhalten auf. Im Gegensatz dazu wechselverfestigt der Werkstoff bei 97 °C zu Beginn der Versuche. Nach Erreichung einer bestimmten Spannungsamplitude wechselentfestigt der Werkstoff kontinuierlich bis zum Bruch. Ähnliche Ergebnisse zeigen die Untersuchungen in [101] an der gleichen Al-Cu-Mg-Legierung.

Das Verformungsverhalten wird maßgeblich durch die Art, Größe und Verteilung der Ausscheidungen beeinflusst. Insbesondere durch Überalterungsvorgänge kann sich die Ausscheidungsstruktur während zyklischer Versuche ändern (s. Abschnitt 2.1).

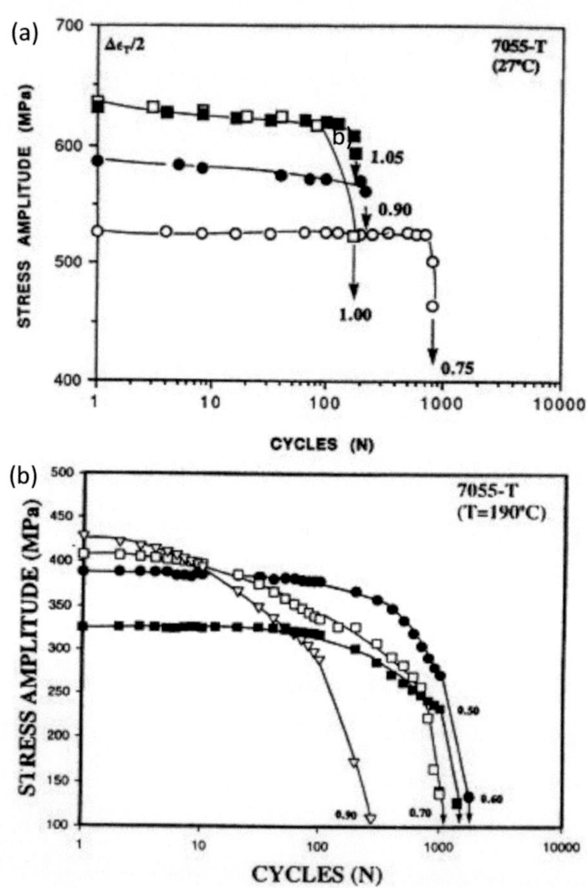

Abbildung 2.13 Wechselverformungskurven der Al-Legierung 7055 im Zustand T7752 in dehnungskontrollierten LCF-Versuchen bei den Temperaturen 27 °C und 190 °C [97]

2.3.3 Einfluss der Mitteldehnung und Schädigungsparameter

Erfahrungsgemäß führen Zugmittelspannungen zu einer Verringerung der Lebensdauer [103]. Im Bereich der Dauerfestigkeit wird die Auswirkung der Mittelspannung üblicherweise mit dem Smith-Diagramm oder Haigh-Diagramm bewertet [4, 80]. Die Dauerfestigkeitsdiagramme können auch für die Beanspruchung im Bereich der Zeitfestigkeit erweitert werden. Verschiedene Darstellungsarten der Dauerfestigkeitsschaubilder werden in DIN 50 100 genannt. Die Mittelspannungsempfindlichkeit beschreibt die Abnahme der ertragbaren Spannungsamplitude beim Vorhandensein einer Mittelspannung [73]. Die Mittelspannungsempfindlichkeit M kann z.B. durch die Gleichung:

$$M = (\sigma_{a\,(R=-1)} / \sigma_{a\,(R=0)}) - 1 \qquad (4)$$

beschrieben werden. Abbildung 2.14 stellt die Mittelspannungsempfindlichkeit von verschiedenen Eisen- und Aluminiumlegierungen in Abhängigkeit der Zugfestigkeit dar [83]. Je höher die Zugfestigkeit ist, desto stärker ist die Mittelspannungsempfindlichkeit. Es wird beobachtet, dass die Zunahme der Mittelspannungsempfindlichkeit mit steigender Zugfestigkeit bei Al-Legierungen höher als bei Stählen ist.

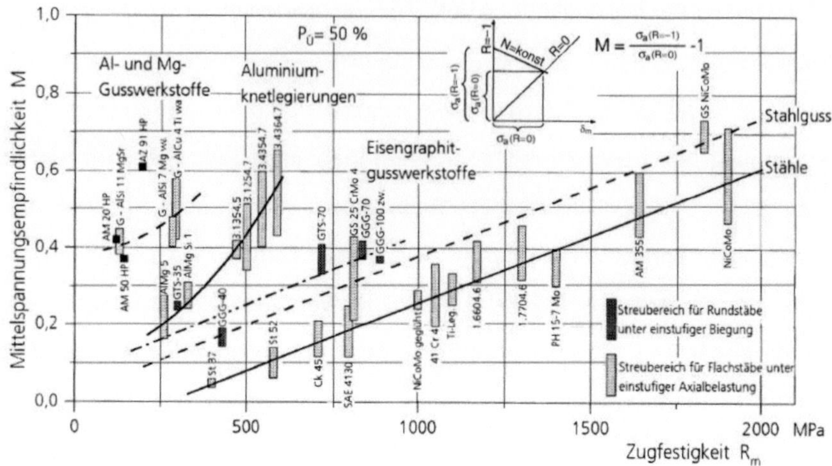

Abbildung 2.14 Die Mittelspannungsempfindlichkeit von Eisen- und Aluminium-Werkstoffen in Abhängigkeit der Zugfestigkeit nach Sonsino [83]

Im örtlichen Konzept ist das Versagenskriterium die Bildung eines technischen Anrisses an der kritischen Stelle oder im Kerbgrund eines Bauteils [83], [73], [104]. Bei rein wechselnder Beanspruchung kann die Lebensdauer mit dem Coffin-Manson-Ansatz beschrieben werden [83]. Für mittellastbehaftete Beanspruchungen können hierzu geeignete Schädigungsparameter herangezogen werden [73]. Für deren Definition gibt es verschiedene Ansätze, die für die Bewertung der Schädlichkeit unterschiedliche Parameter der auftretenden Hystereseschleifen verwenden. Die Kerbbeanspruchungen lassen sich z.B. mit dem Rain-Flow-Zählverfahren aus der Lastzeitfunktion in einer Lebensdauerberechnung in Form von Hysteresen ableiten [83]. Es gibt zurzeit verschiedene Ansätze zur Bewertung der gesamten Schädigungen ausgehend von einzelnen Hysteresen [55]. Am meisten bekannt ist der Schädigungsparameter nach Smith, Watson und Topper (P_{SWT}).

$$P_{SWT} = \sqrt{\sigma_o \cdot \varepsilon_{a,t} \cdot E} \tag{5}$$

Andere Schädigungsparameter wurden auf der Basis der Kurzrissbruchmechanik entwickelt, die die Lebensdauer bis zum technischen Anriss anhand Wachstums kleiner Risse betrachten [104]. Dabei wird die Rissinitiierungsphase meist vernachlässigt. Grundlage zur Beschreibung des Risswachstums ist die Annahme, dass das Wachstum eines Risses im Stadium II proportional zur Rissspitzenöffnung (**CTOD**: **C**rack **T**ip **O**pening **D**isplacement) ist [105]. Damit gilt die folgende Gleichung:

$$\frac{da}{dN} = \beta \Delta CTOD \tag{6}$$

Die Modellierung der Lebensdauer kann damit auf Basis des Schädigungsparameters nach Heitmann Z_D oder des Schädigungsparameters nach Vormwald P_J erfolgen [106, 107]. Dabei können sowohl Mittelspannungseinflüsse als auch Reihenfolgeeffekte berücksichtigt werden. Der Parameter [108] Z_D ist für halbkreisförmige Oberflächenrisse, bei einer elastischen Querkontraktion von 0,3 und proportionaler Belastung formuliert als

$$Z_D = 1{,}45 \frac{\Delta\sigma^2_{I,eff}}{E} + 2{,}4 \frac{\Delta\sigma^2_I \Delta\varepsilon_p}{\Delta\sigma_e \sqrt{1+3N}} \tag{7}$$

mit dem Elastizitätsmodul E und dem Ramberg-Osgood Exponenten N. Der Schädigungsparameter nach Vormwald [104] P_J wird auch als Energiedichtegröße aufgefasst und beschreibt das Kurzrissverhalten auf Basis des effektiven zyklischen J-Integrals ΔJ_{eff} unter Einfluss des Rissschließverhaltens, des Reihenfolgeeffekts, des Mehrachsigkeitseinflusses sowie der schädigungsbedingten Dauerfestigkeitsminderung. Der Schädigungsparameter nach Vormwald wird mit der Gleichung $\Delta J_{eff} = P_J \,.\, a$ definiert, wobei *a* die Risstiefe ist.

$$P_J = 1{,}24 \frac{\Delta\sigma^2_{eff}}{E} + 1{,}02 \frac{\Delta\sigma_{eff}\Delta\varepsilon_{p,eff}}{\sqrt{n'}} \tag{8}$$

Unter Berücksichtigung von Rissschließeffekten können die effektiven Spannungsschwingbreite bzw. Dehnungsschwingbreite nach Newman [109] bestimmt werden. Die Zugfestigkeit R_m und die Kennwerte der stabilisierten zyklischen Spannungs-Dehnungs-Kurve, K' und n', sowie die Werte der Hystereseschleife bei halber Anrisslebensdauer σ_{max}, σ_{min}, ε_{max} und ε_{min} werden als Eingabedaten benötigt. Mit diesen Werten wird die Rissöffnungsspannung σ_{op} für einen kleinen halbkreisförmigen Oberflächenriss bei ebenem Spannungszustand im Fall einer Einstufenbeanspruchung errechnet:

$$\sigma_{op} = \sigma_o \cdot [A_0 + A_1 \cdot R] \; \textit{für } R<0, \tag{9}$$

$$\sigma_{op} = \sigma_o \cdot [A_0 + A_1 \cdot R + A_2 \cdot R^2 + A_3 \cdot R^3] \; \textit{für } R\geq 0, \tag{10}$$

mit

$$A_0 = 0{,}535 \cdot \cos(0{,}5 \cdot \pi \cdot \sigma_o / \sigma_F), \tag{11}$$

$$A_1 = 0{,}344 \cdot \sigma_o / \sigma_F, \; A_2 = 1 - A_0 - A_1 - A_3, \; A_3 = 2 \cdot A_0 + A_1 - 1, \tag{12}$$

sowie

$$\sigma_F = 0{,}5 \cdot (\sigma'_{0,2} + R_m), \tag{13}$$

$$\sigma'_{0,2} = K' \cdot 0{,}002^{n'} \tag{14}$$

Mit dem Wert σ_{op} lässt sich dann die Rissöffnungsdehnung ε_{op} aus

$$\varepsilon_{op} = \varepsilon_u + \left(\sigma_{op} - \sigma_u\right) / E + 2 \cdot \left[\left(\sigma_{op} - \sigma_u\right) / \left(2 \cdot K'\right)\right]^{1/n'} \qquad (15)$$

berechnen.

Die effektive Spannungsschwingbreite $\Delta\sigma_{eff}$ verlangt ein iteratives Lösen der Gleichung

$$\Delta\sigma_{eff} / E + 2 \cdot \left[\Delta\sigma_{eff} / \left(2 \cdot K'\right)\right]^{1/n'} - \left(\varepsilon_o - \varepsilon_{cl}\right) = 0 \qquad (16)$$

Hier wird angenommen, dass die Rissschließdehnung ε_{cl} gleich der Rissöffnungsdehnung ε_{op} entspricht. Diese Annahme wurde von Vormwald durch Messergebnisse bestätigt [73]. Die effektive plastische Dehnungsschwingbreite $\Delta\varepsilon_{p,eff}$ kann dann aus

$$\Delta\varepsilon_{p,eff} = 2 \cdot \left[\Delta\sigma_{eff} / \left(2 \cdot K'\right)\right]^{1/n'} \qquad (17)$$

bestimmt werden.

Mit $\Delta\sigma_{eff}$ und $\Delta\varepsilon_{p,eff}$ lässt sich schließlich P_J errechnen und die gesuchte Schädigungsparameter-Wöhlerlinie auftragen.

In unterbrochenen Versuchen wurde die Ermüdungsrissbildung und –ausbreitung an ungekerbten Flachproben aus der Legierung AlCuMg2 im Zustand T351 unter zweistufiger Schwingbeanspruchung untersucht [110]. Die Lebensdauer wurde mit drei unterschiedlichen Ansätzen der Kurzrissbruchmechanik [111-113] modelliert. Er ergab sich keine Übereinstimmung zwischen den ermittelten und den modellierten Rissausbreitungsgeschwindigkeiten mittels der drei Modelle. Mit dem Modell von Newman konnte der Anstieg der

Rissgeschwindigkeit in Abhängigkeit von der Risslänge tendenziell beschrieben werden.

2.3.4 Einfluss der Mehrachsigkeit

Unter proportionaler mehrachsiger Beanspruchung ist die Richtung der Hauptspannung konstant. Im Fall verformungskontrollierter Beanspruchung können die bekannten Hypothesen der Vergleichsspannung hinsichtlich der Dehnung verwendet werden. Socie und Marquis stellen detaillierte Informationen über die unterschiedlichen Hypothesen und Verfahren zur Beurteilung des Ermüdungsverhaltens im elastisch-plastischen Bereich dar [114]. Die Hypothesen der Vergleichsdehnung (ε_v) werden durch Hypothesen der kritischen Schnittebene ergänzt. Des Weiteren existieren Hypothesen, die auf Formänderungsenergie pro Zyklus basieren.

Zur experimentellen Untersuchung der Mehrachsigkeit stellen Proben in Form von Rundstäben mit einer Umlaufkerbe eine praktische Alternative dar. Bei solcher Probengeometrie liegt ein zweiachsiger Spannungszustand an der Oberfläche im Kerbgrund vor.

Der Einfluss der Kerbwirkung auf die Ermüdungsfestigkeit wird im Bereich der Dauerfestigkeit durch die Kerbwirkungszahl β_k beschrieben. Die Kerbwirkungszahl ist das Verhältnis der Wechselfestigkeit (R_W: σ_{aD} *bei* $R = -1$) glatter Proben zur Wechselfestigkeit (R_{KW}: σ^n_{aD} *bei* $R = -1$) von gekerbten Proben ($\alpha_k > 1$). Für kerbunempfindliche Werkstoffe liegt die Kerbwirkungszahl bei dem Wert β_k = 1. Technische Kerbwirkungszahlen sind meist deutlich kleiner als α_k und überschreiten kaum den Wert $\beta_k \approx 6$ [73]. Die Kerbempfindlichkeit η_k eines Werkstoffes wird durch das Verhältnis von Kerbwirkungszahl zu Formzahl beschrieben:

$$\eta_k = (\beta_k - 1) / (\alpha_k - 1) \qquad (18)$$

Abbildung 2.15 zeigt den Zusammenhang zwischen der Wechselfestigkeit von gekerbten und glatten Proben und der quasistatischen Festigkeit für einige handelsübliche Al-Legierungen. Es ist zu erkennen, dass sich die Wechselfestigkeit von Al-Werkstoffen nur weniger als die quasistatische Festigkeit durch legierungstechnische Maßnahmen oder Wärmebehandlungen steigern lässt. Zudem haben zahlreiche Untersuchungen festgestellt, dass die hochfesten Al-Werkstoffe sehr kerbempfindlich sind [52]. Dies ist auch in Abb. 2.15 zu sehen. Die Schwingfestigkeit gekerbter Proben steigt kaum mit steigender quasistatischer Festigkeit.

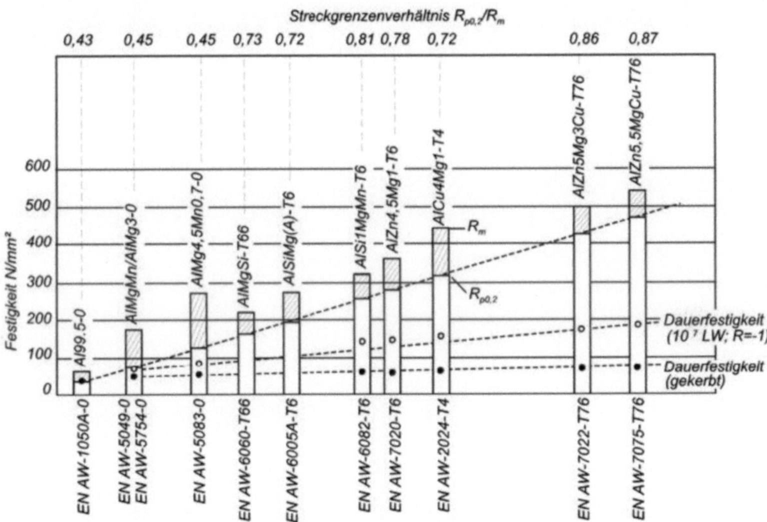

Abbildung 2.15 Die Abhängigkeit zwischen der Wechselfestigkeit und der statischen Festigkeit von Al-Legierungen [52]

Die Bewertung mehrachsiger Beanspruchungen an Kerben kann mit einer elastisch-plastischen Finite-Elemente-Berechnung, die allerdings sehr zeitaufwendig ist, oder mit analytischen Näherungen erfolgen. Die bekannteste analytische Näherung basiert auf die Neuber Formel

$$\sigma_k\ \varepsilon_k = \sigma_n\ \varepsilon_n\ \alpha^2_k = \sigma^2_n\ \alpha^2_k / E \tag{19}$$

mit der die im Kerbgrund auftretenden Kerbhöchstspannungen σ_k und Kerbhöchstdehnungen ε_k sowohl für statische als auch zyklische Beanspruchungen abgeschätzt werden können, falls das quasistatische bzw. zyklische Spannungs-Dehnungs-Verhalten bekannt ist [73, 83]. Das Spannungs-Dehnungs-Verhalten wird häufig nach Ramberg und Osgood in Vergleichsdehnungen bzw. Vergleichsspannungen formuliert:

$$\varepsilon_v = \frac{\sigma_v}{E} + \left(\frac{\sigma_v}{K}\right)^{1/n'} \tag{20}$$

Die Vergleichsspannung und Vergleichdehnung können in Abhängigkeit der Hauptspannungen bzw. Hauptdehnungen ausgedrückt werden. Somit wird der elastisch-plastische Beanspruchungszustand an Kerben ausgehend von den elastischen Bedingungen definierbar.

Im Schrifttum gibt es Methoden wie Fluchtende Kerbstab-Wöhlerlinie und Normierte Kerbstab-Wöhlerlinie zur Ermittlung der Kerbwirkungszahl im Bereich der Zeitfestigkeit [73]. Im örtlichen Konzept wird die Ermüdungsfestigkeit ausgehend von an glatten Proben ermittelten Werkstoffkenndaten die Anrisslebensdauer anhand analytischer Methoden oder Finite-Elemente-Analyse bestimmt. Zur Ermittlung der Kerbbeanspruchungen berichtet Hoffman in [115] über das nach ihm und Seeger benannte Näherungsverfahren.

Das Verfahren ist modulhaft aufgebaut und erlaubt die Abschätzung mehrachsig elastisch-plastischer Kerbbeanspruchungen unter proportionaler äußerer Belastung ohne vorherige Festlegung auf eine bestimmte versagensmaßgebende Beanspruchungsgröße. Alternativ erlaubt die Kerbspannungsformel nach Glinka die Abschätzung der elastisch-plastischen Kerbbeanspruchungen auf Basis der Formänderungsenergiedichte [116]. Im ebenen Spannungszustand ist die Annahme der Hypothese zutreffend, dass die Formänderungsenergiedichte in der elastisch gestützten plastischen Zone der Kerbe dem Wert der rein elastischen Lösung gleich bleibt [73]. Damit ähnelt diese Hypothese der einfachen Neuber-Formel, wenn die Dissipation des plastischen Energieanteils vernachlässigt wird.

2.3.5 Technologischer Größeneinfluss

Das Festigkeits- und Ermüdungsfestigkeitsverhalten hängt maßgeblich von der Mikrostruktur eines Werkstoffes ab [78]. Die Gefügeausbildung metallischer Werkstoffe kann z.B. mit einer gezielten Wärmebehandlung beeinflusst werden [72]. Dabei spielt die Größe des Bauteils eine enorme Rolle. Hinsichtlich der Festigkeit sind der statistische Größeneinfluss, der sich aus der Wahrscheinlichkeit der Verteilung von Fehlstellen ergibt, von dem technologischen Größeneinfluss, der die Auswirkung von unterschiedlichen Gefügen, die wiederum durch unterschiedliche mechanische und thermische Herstellungsverfahren an unterschiedlichen Stellen in einem großen Bauteil entstehen können, zu unterscheiden [74, 82, 83]. In Abhängigkeit der Bauteildicke können die Festigkeitswerte im Allgemeinen ab einem bestimmten Abstand zum Bauteilrand abnehmen [3, 4, 49, 80]. Mit Abschreckgeschwindigkeiten zwischen 400-290 °C/ s liegt dieser Abstand für Al-Cu-Knetlegierungen bei etwa 20 mm [52].

Niedrige Abschreckgeschwindigkeiten können zur Bildung anderer Gefügezustände, die nur mit sehr hohen Auflösungen z.B. mittels Transmissionselektronenmikroskop TEM erfasst werden können, führen. [117] untersuchte den Einfluss unterschiedlicher Abschreckgeschwindigkeiten auf die Bruchzähigkeit der Al-Legierung 6156. Es ergibt sich, dass das Bruchverhalten massiv von der Abschreckgeschwindigkeit anhängt, indem niedrigere Abschreckgeschwindigkeiten zu breiteren AFZ sowie zur Entstehung grober Ausscheidungen an den Korngrenzen führen. Mittels Computer-Tomographie wurde festgestellt, dass die Risse interkristallin an Korngrenzen, die um 45° zur Richtung der Hauptspannung liegen, initiiert wurden. Eine geeignete Modifikation der Legierungszusammensetzung kann die Ausscheidungsbildung in großen Bauteilen in Hinsicht auf besseres Bruchverhalten eventuell verbessern [118]. [119] kommt zu ähnlichen Ergebnissen. Die Untersuchungen zeigen, dass sich die Gleichgewichtsphase bei langsamen Abkühlgeschwindigkeiten in rekristallisierten Körnern oder an Korngrenzen bilden (Abbildung 2.16) und somit die Rissinitiierung dort begünstigen kann.

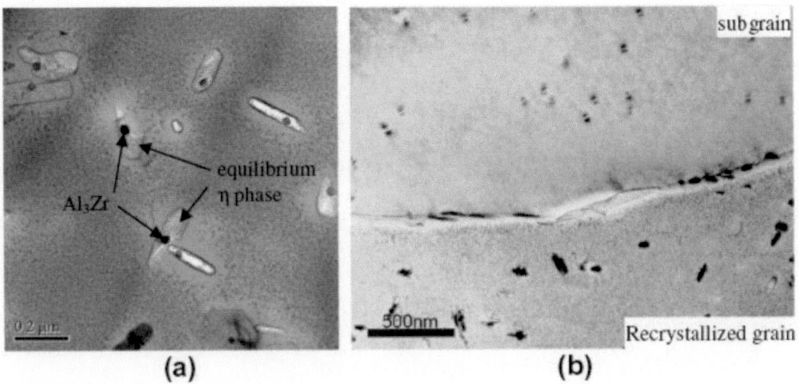

Abbildung 2.16 TEM-Untersuchungen der ausgehärteten Legierung 7075 nach Lösungsglühung und anschließend langsamem Abschrecken; (a) Gleichgewichtsphase (b) kohärente Ausscheidungen im Subkorn und die Gleichgewichtsphase im rekristallisierten Korn [119]

Es ist festzustellen, dass die interkristalline Rissinitiierung durch Bildung ausscheidungsfreier Zonen oder der Gleichgewichtsphase aufgrund einer zu langsamen Abschreckung wesentlich begünstigt wird.

2.4 Mikrorissentstehung und Schädigungsentwicklung

Die Rissbildung findet bei zyklisch belasteten Werkstoffen meist an der Oberfläche oder dicht unter der Oberfläche (bei Druckeigenspannungen in der Oberfläche) statt, da dort meist die höchsten Spannungen auftreten und in Oberflächenkörnern plastische Verformungen leichter möglich sind [4, 72]. Die Rissbildung an der Oberfläche kann durch die Wechselwirkung mit der umgebenden Atmosphäre beeinflusst werden, da z.B. Korrosionsnarben die Rissbildung beschleunigen [74, 76]. Oxidschichten können die Wahrscheinlichkeit zur

Rissbildung aber auch verringern oder das Wachstum von Rissen verlangsamen [120].

Die Ermüdungsschädigung erfolgt durch zyklische plastische Deformation insbesondere an Stellen von Spannungskonzentrationen [76]. Dort beginnt die Rissbildung. Diese Spannungskonzentrationen können z.B. durch Kerbwirkung oder inhomogene Spannungszustände entstehen. Rissausbreitung von inneren Fehlstellen (Oxide, Karbide) wird nicht als Anrissproblem definiert, da diese als vorhandene innere Anrisse berücksichtigt werden [121].

Intrusionen und Extrusionen, die Aufrauhungen („Mikrokerben") an der Oberfläche darstellen, entstehen aus persistenten Gleitbändern, an den sich insbesondere bei LCF-Beanspruchungen typischer Weise Oberflächenanrisse bilden [78]. Die Entstehung von Anrissen in technischen Werkstoffen ist allerdings sehr komplex und nicht immer mit In-/Extrusionen verbunden. Auch Korngrenzen und Oberflächeneinschlüsse führen zu Spannungskonzentrationen, die wiederum zu Gleitkonzentrationen führen können, an denen sich schließlich Anrisse bilden können [122].

Die grundlegenden Erkenntnisse zur Schädigungsentwicklung unter zyklischen Beanspruchungen wurden zum größten Teil an Stählen und duktilen Kfz-Metallen erworben. In Abbildung 2.17 ist schematisch der Ablauf der Ermüdungsrissbildung und -ausbreitung bis zum endgültigen Versagen durch Gewaltbruch dargestellt.

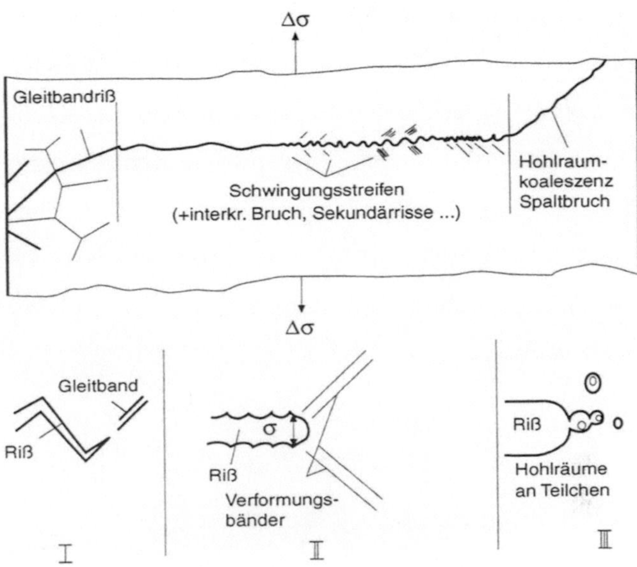

Abbildung 2.17 Rissbildung und Rissausbreitung unter zyklischer Beanspruchung [78]

Die Übertragung dieser Erkenntnisse und Vorstellungen auf hochfeste Al-Legierungen ist oft sehr schwierig und kann zu Fehlinterpretationen führen. In der Forschungsarbeit von Weiland et al. wurde die Schädigung der Al-Legierung 7075 im Zustand T651 untersucht. Sie fanden heraus, dass intermetallische Partikel im Laufe der Belastung brechen oder sich aus der Matrix ablösen und höchstwahrscheinlich zur Rissinitiierung führen [123]. Dabei nahm die Anzahl der geschädigten Partikeln mit steigender Lastspielzahl zu. Abbildung 2.18 zeigt ein typisches Beispiel für eine Anrissbildung an einem gebrochenen Partikel. Zum Einfluss der unterschiedlichen Ausscheidungen auf die Ausbreitung kleiner Risse liegen unterschiedliche Beobachtungen an Al-

Knetlegierungen vor. Sc kann durch Kornverfeinerung zur Verbesserung der Zugfestigkeit der Legierung 7010 im Zustand T6 , aber gleichzeitig zur deutlichen Verschlechterung der Ermüdungsfestigkeit führen [124]. Die primären Ausscheidungen vom Typ $Al_3Sc_xZr_{1-x}$ begünstigen eventuell die Mikrorissbildung und –ausbreitung und führen so zur Verringerung des zyklischen Schwellenwertes ΔK_{th}. Im Gegensatz zur Legierung 7010 lässt sich die Kurzzeitfestigkeit der Al-Li-Legierung durch Sc-Zusätze aufgrund Bildung homogener und feiner Ausscheidungen steigern [125].

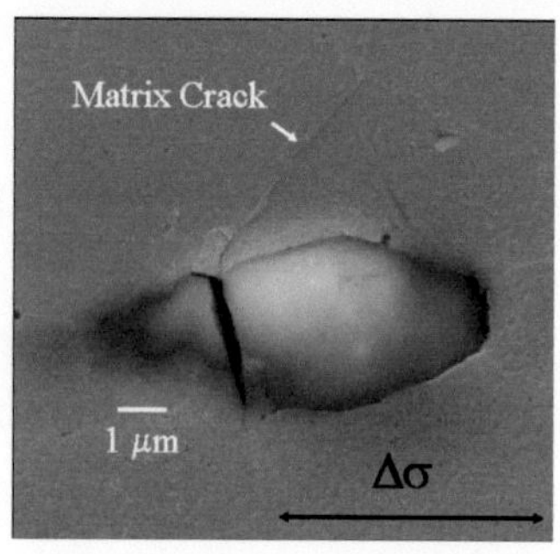

Abbildung 2.18 Rissinitiierung an Ausscheidungen in der Legierung 7075 im Zustand T651 nach 5.000 Zyklen bei 276 MPa und bei Raumtemperatur [123]

[126] untersuchte den Einfluss von Si, Fe, Mn auf das LCF-Verhalten von Al-Si-Cu-Gusslegierungen. Es wurde mittels REM-Untersuchungen festgestellt, dass die Ermüdungsrisse an intermetallischen Ausscheidung oder Poren direkt unterhalb der Probenoberfläche initiiert werden. Die LCF-Lebensdauer wird durch die relativ großen Ausscheidungen und Dispersionen herab gesetzt. Untersuchungen zur Schädigungsentwicklung unter thermisch-mechanischen Beanspruchungen an einer ausgehärteten Al-Legierung 6061 im Zustand T6 [122] haben demgegenüber ein anderes Schädigungsverhalten gezeigt. Zunächst kommt es durch Verschiebungen der Korngrenzen zur Ausbildung eines soge-

nannten Korngrenzereliefs, das sich mit zunehmender Lastspielzahl deutlicher ausbildet. Außerdem können Partikel von der umgebenden Matrix abgelöst werden. Danach bilden sich interkristalline Mikrorisse. Diese wachsen teils inter- und teils transkristallin und führen schließlich zum Versagen der Proben. Abbildung 2.19 zeigt ein typisches Beispiel für die Ausbildung der genannten Schädigungsmerkmale.

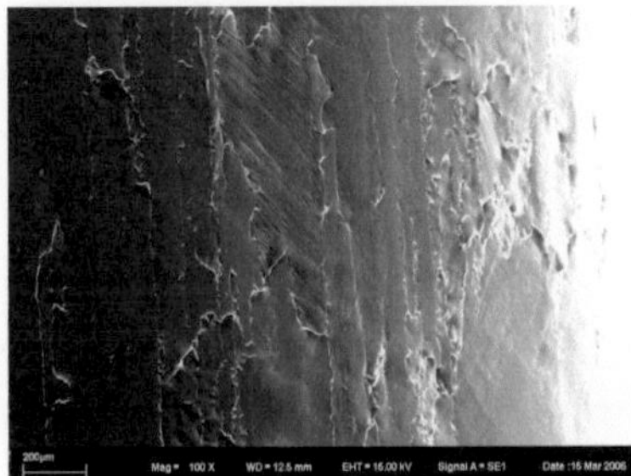

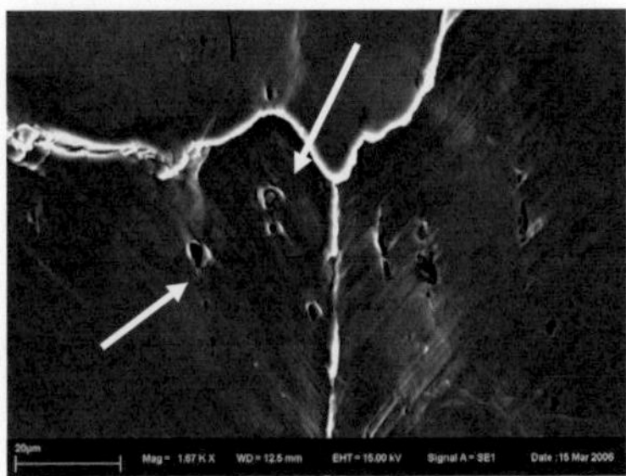

Abbildung 2.19 Korngrenzenrelief und deformierte Körner in AA6061 im Zustand T6 nach 1.000 Zyklen in einem TMF-Versuch mit T_{max} = 200 °C und $\Delta\varepsilon^{t}_{max}$ = 0,4 % links Übersicht, rechts Detailansicht [122]

Untersuchungen mit unterschiedlicher Beanspruchungsamplitude an der Al-Legierung 2024 im Zustand T351 belegen, dass auch überlagerte Spannungsamplituden, die weit unterhalb der Dauerfestigkeit liegen, zu massiven Schädigungen führen können [127]. Versuche mit zweistufiger Beanspruchung [128, 129] zeigen, dass eine lineare Schadensakkumulation zu falschen Lebensdauervorhersagen führt. Treffsichere Lebensdauerberechnung ist nur auf der Basis einer nichtlinearen beanspruchungsabhängigen Schädigungsentwicklung bzw. mit fortgeschrittenen Betriebsfestigkeitsberechnungsverfahren möglich.

Voraussetzung für die rechnerische Simulation des Werkstoffes unter einsatzrelevanter Beanspruchung ist ein vertieftes Verständnis über das Schädigungsverhalten der Legierung bei unterschiedlichen thermischen und mechanischen Beanspruchungen. Dieses vertiefte Verständnis für Al-Schmiedelegierungen und für die unterschiedlichen Beanspruchungsbedingungen in Radialverdichterrädern fehlt aber noch weitestgehend. Dafür wird das Schädigungsverhalten der im Rahmen dieser Arbeit untersuchten Al-Knetlegierung 2618A in isothermen Kurzzeitermüdungsversuchen näher untersucht.

2.5 Lebensdauer und Lebensdauerberechnung

Der rechnerische Nachweis der Lebensdauer von dynamisch beanspruchten Bauteilen basiert auf die zyklischen Werkstoffkennwerte, die in Ermüdungsversuchen an Proben unter schwingender Beanspruchung ermittelt werden [80]. Die wichtigsten Schwingfestigkeitsdiagrammen sind in Abbildung 2.20 dargestellt: (von links nach rechts) Last-Wöhlerlinie eines Bauteils, Nennspannungs-Wöhler-Linien von Bauteilen mit unterschiedlicher Kerbwirkung, Strukturspannungs-Wöhler-Linie, Kerbspannungs- und Kerbdehnungs-Wöhler-Linie, Kitagawa-Diagramm der ungekerbten Probe mit kurzem Riss und Rissfortschrittsrate des langen Risses [73, 83].

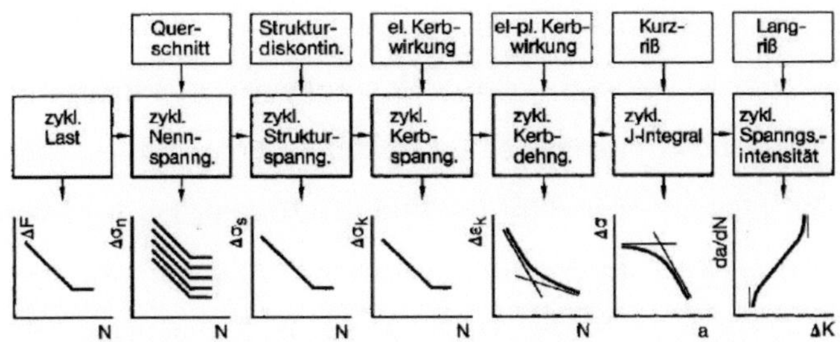

Abbildung 2.20 Globale und lokale Konzepte zur Abschätzung der Schwingfestigkeit nach Radaj [73]

Konzeptionell werden drei unterschiedliche Vorgehensweisen bei der Auslegung von dynamisch beanspruchten Bauteilen durchgeführt. Diese Konzepte, die in der Literatur ausführlich dargestellt werden [73, 77, 82, 83, 130], sind:

- Das Nennspannungskonzept
- Das örtliche Konzept oder Kerbgrundkonzept
- Das Konzept der Bruchmechanik

Am verbreiteten ist der Festigkeitsnachweis nach dem Nennspannungskonzept [80]. Dabei wird der inhomogene Beanspruchungszustand eines Bauteils auf eine Nennspannung reduziert und diese Bauteil- oder Kerbfestigkeiten gegenübergestellt [83]. Bei komplexen Bauteilen können auch örtliche Maximalspannungen oder Strukturspannungen an der versagenskritischen Stelle betrachtet werden [131]. Für kritische Anwendungen z.B. Gasturbinenbauteile, Flugzeugkomponente oder Bauteile mit scharfen Kerben scheitern die spannungsbasierten Konzepte aber häufig [82].

Im örtlichen Konzept versagt ein Bauteil aufgrund der Entstehung eines technischen Anrisses an der versagenskritischen Stelle [73, 83]. Die Bewertung erfolgt durch Werkstoffdaten in Form von Dehnungswöhlerlinien [130]. Die Beanspruchungsanalyse erfolgt durch kerbmechanische Ansätze oder in einer elastisch-plastischen Finite-Elemente-Berechnung unter Berücksichtigung von Masing- und Memory-Verhalten. Im örtlichen Konzept (auch Kerbgrundkonzept genannt) wird von der Annahme ausgegangen, dass sich der Werkstoff im Kerbgrund hinsichtlich Verformung und Anriss ähnlich wie eine sich dort befindende ungekerbte axialbelastete Vergleichsprobe hinsichtlich Verformung und Bruch verhält [79]. Die Werkstoffdaten werden in rein wechselnden dehnungskontrollierten Low-Cycle-Fatigue-Versuchen an glatten Proben ermittelt. Da die Lebensdauer nicht nur von der Dehnungsschwingbreite abhängt, werden Schädigungsparameter zur Lebensdauervorhersage bis zum Anriss herangezogen [132]. Die Schädigungsparameter sind physikalisch begründete Beanspruchungskenngrößen, die die Ermüdungsschädigung anhand charakteristischer Kenngrößen der auftretenden Hystereseschleifen beschreiben [73, 83]. Neben zahlreichen Ansätzen ist der Schädigungsparameter P_{SWT} nach Smith, Watson und Topper am bekanntesten [132]. Dieser Parameter entspricht einer Arbeit, die dem Werkstoff zugeführt wird. In den letzten Jahren wurden bruchmechanikbasierte Schädigungsparameter z.B. Z_D nach Heitmann [108, 133] und P_J nach Vormwald [104, 105] zur Schädigungsberechnung entwickelt. Bei diesen Parametern wird davon ausgegangen, dass die Rissinitiierung nur einen vernachlässigen Anteil der Lebensdauer einnimmt und die Anrisslebensdauer daher im Wesentlich durch das Wachstum kurzer Risse bestimmt wird [107, 134]. Abbildung 2.21 stellt den schematischen Ablauf zur Lebensdauervorhersage nach dem örtlichen Konzept dar.

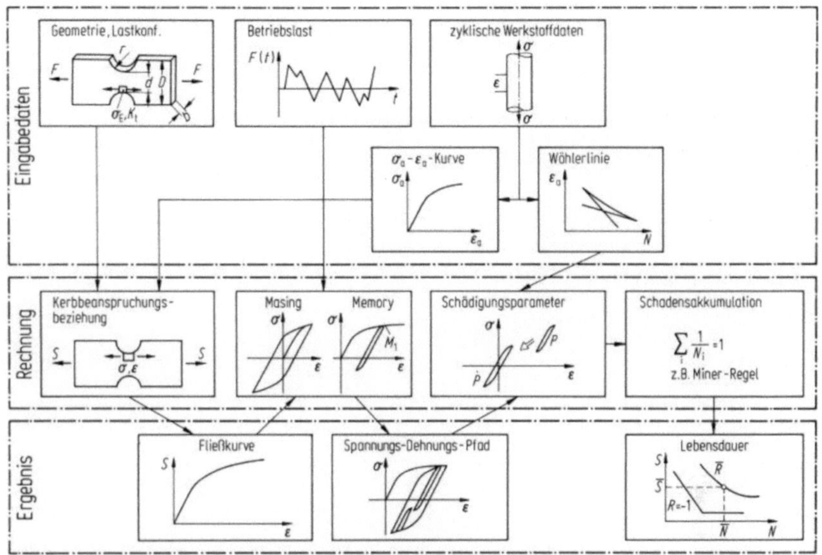

Abbildung 2.21 Daten und Berechnungsmodule für Lebensdauervorhersage nach dem örtlichen Konzept nach Kloos in [79]

Nach dem Konzept der Bruchmechanik wird die Lebensdauer rissbehafteter Bauteile oder Strukturen anhand bruchmechanischer Werkstoffkennwerte gegen das instabile Rissausbreitung abgesichert [73]. Die Bruchmechanik entstand nach Schadensfällen, die sich aufgrund verformungsloser Brüche bei niedrigen Spannungen ereigneten. Die Gefahr von Sprödbrüchen besteht z.B. bei hochfesten Werkstoffen, bei geschweißten Bauteilen oder bei dickwandigen Bauweisen z.B. bei Druckbehältern [82]. Neben der Wöhlerlinie ist die Ermittlung des Rissfortschrittsverhaltens für die Lebensdauerberechnung notwendig, die in der Regel auf Basis der linear-elastischen Bruchmechanik (LEB) durchgeführt wird. Grundlagen und Empfehlungen zur Vorgehensweise bei der artigen Lebensdauerberechnung finden sich in der Fachliteratur und Regelwerken [74, 135-138].

3 Versuchswerkstoffe und Probengeometrien

Im Rahmen dieser Arbeit wurde die Al-Legierung 2618A (AlCu2Mg1,5Ni) untersucht, die standardmäßig für Radialverdichterräder von Abgasturboladern eingesetzt wird. Insgesamt standen zwei Werkstoffchargen zur Verfügung. Zur Ermittlung der Werkstoffdaten wurden Schmiedrolinge ($\varnothing_{max}$ 182 mm, Höhe: 70,8 mm) aus der Al-Legierung 2618A (AlCu2Mg1,5Ni) im Zustand T6 von der Firma Otto Fuchs, Meinerzhagen, geliefert. Aus diesen Rohlingen wurden zylindrische Proben sowie Kerbproben gefertigt. Diese Werkstoffcharge wird als Schwerpunktwerkstoff bezeichnet. Zusätzlich wurde eine große Ronde mit einem Durchmesser von 530 mm und einer Höhe von 200 mm ebenfalls im Zustand T6 von der Firma Atlas Copco bereitgestellt. Diese Ronde diente der Ermittlung des Größeneinflusses.

3.1 Schwerpunktwerkstoff

Von dem Schwerpunktwerkstoff standen 40 Schmiedrohlinge für die experimentellen Untersuchungen zur Verfügung, die von der Firma Otto Fuchs, Meinerzhagen, im fertig wärmebehandelten Zustand geliefert wurden. Die Rohlinge weisen einen Außendurchmesser von ca. 182 mm auf (Abbildung 3.1). Aus derartigen Rohlingen werden relativ kleine Verdichterräder gefertigt. Tabelle 3.1 gibt die funkenemissionsspektroskopisch ermittelte chemische Zusammensetzung der untersuchten Legierung wieder.

Tabelle 3.1 Chemische Zusammensetzung des Schwerpunkt-werkstoffes (FEMX)

Si	Ti	Fe	Ni	Cu	Mg	Al
0,25	0,05	1,06	1,08	2,29	1,52	Rest

Die chemische Zusammensetzung liegt im für die Legierung 2618A zulässigen Bereich nach DIN EN 573-3. Die Schmiedrohlinge sind nach Zustand T6 ausgehärtet. Die Wärmebehandlung umfasste die folgenden Schritte:

- Lösungsglühen bei 530 ± 5 °C bei einer Haltezeit von 8 bis12 Stunden
- Abkühlung in kochendem Wasser
- Warmauslagerung bei 200 ± 5 °C bei einer Haltezeit von 16 bis 24 Stunden

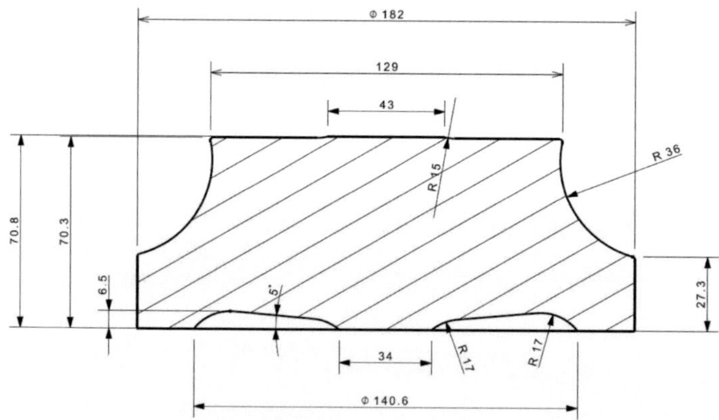

Abbildung 3.1 Schwerpunktwerkstoff als Schmiedrohlinge der Fa. Otto Fuchs $\varnothing_{max}$ *182mm*

Abbildung 3.2 stellt einen Querschliff durch den Schmiedrohling, der aufgrund der Rohlinggröße aus zwei Teilen besteht, dar. Darauf kann man teilweise eine durch die Umformung entstandene zeilenförmige Ausrichtung der intermetallischen Teilchen innerhalb des Querschnitts und insbesondere auf dem unteren Teil erkennen.

Diese Ausrichtung hat allerdings keine Auswirkung auf die mechanischen Eigenschaften, wie anhand von Zugversuchen mit Proben aus unterschiedlichen Entnahmestellen nachgewiesen werden konnte. Auch die Härtemessung stimmt mit dem Ergebnis der Zugversuche überein. Abbildung 3.3 zeigt den Härteverlauf auf einem Querschliff des Schmiedrohlings. Die Härte beider Messungen liegt im Durchschnitt bei 130 HB mit einer Standardabweichung von 2,5 HB. Die gemessene Härte stimmt mit der in der Literatur angegeben typischen Härte überein [51].

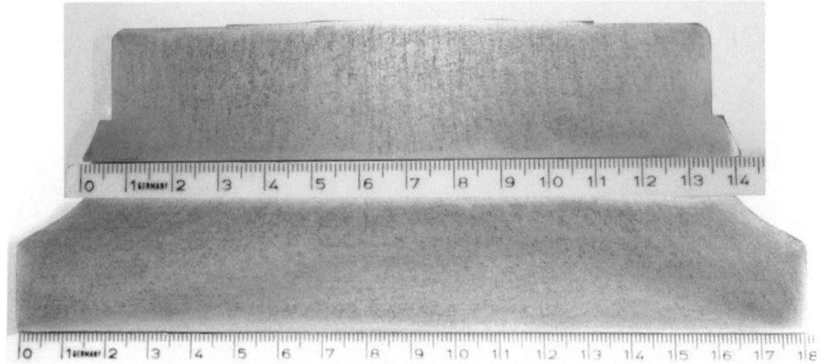

Abbildung 3.2 Querschliff durch den Schmiedrohling zeigt eine zeilenförmige Anordnung der Primärphase (Faserverlauf) im Schwerpunktwerkstoff; Schmiedrohling der Fa Otto Fuchs

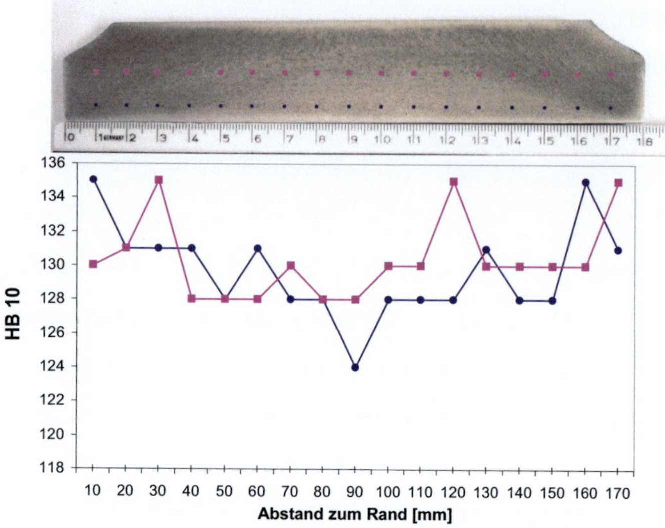

Abbildung 3.3 Härteverlauf auf dem Querschliff im Schmiedrohling zeigt eine Härte von etwa 130 HB im Durchschnitt

Abbildung 3.4 a zeigt das Gefüge der untersuchten Legierung im Anlieferungszustand anhand einer lichtmikroskopischen Aufnahme. Das Gefüge wurde metallographisch hinsichtlich dem Korndurchmesser und der Korngröße nach ASTM E112 analysiert. Das Ergebnis dieser Größenanalyse ist in Abbildung 3.4 b wiedergegeben. Das Bild rechts zeigt die Häufigkeit der verschiedenen Korndurchmesser. Dabei wies das Gefüge einen mittleren Korndurchmesser von 46 µm, der einer ASTM-Korngröße von 6,2 entspricht, und eine mittlere Kornfläche von 2082 μm^2 auf. Mehrere Untersuchungen der Mikrostruktur der Al-Legierung 2618A haben gezeigt, dass die intermetallische Phase Al_9FeNi während der Lösungsglühung stabil bleibt [23, 24, 139, 140].

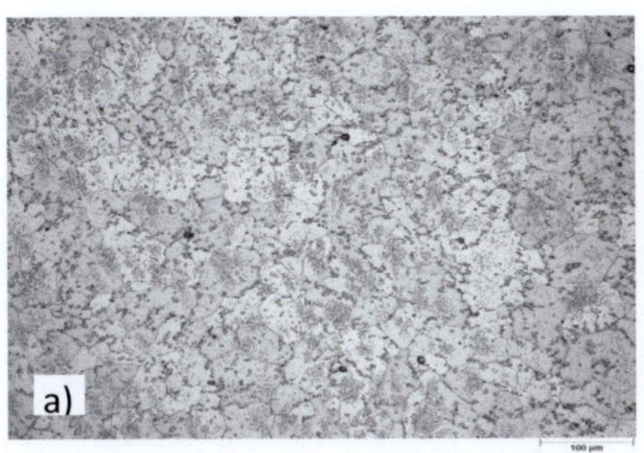

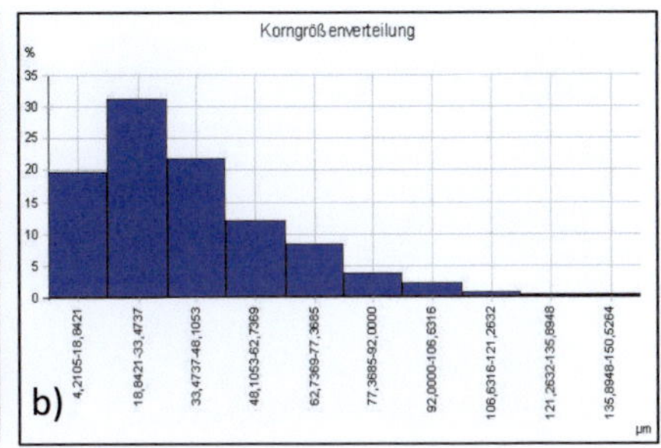

Abbildung 3.4 a) Lichtmikroskopische Untersuchungen und b) Korngroßenverteilung des Schwerpunktwerkstoffes ($\varnothing_{max}$ 182mm-Schmiedtohlinge aus der Al-Legierung 2618A-T6)

Novy et al haben festgestellt, dass die am Lichtmikroskop beobachteten intermetallischen Phasen zu 99% aus der Al_9FeNi-Phase bestanden [23]. Dies wurde durch die vorliegenden Gefügeuntersuchungen bestätigt (Abbildung 3.5 a). Zur Identifizierung der intermetallischen Ausscheidungen wurden rasterelektronenmikroskopische Untersuchungen durchgeführt. Rechts in Abbildung 3.5 ist eine rasterelektronenmikroskopische Aufnahme wiedergegeben, in der die gröberen Ausscheidungen erkennbar sind. Darüber hinaus gibt es aber noch feinste Ausscheidungen, die ebenfalls zur Festigkeitssteigerung beitragen, allerdings erst bei noch höheren Vergrößerungen sichtbar sind [23]. Hierzu sind z.B. transmissionselektronenmikroskopische Untersuchungen erforderlich (vgl. Abbildung 2.5).

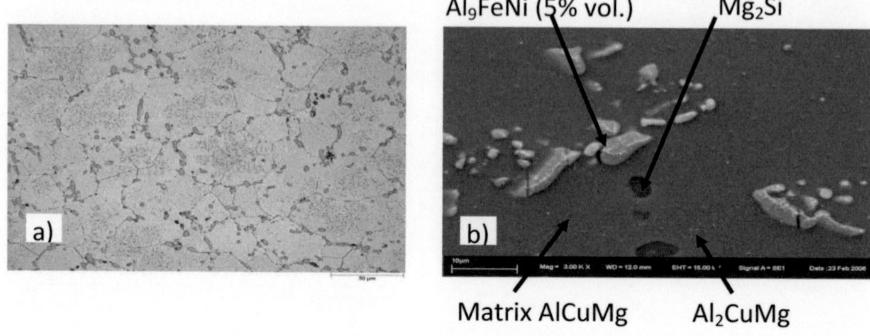

Abbildung 3.5 Gefüge des Schwerpunktwerkstoffs (Al-Legierung 2618A-T6) im Anlieferungszustand a) am Lichtmirkoskop und b) am REM

3.2 Probengeometrien und Herstellung

Aus diesen Schmiedrohlingen wurden glatte sowie Kerbproben hergestellt. Aus einem Rohling wurden 14 Proben gefertigt. Der Rohling wurde zuerst senkrecht zur Radachse in drei Scheiben zersägt. Aus der Scheibe mit dem Maximaldurchmesser lassen sich 8 Proben entnehmen, während sich aus der Mitte der anderen Scheiben aufgrund der kleineren Abmessungen nur jeweils drei Proben herstellen lassen. Die einzelnen Proben wurden mit Nummern und Buchstaben entsprechend der Entnahmestelle eindeutig gekennzeichnet.

Für sämtliche Versuche, falls es nicht anderes erwähnt ist, werden zylindrische Vollproben aus dem Schmiedrohling durch spannende Bearbeitung angefertigt. Anschließend werden die Proben feingedreht. Der zylindrische Probenteil weist eine Durchmesser von 7 mm und eine Länge von 17 mm auf. Die Probengeometrie ist in Abbildung 3.6 dargestellt. Die Oberflächenrauheit wurde mit Hilfe des konvokalen Lichtmikroskops gemessen und ausgewertet. Als Rauheitskennwerte wurden R_z = 0,3 µm und R_t = 0,85 µm bestimmt.

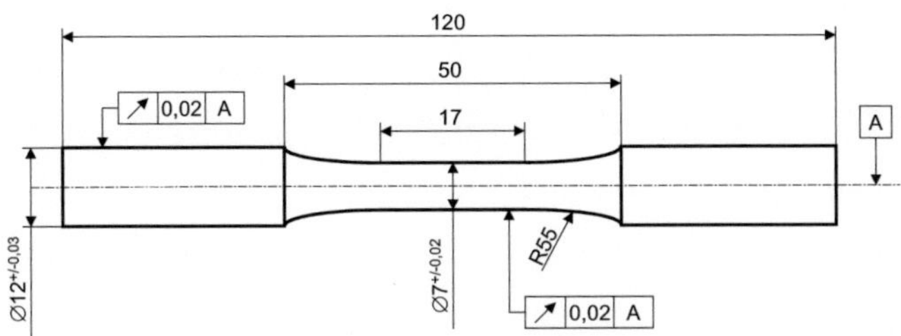

Abbildung 3.6 Probengeometrie für isotherme LCF-Versuche sowie Warmzugversuche und Kriechversuche

Zur Untersuchung des Kurzzeitermüdungsverhaltens unter mehrachsiger Beanspruchung wurden Rundestäbe mit Umlaufkerbe verwendet. Die Geometrie der Kerbproben ist in Abbildung 3.7 zu sehen. Die Qualität der Proberoberfläche der Kerbprobe entspricht den bereits erwähnten Qualitätsmerkmalen der Vollproben.

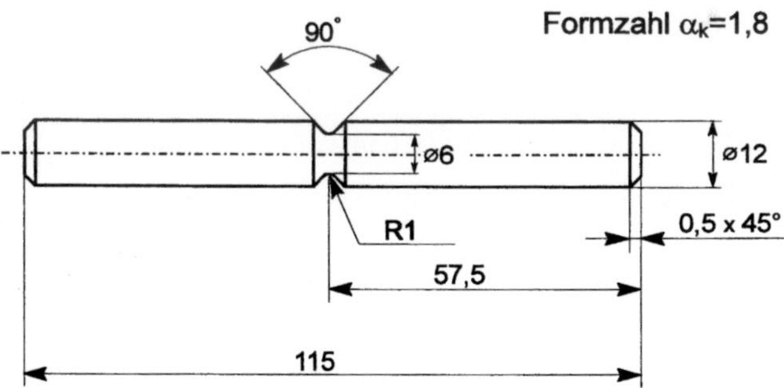

Abbildung 3.7 Kerbprobe für isotherme LCF-Versuche

Im Rahmen der Voruntersuchungen wurden zusätzlich kraftkontrollierte Wöhlerversuche an Kurzproben mit einem Durchmesser von 5,8 mm durchgeführt.

Aus dem Schmiederohling wurden Axial-, Radial-, und Tangential- Proben gefertigt. Ziel dieser Voruntersuchung war, den Einfluss der Probennahme auf die Schwingfestigkeit der Al-Legierung 2618 zu untersuchen. Um den festgestellten Faserverlauf (vgl. Abbildung 3.2) möglichst abbilden zu können, waren relativ kurze Proben zweckdienend. Die Axial- und Radialproben wurden aus einem Schmiederohling hergestellt. Abbildung 3.8 zeigt links die Entnahme- der Axial und Radialproben aus dem Schmiederohling und rechts die Geometrie der Kurzproben. Darüber hinaus wurden die Tangentialproben aus Reststücken der Schmiederohlinge angefertigt.

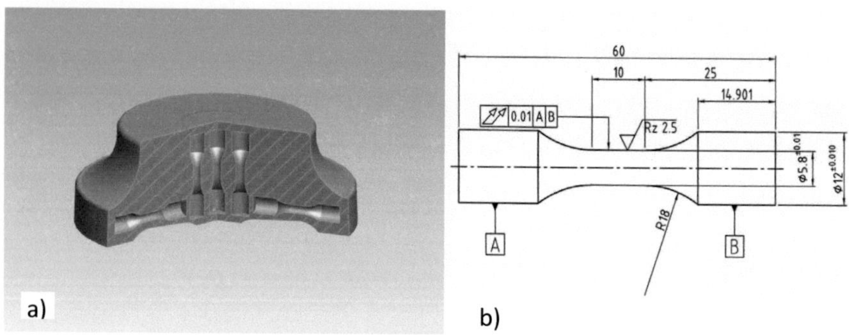

Abbildung 3.8 Entnahme und Geometrie der Kurzprobe zur Untersuchung der Abhängigkeit der Ermüdungsfestigkeit vom Faserverlauf mittels Wöhlerversuche bei 20 °C

3.3 Probenpräparation zur Schädigungsuntersuchung

Für Untersuchungen zur Schädigungsentwicklung unter LCF-Beanspruchung wurden die Messstrecken der Proben poliert. Dies gewährleistete eine ausreichende Oberflächenqualität, um die Proben an einem REM und lichtmikroskopisch zu untersuchen. Der Ablauf der Präparation ist in Tabelle 3.2 ersichtlich.

Der Präparationsfortschritt wurde kontinuierlich mit einem Lichtmikroskop kontrolliert, da aus der Matrix gelöste Ausscheidungen die Oberfläche beschädigten könnten. Ferner musste die nach jedem Präparationsschritt erforderliche Reinigung der Probe überprüft werden.

Die Oberflächenrauheit der polierten Proben wurde mit Hilfe des konfokalen Lichtmikroskops ermittelt. Abbildung 3.9 zeigt eine 3D-Aufnahme der Probenoberfläche. Der Rauheitskennwert R_z lag bei den polierten Proben bei 0,08 µm.

Tabelle 3.2 Probenpräparation zur Schädigungsuntersuchung

Präparati-ons-stufe	Abrasivstoff	Support	Proben-drehzahl [U/min]	Dauer [min]	Kühl-/ Schmiermittel
1	SiC (P320)	Papier	2000	2	Destilliertes Wasser (DW)
2	SiC (P600)	Papier	2000	2	DW
3	SiC (P1000)	Papier	2000	2	DW
4	Diamant ($d_{K,S}$ = 6 µm)	Chemiefaser TexMet 2500	2000	5	Dialub
5	Diamant ($d_{K,S}$ = 3 µm)	Chemiefaser TexMet 2500	2000	5	Dialub
7	Diamant ($d_{K,S}$ = 0,25 µm)	Chemiefaser TexMet 1500	2000	10	Dialub
8	O.P.S., Si_2O_3 ($d_{K,S}$ = 0,05 µm)	Weiches Synthetiktuch	2000	15	DW
9	-	Weiches Synthetiktuch	2000	5	DW

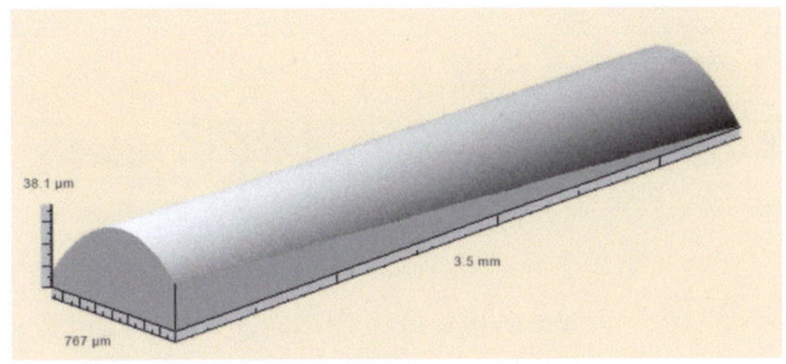

Abbildung 3.9 Qualität der Probenoberfläche nach dem Polieren
R_z= 0,08 µm, R_t =0,25 µm

3.4 Werkstoff zum Größeneinfluss

Zur Untersuchung, in wie weit die mechanischen Eigenschaften bei dem untersuchten Schwerpunktwerkstoff von der Bauteilgröße abhängig sind, wurden zusätzliche Untersuchungen an Proben, die aus einem deutlich größeren Schmiederohling entnommen wurden, durchgeführt. Der zusätzlich bereitgestellte Rohling hatte eine zylindrische Form mit einem Durchmesser von 530 mm und einer Höhe von 200 mm. Er war aus dem gleichen Werkstoff 2618A gefertigt und wurde im T6 wärmebehandelten Zustand von der Firma Atlas-Copco Energas, Köln, zur Verfügung gestellt.

Die vom Hersteller angegebene chemische Zusammensetzung ist in Tabelle 3.3 aufgeführt. Trotz der etwas niedrigeren Gehalte an Legierungselementen ist der Werkstoff dieser Ronde hinsichtlich der chemischen Zusammensetzung als gleichwertig mit dem Schwerpunktwerkstoff in den kleineren Ronden zu betrachten.

Tabelle 3.3 Chemische Analyse der großen Ronde von Atlas Copco

Si	Ti	Fe	Ni	Cu	Mg	Al
0,18	0,05	1,00	1,00	2,00	1,40	Rest

Aus dem Schmiederohling wurde zunächst mittig ein Streifen von 16 mm Dicke herausge-sägt. Aus diesem wurden dann gemäß Abbildung 3.9 die jeweiligen Probenrohlinge entnommen. In dieser Arbeit wurden nur Axialproben untersucht. Dabei wurden die Bereiche Außen, Übergang und Kern unterschieden. Die einzelnen Proben wurden mit Nummern und Buchstaben entsprechend der Entnahmestelle gekennzeichnet. Der Außenbereich erstreckt sich von 0 bis 96 mm, der Übergangsbereich von 96 bis 192 mm und der Kernbereich von 192 bis 256 mm. Die Angaben der Lage der Proben beziehen sich immer auf den Abstand vom Rand.

Die Härte wurde mittels Brinellhärtemessung an drei Proben aus dem Außen-, Übergangs- und Kernbereich ermittelt. Es wurden jeweils 11 Messungen pro Bereich und daraus der Mittelwert gebildet. Die Messungen erfolgten gemäß HB10 mit einer Last von 62,5 kg und einem Kugeldurchmesser von 26 mm. In Abbildung 3.10 werden die Entnahmestellen der Proben und die genauen Stellen der Härtemessung nochmals dargestellt. In Tabelle 3.4 sind die ermittelten Härtewerte eingetragen. Wie erwartet nimmt die Härte vom Rand zum Kern hin ab.

Nach der Härtemessung wurden jeweils zwei metallographische Schliffen aus jedem Bereich angefertigt und das vorliegende Gefüge am Lichtmikroskop untersucht und dokumentiert sowie die Korngrößenverteilung bestimmt.

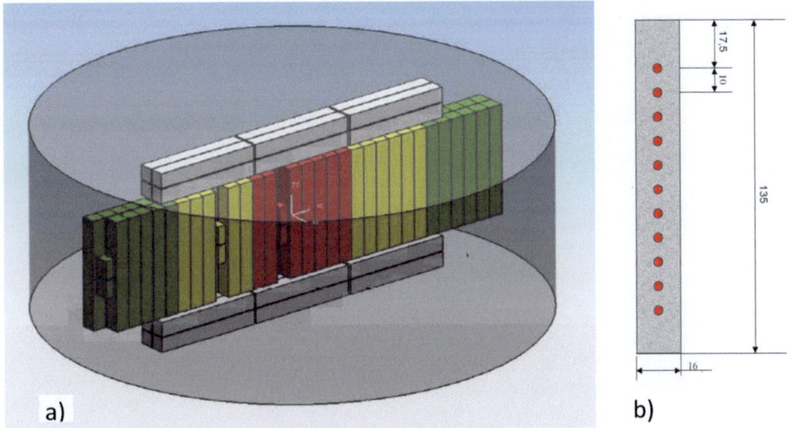

Abbildung 3.10 Probenentnahme zur Untersuchung des Größeneinflusses a) Proben für LCF-Versuche: Außen (Grün), Übergang (Gelb), Kern (Rot), b) Härtemessung an den Problingen

Die Untersuchungen zeigen, dass sich die drei Bereiche im Gefüge deutlich unterscheiden. Der Außenbereich besteht nur aus etwa gleich großen Körnern mit einer ASTM – Korngröße von 2,45. Der Übergangs- und Kernbereich hingegen bestehen aus Körnern und Subkörnern mit unterschiedlichen Größen. Abbildung 3.11 zeigt lichtmikroskopische Aufnahme des Gefüges aus den genannten Bereichen. Im Übergangs- und Kernbereich beträgt die ASTM - Korngröße der Körner 0 und die der Subkörner 9,2 und 8,2. Die Körner im Außenbereich sind mit einer Fläche von ca. 27.884 μm^2 bzw. einem mittleren Durchmesser von etwa 167 µm am kleinsten. Im Übergangsbereich finden sich mit ca. 170136 μm^2 Fläche bzw. 378 µm Durchmesser die größten Körner. Die Größe der Körner im Kern liegt mit einer Fläche von ca. 77016 μm^2 bzw. einem Durchmesser von etwa 201 µm zwischen diesen Werten. Die mittlere Kornfläche der Subkörner im Kern ist mit ca. 500 µm ungefähr doppelt so groß, wie die der Subkörner im Übergangsbereich mit ca. 263 µm. Daraus ergeben sich mittlere Korndurchmesser der Subkörner von etwa 16 µm im Übergangsbereich und 22 µm im Kernbereich. Die Anteile der Körner bzw. Subkörner betragen im Übergangsbereich etwa 85 % bzw. 15 %. Im Kernbereich finden sich jeweils etwa 50 % Körner und Subkörner.

Abbildung 3.11 Gefügeaufnahme am Lichtmikroskop der großen Ronde zeigen ein vollständig rekristallisiertes Gefüge Außen a), und längsgestreckte Körner mit Teilrekristalisation im Übergang-Bereich b) sowie im Kern-Bereich c); Ätzmittel: Keller

Die einzelnen Kennzahlen der Gefügebewertung sind in Tabelle 3.4 gegenübergestellt. Die Körner im Außenbereich zeigen nur eine geringe Längsstreckung. Demgegenüber weisen die Körner im Übergangs- und Kernbereich eine stark ausgeprägte Längsstreckung auf. Die Längsstreckung der Körner wird durch die Umformung ausgelöst [141]. Ein homogenes Gefüge hingegen, wie im Außenbereich (Abbildung 3.11 a), entsteht in der Regel durch Rekristallisation [3].

Tabelle 3.4 Gefüge-Charakterisierung der großen Ronde

		Außen	Übergang	Kern
Härte		130,6 HB	123,1 HB	120,8 HB
Phasenanteile	Körner	100 %	85 %	50 %
	Subkörner	-	15 %	50 %
ASTM – Korngröße	Körner	2,45	0	0
	Subkörner	-	9,2	8,2
Mittlere Kornfläche	Körner	27884µm^2	170136µm^2	77015µm^2
	Subkörner	-	262µm^2	499µm^2
Mittlerer Korndurchmesser	Körner	167 µm	378µm	201µm
	Subkörner	-	16 µm	22µm
Anzahl Körner pro Fläche	Körner	36 / mm^2	6 / mm^2	131 / mm^2
	Subkörner	-	3969 /mm^2	2011 / mm^2

Ergänzend wurden an den Schliffen noch Mikrohärtemessungen an den Körnern und den Subkörnern durchgeführt. Dabei zeigte sich, dass die beiden Kornarten etwa die gleiche Mikrohärte besitzen. Tabelle 3.5 zeigt die Härtewerte mit der zugehörigen Standardabweichung. Die abgebildeten Härtewerte wurden aus dem arithmetischen Mittel aus jeweils 11 Werten ermittelt. Der Maximal- und Minimalwert der Messungen wurde beim Mitteln nicht berücksichtigt. Es ist eine fast lineare Abnahme der Härte vom Rand zum Kern zu erkennen (Abbildung 3.12). Die Härte direkt am Rand beträgt 130,6 HB10, fällt im Übergang auf 123 HB10 und nimmt bis auf 121 HB10 im Kern ab. Die hohe Härte am Rand und die geringere Härte im Kern des Bauteils sind maßgeblich durch die Warmaushärtung bedingt, die am Außenbereich den höchsten Effekt erzielt hat.

Die Mikrohärtemessung wurde durchgeführt, um herauszufinden, ob es einen Härteunterschied zwischen Körnern, Subkörnern und deren Ausscheidungen gibt. Die Mikrohärtemessung zeigt fast die gleichen Härtedifferenzen zwischen Außen und Kern wie die Makrohärtemessung. Die Körner der beiden Außenproben haben absolut die gleiche Härte (siehe Tabelle 3.6). Auch die Härtewerte der Körner aus dem Kernbereich sind nahezu identisch. Es zeigt sich also kein Härteunterschied zwischen Körner und Subkörner und deren Ausscheidungen. Abbildung 3.13 zeigt beispielhaft detaillierte Aufnahmen des heterogenen Gefüges im Kernbereich.

Tabelle 3.5 Härtewerte [HB10]

Bereich	Außen	Übergang	Kern
Arithmetisches Mittel	130,6	123	121
Standardabweichung	2,3	2,1	1,4

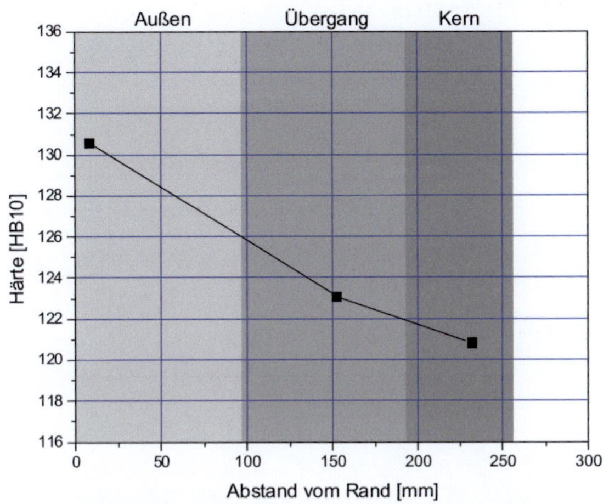

Abbildung 3.12 Härteverlauf in Abhängigkeit vom Abstand vom Rand in der großen Ronde

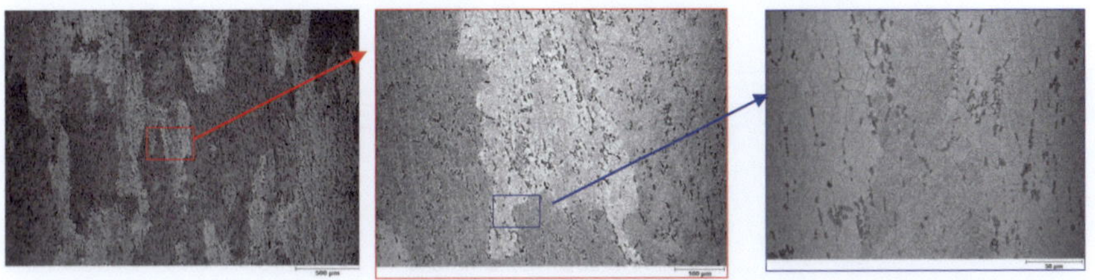

Abbildung 3.13 Detailaufnahme des heterogenen Gefüges aus dem Kernbereich mit längsgestreckten Körnern (links) und Subkörnern (rechts)

Um dies zu überprüfen wurden die Ausscheidungen mit Hilfe einer EDX-Analyse am REM untersucht. Abbildung 3.14 stellt die detektierten intermetallischen Ausscheidungen im Bereich der Subkörner dar. Dabei konnte keine Unterschiede zur im Schwerpunktwerkstoff beobachteten Ausscheidungsstruktur erfasst werden.

Tabelle 3.6 Mikrohärte [HV 0,05]

Bereich	Außen 1	Außen 2	Kern 1		Kern 2	
			Körner	Subkörner	Körner	Subkörner
Arithmetisches Mittel	134,5	134,5	123,4	123,5	123,8	123,5

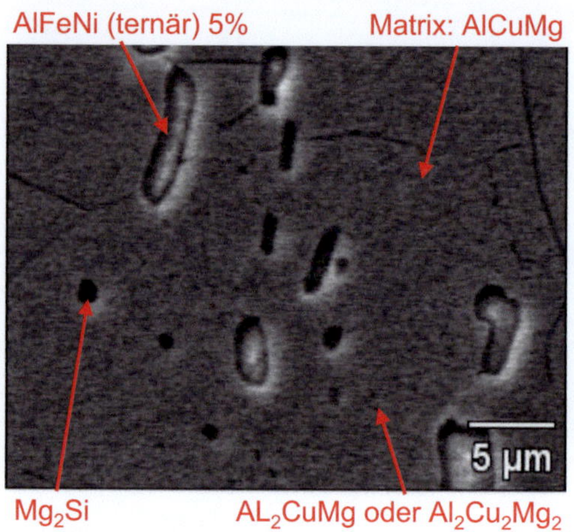

Abbildung 3.14 EDX-Anaylse des Kernbereichs

4 Versuchseinrichtung und Versuchsdurchführung

4.1 Härtemessung

Die hohen Festigkeiten der ausgehärteten Al-Cu-Mg-Legierungen beruhen auf kohärenten Ausscheidungen, die durch die Lösungsglühung, Abschrecken und einer anschließenden der Warmauslagerung erzeugt werden (vgl. Abschnitt 2.1). Allerdings können die Betriebstemperaturen die Auslagerungstemperatur an kritischen Stellen im Bauteil überschreiten. Da die kohärenten Ausscheidungen thermodynamisch nicht stabil sind und die die Ausbildung stabiler Gleichgewichtsphasen anstreben (vgl. Abbildung 2.1), kann eine Veränderung der Mikrostruktur während des Betriebes bzw. des Versuchs auftreten, die auch die mechanischen Eigenschaften verändert.

Zur Quantifizierung dieses Effektes wurden Proben mit den Abmessungen 70x20x15 mm^3 bei den Temperaturen 150 °C, 200 °C und 250 °C für unterschiedliche Zeiten ausgelagert. Danach wurde die Brinell-Härte gemessen.

Die Makrohärtemessung wurde an einer Maschine der Otto-Wolpert-Werke vom Typ Dia Testor 2n durchgeführt. Die Makrohärte wurde nach dem Brinell-Verfahren HB 2,5/62,5 ermittelt. Die Lasteinwirkzeit betrug 30 s. Die Mikrohärtemessung wurde an einem Gerät der Firma Shimadzu des Typs HMV-2000 mit eigener Auswertungssoftware durchgeführt. Die Mikrohärte wurde durch Vickershärtemessung (HV 0,05) an vier Proben, aus denen auch die Schliffe gefertigt wurden, ermittelt (vgl. Tabelle 3.6). Gemessen wurde an zwei Außenproben und an zwei Kernproben. Bei den Kernproben wurde die Härte der Körner und der Subkörner ermittelt. Pro Außenprobe wurden jeweils zehn Messungen durchgeführt. Pro Kernprobe wurden jeweils zehn Messungen in den Körnern und zehn Messungen in den Subkörnern durchgeführt. Die beiden Extremwerte wurden gestrichen und aus den übrigen acht Werten das arithmetische Mittel ausgerechnet. Die Mikrohärtemessung war erforderlich, um eventuelle Härteunterschiede zwischen Körnern und Subkörnern herauszufinden.

4.2 Mikrostrukturelle Untersuchungen

Für die mikrostrukturellen Untersuchungen wurden verschiedene Lichtmikroskope mit diverser Auswertungssoftware und ein Rasterelektronenmikroskop (REM) vom Typ LEO EVO 50 mit der Software SmartSEM 5.0 von Zeiss verwendet.

Im Rahmen der Voruntersuchungen wurde die örtliche Verteilung des Gefüges am Schwerpunktwerkstoff mehrfach an Schliffen aus unterschiedlichen Entnahmestellen untersucht. Das Gefüge wurde am Lichtmikroskop untersucht und dokumentiert. Anschließend wurde die Korngrößenverteilung bestimmt. Dies geschah mit Hilfe eines Auswertprogrammes, bei dem die einzelnen Korngrenzen markiert wurden. Als Ergebnis gab das Programm die ASTM-Korngröße, die mittlere Kornfläche, den mittleren Korndurchmesser und die Anzahl der Körner pro Fläche aus. Zusätzlich wurde ein Querschliff zur Ermittlung des Faserverlaufs im Schmiederohling hergestellt. Dabei wurde wiederkehrend das gleiche Gefüge festgestellt. Die Ergebnisse dieser Untersuchungen sind im Abschnitt 3.1 dargestellt.

Zur Untersuchung der Gefügezustände in der großen Ronde wurden insgesamt sechs Schliffe angefertigt. Jeweils zwei aus dem Außen-, Übergangs- und Kernbereich. Die Schliffe wurden aus den gleichen Bereichen angefertigt, an denen auch die Härtemessung durchgeführt wurde. Die Größe der Schliffe betrug 20 mm x 10 mm. An den Schliffen des Außenbereichs wurde eine Fläche von 2 % pro Schliff ausgewertet. An den Schliffen des Übergangs- und Kernbereichs wurde eine Fläche von 1 % pro Schliff ausgewertet. Da das Gefüge aus Körnern mit Subkörnern besteht, musste dies bei verschiedenen Vergrößerungen bei den Körnern (5-fach) und Subkörnern (500-fach) durchgeführt werden. Die Bestimmung des Phasenanteils der Körner und Subkörner war nicht mit diesem Auswertprogramm möglich, da sich der Größenunterschied die Subkörner bei 50–facher Vergrößerung nicht erkennen ließ und bei 500-facher Vergrößerung die Körner nur teilweise und nicht in ihrem gesamten Ausmaß erfassen ließ. Deshalb wurden pro Bereich und Schliff sieben stichprobenartige Aufnahmen bei 200-facher Vergrößerung durchgeführt. Diese Vergrößerung ermöglichte es, die Körner und die Subkörner gleichermaßen zu erkennen. Diese sieben stichprobenartigen Aufnahmen wurden dann als repräsentativ für die Mikrostruktur der gesamten Probe angenommen und arithmetisch gemittelt

Mit dem beschriebenen REM wurden auch die EDX-Analysen der einzelnen Bereiche durchgeführt. Diese Analysen umfassten sowohl Punktanalysen als auch Linien- und Flächenanalysen (Mapping). Die EDX-Analysen wurden an den Schliffen durchgeführt, an denen auch die Korngrößenanalyse durchgeführt wurde.

4.3 Isotherme quasistatische Verformungsversuche

Für eine Finite-Elemente-Simulation werden Werkstoffparameter benötigt, die üblicherweise aus Zug-, Druck-, Kriech-, Relaxations-, und Ermüdungsversuchen gewonnen werden. Zur Bestimmung dieser Datensätze wurden Versuche bei einer konstanten Temperatur im Bereich von 20 °C bis 200 °C durchgeführt. Bei jeder Temperatur wurden jeweils drei Zugversuche, Druckversuche, Relaxationsversuche und Kriechversuche gefahren. Die Proben wurden bei allen Versuchsführungen kraftfrei auf die Prüftemperatur erwärmt und anschließend zwei Minuten ebenfalls kraftfrei gehalten, um eine homogene Temperatur in der Mess-Strecke zu gewährleisten.

Die Zugversuche, die zur Bestimmung der mechanischen Kennwerte der Knetlegierung dienten, wurden bei fünf Temperaturen 20 °C, 80 °C, 150 °C, 180 °C und 200 °C durchgeführt. Ebenfalls wurden Druckversuche bei vier Temperaturen 20 °C, 80 °C, 150 °C und 180 °C durchgeführt. Die Kriech- und Relaxationsversuche erfolgten bei drei Temperaturen: 150 °C, 180 °C und 200 °C.

Alle diese Versuche wurden an einer elektromechanischen Prüfmaschine der Bauart Zwick mit einer maximalen Nennlast von 100 kN durchgeführt. Das Prüfsystem verfügt über einen analogen P-Regler. Die Proben wurden hydraulisch an den Probenenden eingespannt. Die Kraftmessung erfolgte über eine handelsübliche 50 kN Kraftmessdose. Die Beheizung der Proben im Bereich der Messstrecke erfolgte induktiv mit einem 5 kW Hochfrequenzgenerator, wobei die Kühlung durch Wärmeleitung in den gekühlten Fassungen erfolgte. Die Temperatur wurde in der Mitte der Messstrecke mit einem NiCr-Ni-Bandthermoelement gemessen. Vor den Versuchen wurde die Temperatur innerhalb der Mess-Strecke auf eine maximale Abweichung von 2 % der Versuchstemperatur kalibriert. Die Temperaturregelung erfolgte über einen digitalen PID-Regler (JUMO Dicon 1000).

Die Längenänderung der Messstrecke der Proben wurde direkt an der Probe mit Hilfe eines kapazitiven Hochtemperaturdehnungsmesssensors aufgenommen. Der kapazitive, gekühlte Ansatzwegaufnehmer (L_0 = 15 mm) ist auf einen

Messbereich von wenigen Prozent begrenzt. Aus diesem Grund wurde zusätzlich ein induktives Messsystem eingesetzt, das den Querhauptverfahrweg aufzeichnet. Die Dehnrate lag bei den Zug- und Druck-Versuchen bei 10^{-4} s^{-1}. Zur Bestimmung des E-Moduls bei Raumtemperatur wurden genormte Proben mit der gleichen Dehnrate in Zugversuchen sowie in Druckversuchen belastet, wobei Dehnungsmessstreifen zur Dehnungsmessung eingesetzt wurden.

4.4 Isotherme Ermüdungsversuche (LCF)

Im Rahmen der Grundcharakterisierung wurden Kurzzeitermüdungsversuche, auch als Low-Cycle-Fatigue (LCF) bezeichnet, an glatten Proben bei vier Temperaturen 20 °C, 80 °C, 150 °C und 180 °C für R_ε = -1 durchgeführt. Die Versuche erfolgten totaldehnungskontrolliert bei konstanter Temperatur. Die Versuchsfrequenz der LCF-Versuche betrug 1 Hz. Zusätzlich wurde der Einfluss einer Mitteldehnung an glatten Proben bei T = 80 °C und T = 180 °C für die Dehnungsverhältnisse R_ε = 0 und R_ε = 0,33 untersucht. Zu jedem Dehnungsverhältnis wurden 5 Totaldehnungsamplituden zwischen 0,3 % und 1,2 % untersucht, wobei jede Amplitude einmal wiederholt wurde. Der Einfluss der Mehrachsigkeit wurde an Kerbproben in nenndehnungskontrollierten LCF-Versuchen bei T = 80 °C und T = 180 °C jeweils für die Dehnungsverhältnisse R_ε = -1 und R_ε= 0 untersucht. Ergänzend wurden stichprobenartig der Größeneinfluss und der Einfluss einer Überalterung auf das zyklische Werkstoffverhalten bei ausgewählten Totaldehnungsamplituden geprüft.

Die Versuche wurden auf einer servohydraulischen Prüfmaschine der Bauart Schenck, die eine maximale Prüfkraft von 100 kN verfügt, durchgeführt. Die Vorgabe der Sollwerte für die mechanische Belastung und der Temperatur erfolgt über einen PC. Die Sollwerte werden dann anschließend über einen DA-

Wandler an die Maschine weitergegeben. Über entsprechende Messverstärker und einem AD-Wandler erfolgt die Rückführung der Messgrößen an den PC. Neben der Sollwertvorgabe ist auch die Messdatenerfassung rechnergesteuert.

Die Kraftmessung erfolgte mit einer Kraftmessdose, die in den Versuchsaufbau integriert ist. Die Erwärmung der Probe auf die Versuchstemperatur erfolgte induktiv durch einen Hochfrequenzgenerator mit einer maximalen Leistung von 5 kW, wobei die Kühlung durch Wärmeleitung in den gekühlten Fassungen erfolgte. Vor Beginn der Versuche wurde eine Temperaturkalibrierung durchgeführt. Die Temperaturabweichungen waren weniger als 2 % der Versuchstemperatur innerhalb der Probenmessstrecke. Zusätzlich stand eine servohydraulische Prüfmaschine gleicher Bauart zur Verfügung, an der die Proben mittels eines Widerstandsofens erwärmt wurden. Mit dieser Prüfmaschine wurden die Versuche bei 80°C gefahren. Zur Messung der Dehnung wurde ein kapazitiver Hochtemperaturdehnungsaufnehmer über Keramikschneiden an der Messstrecke befestigt. Die Probe wurde bei Raumtemperatur eingespannt und anschließend kraftfrei auf die gewünschte Temperatur erwärmt. Um in der Messstrecke ein stabiles Temperaturprofil zu gewährleisten, wurde die Probe nach dem Erreichen der Temperatur 2 Minuten kraftfrei gehalten. Daraufhin wurden die totaldehnungskontrollierten Versuche gestartet.

Das Versuchsende wurde mit dem makroskopischen Anriss bzw. dem Bruch der Probe oder durch das Erreichen der Grenzlastspielzahl von $N_G = 10^5$ festgelegt. Als Versagenskriterium für die Proben wurde stets der makroskopische Anriss ermittelt. Dieser wurde versuchstechnisch anhand eines Kraftabfalls von 10 % gegenüber dem extrapolierten Verlauf der Maximalspannung bestimmt (DIN EN 3988 (Entwurf)) [142].

Bei der Auswertung wurden zur Ermittlung der zyklischen Konstanten die Spannungsamplitude σ_a und die plastischen Dehnungsamplitude $\varepsilon_{a,p}$ aus den Hystereseschleifen bei halber Anrisslastspielzahl ($N = N_A/2$) herangezogen.

5 Isotherme quasistatische Verformungsversuche

Zweck dieser Versuche war die Erzeugung der notwendigen Versuchsdaten zur Erstellung von Werkstoffverformungsmodellen. Das mechanische Verhalten der Legierung 2618A wurde anhand Zug-, Druck-, Kriech- und Relaxationsversuchen bei konstanter Temperatur ermittelt. Die Proben wurden bei Raumtemperatur sowie 80, 150, 180, und 200 °C untersucht. Die Ergebnisse ausgewählter Versuche werden im Folgenden dargestellt.

5.1 Zugversuche

In der Regel wird das elastisch-plastische Verhalten von Werkstoffen mittels Spannungs-Dehnungs-Kurven beschrieben. Der betriebsrelevante Temperaturbereich liegt zwischen Raumtemperatur und 200 °C. Die Zugversuche wurden mit einer konstanter Dehnrate von 10^{-4} s^{-1} bei 5 Temperaturen (20, 80, 150, 180, 200 °C) durchgeführt. Abbildung 5.1 zeigt typische Verfestigungskurven der Legierung 2618A im Zustand T6 aus den Warmzugversuchen.

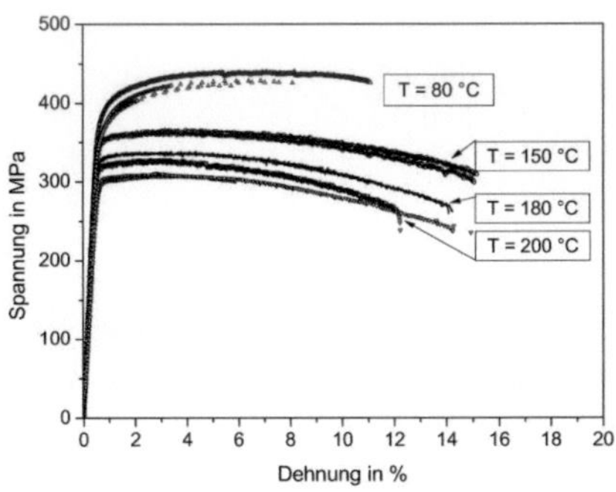

Abbildung 5.1 Spannungs-Dehnungs-Kurven der Legierung bei 80, 150, 180, und 200°C

Die Festigkeitskennwerte sinken deutlich mit zunehmender Temperatur. Bei Raumtemperatur wurden Zugfestigkeiten R_m zwischen 424 und 440 MPa und 0,2%-Dehngrenzen $R_{P0,2}$ zwischen 365 und 390 MPa gemessen. Der ermittelte Mittelwert des E-Moduls beträgt 74 GPa. Bei 80 °C weist der Werkstoff kaum Änderungen in der Festigkeit im Vergleich zur Raumtemperatur, aber eine leichte Abnahme des E-Moduls auf 72 GPa auf. Ab einer Versuchstemperatur von 150 °C, mit $R_{P0,2}$ = 346 MPa und R_m = 346 MPa, nimmt die Festigkeit stark ab. Für T = 180 °C wurden Zugfestigkeiten von 336 bis 343 MPa und 0,2% Dehngrenzen von 320 bis 325 MPa ermittelt. Bei 200 °C wurde eine deutliche Streuung der Festigkeitswerte festgestellt, die möglicherweise auf ein unterschiedliches Überalterungsverhalten der Proben zurückzuführen ist. Tabelle 5.1 zeigt als charakteristisches Beispiel das Ergebnis einer Versuchsreihe bei unterschiedlichen Temperaturen.

Tabelle 5.1 Festigkeitskennwerten der Warmzugversuche

Temperatur [°C]	R_m [MPa]		$R_{p0,2}$ [MPa]		A_2 [%]		E-Modul [GPa]
	M	S	M	s	M	s	M
RT	440	5	383	8	8	1	73
80	438	18	368	11	8	2	72
150	374	11	346	7	12	2	70
180	339	3	323	2	14	1	69
200	314	11	299	11	12	3	68

M: Mittelwert, s: Standardabweichung

Die Festigkeitskennwerte liegen in dem vom Hersteller angegebenen Bereich [19]. Allerdings wiesen die Proben eine gewisse Streuung der Festigkeitskennwerte auf. Als Maß für die Streuung wurde die Standardabweichung, unter Annahme einer Normalverteilung, in den Tabellen angegeben. Die Abhängigkeit des E-Modul von der Prüftemperatur stimmt im Durchschnitt mit den Literaturwerten überein [49]. Ebenfalls wies der Werkstoff die gleiche Temperaturabhängigkeit in den Druckversuchen auf. Abbildung 5.2 vergleicht die Abhängigkeit der ermittelten Zugfestigkeit und 0,2-Dehngrenze von der Prüftemperatur mit Literaturdatensammlung für die Legierung 2618A im Zustand T6. Wie erwartet nehmen die Festigkeitskennwerte mit zunehmender Temperatur zunächst durch eine erhöhte thermische Aktivierung der Versetzungsbewegung ab [3]. Allerdings sind die ermittelten Festigkeitskennwerte im Bereich hoher Temperaturen niedriger als die Literaturwerte [49]. Bei Versuchstemperaturen oberhalb der Warmauslagerungstemperatur vermindert sich die Festigkeit der Legierung deutlich stärker. Dies ist auf die die einsetzende Überalterung sowie auf eine erleichterte Versetzungsbewegung aufgrund einsetzender Diffusionsvorgänge zurückzuführen.

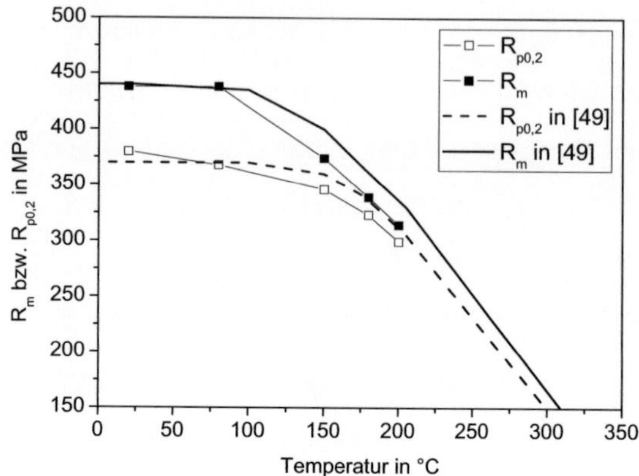

Abbildung 5.2 Abhängigkeit der ermittelten Festigkeitskennwerte von der Prüftemperatur im Vergleich zu den Literaturwerten [49]

5.2 Druckversuche

Zum Vergleich wurde das quasistatische Verhalten unter Druckbeanspruchung mit Hilfe von Druckversuchen ermittelt. Die Druckversuche werden T>20 °C bis zu einer definierten Stauchung (Abbildung 3.6) durchgeführt. Die Rundproben wurden bei 3 Temperaturen (80, 150, 180 °C) untersucht. Die Grenzstauchung betrug bei 80 °C 1 % und bei 150 sowie 180 °C 1,5 %. Außerdem wurden Druckversuche zur Bestimmung des E-Moduls bei Raumtemperatur nach DIN-50106 bis zum Versagen durchgeführt. Die Durchführung der Druckversuche bei Raumtemperatur erfolgte entsprechend DIN-50106 an drei zylindrischen Proben mit einem Durchmesser von 5 mm und einer Länge von 10 mm. Abbildung 5.3 zeigt beispielhaft die Druckverfestigungskurven der drei untersuchten zylindrischen Proben Für T= 20 °C. Die Versuchsergebnisse zeigten eine sehr gute Übereinstimmung. Der ermittelte E-Modul war geringfügig höher als unter Zugbeanspruchung.

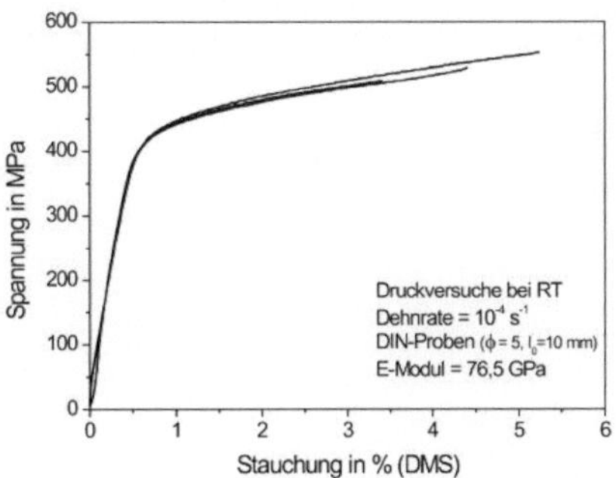

Abbildung 5.3 Druckversuche bei Raumtemperatur (20°C) nach DIN-50106

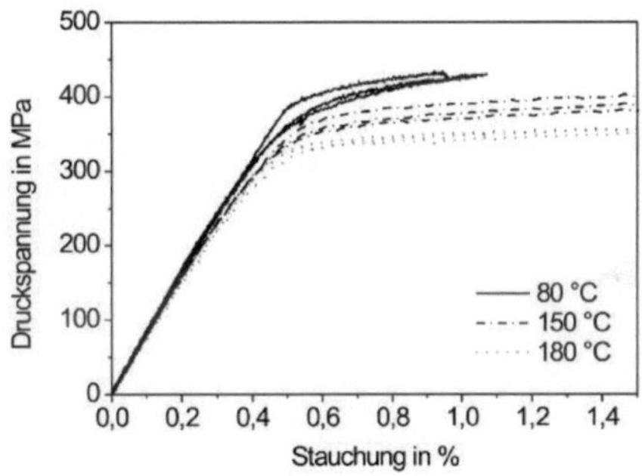

Abbildung 5.4 Druckverfestigungskurve bei 80°C (bis 1 % Stauchung), 150 und 180°C (bis 1,5%)

Abbildung 5.4 zeigt die Druckverfestigungskurven bei 80, 150, und 180 °C. Es wurden jeweils 3 Versuche bei jeder Temperatur untersucht. Dabei wird die Steigung der elastischen Gerade mit zunehmender Temperatur flacher. Ebenfalls nehmen die Festigkeitskennwerte mit steigender Temperatur ab.

5.3 Kurzzeit-Kriechversuche

Zur Erstellung der Werkstoffmodelle wurden Kurzzeitkriechversuche bei 150, 180, und 200 °C durchgeführt. Die Proben wurden bei festgelegten Spannungen relativ zu den 0,2% Dehngrenzen bei den jeweiligen Temperaturen geprüft. In kraftkontrollierten Versuchen wurden die Proben mit 3 Nennspannungen ($R_{p0,2}$, 1,025 . $R_{p0,2}$ und 1,05 . $R_{p0,2}$) beaufschlagt. Tabelle 5.2 stellt den Versuchsplan dar. Die jeweilige Prüfnennspannung wurde innerhalb von 5 Sekunden aufgebracht. Die Dehnung der Probe wurde mittels eines kapazitiven Hochtemperaturaufnehmers erfasst. Die Prüfzeit wurde auf 30 Minuten limitiert. Die Kriechkurven sind in Abbildungen 5.4 und 5.5 aufgeführt.

Tabelle 5.2 Versuchsplan zur Untersuchung des Kurzzeitkriechens

Temperatur [°C]	Geprüfte Nennspannungen [MPa]		
150	352	361	370
180	326	336	344
200	296	303	311

Bei 150 °C hat die Spannung 352 MPa innerhalb von 30 Minuten nicht zum Bruch der Probe geführt. Eine Spannungserhöhung um 9 MPa hat innerhalb der Versuchsdauer zum Bruch geführt. Während der Bruch für die Spannung 361 MPa bei zwei Proben nach 22 und 30 Minuten geschehen ist, versagte die dritte Probe nach 7 Minuten. Für die Spannung 370 MPa wiesen die Proben eine geringere Streuung in der Bruchzeit von 5,5 bis 12,5 Minuten auf. Trotz der Streuung ist erkennbar, dass die Kriechkurven jeweils vergleichbare Steigungen aufweisen.

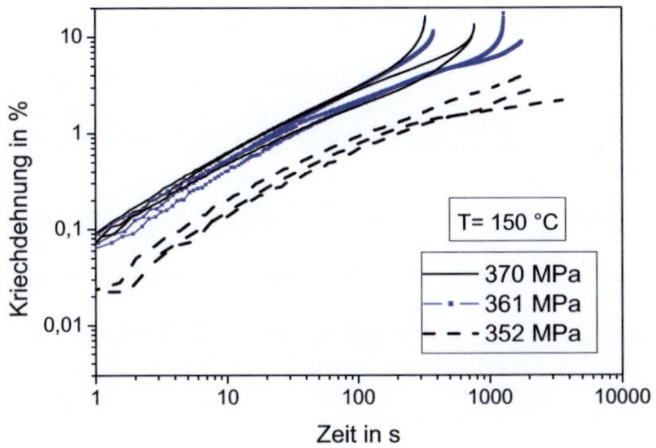

Abbildung 5.5 Kriechkurven bei 150 °C aus Kurzzeit-Kriechversuchen

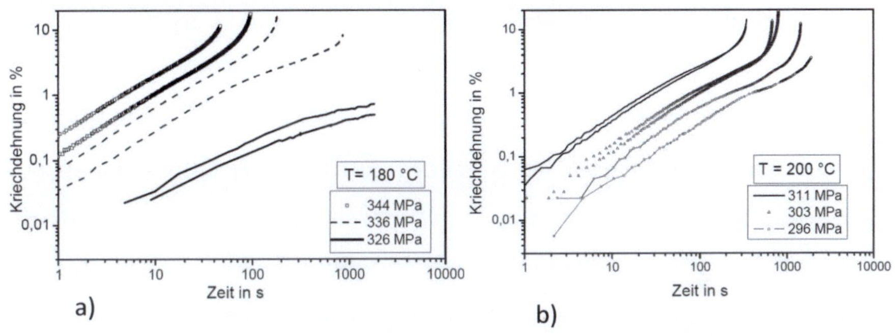

Abbildung 5.6 Kriechkurven bei 180 (links) und 200°C (rechts) aus Kurzzeit-Kriechversuchen

Abbildung 5.6 zeigt die Kriechkurven für T = 180 °C und T = 200 °C. Bei der Prüftemperatur 200 °C wurde die geringste Streuung der Messergebnisse beobachtet. Für T= 180 °C war eine ähnliche Kriechrate für die Spannungen 336 und 344 MPa ersichtlich, die höher als die Kriechrate für 326 MPa war. Für diese Spannung 326 MPa war der Kurvenverlauf nahezu linear in der doppellogarithmischen Auftragung bzw. wurde kein tertiärer Bereich ermittelt. Im Allgemeinen haben die Versuche gezeigt, dass die geprüften Nennspannungen teilweise zu hoch gewählt wurden, da sie meistens innerhalb kurzer Zeit oder mit großer Streuung, wie die Diagramme zeigen, zum Versagen geführt haben.

Die Ergebnisse der durchgeführten Kurzzeit-Kriechversuche und der Kurzzeit-Ralaxationsversuche korrelieren mit dem Festigkeitsabfall aus den Zugversuchen, wobei die Diffusionsvorgänge bei erhöhter Temperatur das zeitabhängige Werkstoffverhalten besonders bei 180 °C und 200 °C ausprägen. Bei diesen Temperaturen wurde auch eine verstärkte Spannungsrelaxation bei gleicher Totaldehnung beobachtet, wie Abbildung 5.7 veranschaulicht.

5.4 Kurzzeit-Spannungsrelaxationsversuche

Zur Erstellung der Werkstoffmodelle wurde auch das Spannungsrelaxationsverhalten der Legierung in totaldehnungskontrollierten Versuchen ermittelt. Die Relaxationsversuche sollen bei der Modellierung der Mittelspannungsrelaxation helfen. Diese Vorgänge lassen sich nicht unmittelbar aus den Kriechversuchen ableiten. Im Gegensatz zum Kriechversuch nimmt die Spannung im Relaxationsversuch unter einer konstant geregelten Totaldehnung ab. Dafür wurden die Proben bei den Temperaturen 150, 180, und 200 °C auf die Dehnungswerte mit der Dehnrate 10^{-4} s^{-1} gebracht und anschließend 30 Minuten bei konstanter Totaldehnung gehalten. Die untersuchten Totaldehnungen sind in Tabelle 5.3 aufgeführt.

Tabelle 5.3 Versuchsplan zur Untersuchung der Spannungsrelaxation

Temperatur [°C]	Geprüfte Totaldehnung [%]		
150	0,65	0,8	1
180	0,5	0,65	1
200	0,5	0,65	1

Abbildungen 5.7 und 5.8 zeigen das Relaxationsverhalten der Legierung bei den gewählten Totaldehnungen für die Temperaturen 150, 180 und 200 °C. Die sich dabei einstellenden Spannungen sind in den Diagrammen als Funktion der Versuchszeit aufgetragen. Die Versuche zeigen deutlich eine Abhängigkeit der Spannungsrelaxation von der Versuchstemperatur. Erwartungsgemäß ist die Spannungsabnahme bei 180 und 200 °C ausgeprägter als bei T = 150 °C, wie es in Abbildung 5.8 zu erkennen ist. Bei ε_t = 0,65% nimmt die Spannung für T = 150 °C von 348 MPa auf etw. 305 MPa in 30 Minuten, während für T = 180 °C von 320 MPa auf etw. 260 MPa und für T = 200 °C von 300 MPa auf etwa 235 MPa. Bei ε_t = 1 % war die Spannungsabnahme für T= 150 °C von 352 MPa auf etwa 304 MPa nahezu identisch wie bei ε_t = 0,65 %. Des Weiteren wies der Werkstoff zu Versuchsbeginnbetragsmäßig ähnliche Spannungen für T = 180 °C und T = 200 °C auf, deren Abnahme im Durchschnitt für T = 200 °C größer war. Dabei hängt die Spannungsabnahme bei 200 °C weniger von der Belastungshöhe ab.

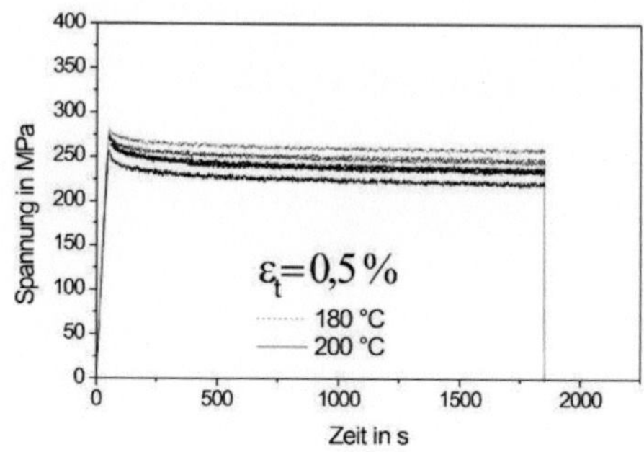

Abbildung 5.7 Verläufe der induzierten Spannungen in Kurzzeit-Relaxationsversuchen bei ε_t= 0,5% für T= 180 und 200 °C

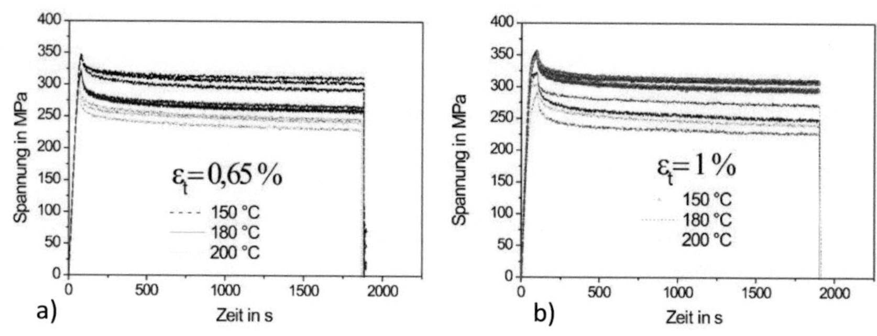

Abbildung 5.8 Verläufe der induzierten Spannungen in Kurzzeit-Relaxationsversuchen bei ε_t= 0,65% (links) und bei ε_t= 1% (rechts) für T= 150, 180, und 200 °C

Die Ergebnisse der durchgeführten Kurzzeit-Kriechversuche und der Kurzzeit-Ralaxationsversuche korrelieren mit dem Festigkeitsabfall aus den Zugversuchen, wobei die Diffusionsvorgänge bei erhöhter Temperatur das zeitabhängige Werkstoffverhalten besonders bei 180 °C und 200 °C prägen. Bei diesen

Temperaturen wurde auch eine verstärkte Spannungsrelaxation bei gleicher Totaldehnung beobachtet, wie Abbildung 5.8 veranschaulicht.

5.5 Kriechverhalten in Langzeitversuchen

Im Bereich erhöhter Temperatur wurde das mechanische Werkstoffverhalten bei konstanter Temperatur und Nennspannung auch in Langzeitkriechversuchen untersucht. Dabei wurden 150 °C und 180 °C als Versuchtemperatur in den Kriechversuchen realisiert.

5.5.1 Kriechverhalten bei 150 °C

Die Kriechversuche bei T = 150°C wurden bei drei Nennspannungen 305, 290, 270 MPa mit jeweils zwei Proben durchgeführt. Abbildung 5.9 zeigt die ermittelten Kriechkurven für T = 150 °C als Auftragung der Totaldehnung über der Zeit. Die Versuchszeit war auf 1000 Stunden begrenzt. Bei dieser Temperatur besitzt der Werkstoff eine 0,2-Dehngrenze von 346 MPa. Die Proben wurden innerhalb von 5 Sekunden mit der Nennspannung beaufschlagt.

Nach dem Erreichen der Anfangsdehnung verlängern sich die Proben mit einer konstanten Geschwindigkeit. Ein primäres Kriechen wird nicht beobachtet. Die Proben zeigen im Bereich des sekundären Kriechens ähnliche Kriechgeschwindigkeiten. Bei allen Versuchen wird die tertiäre Kriechphase erreicht, in der die Werkstoffschädigung so groß wird, dass die Kriechgeschwindigkeit überproportional ansteigt. In dieser Phase tritt üblicher Weise Porenbildung auf. Mit zunehmender Nennspannung setzt das tertiäre Kriechen früher ein. Proben, die eine totale Kriechdehnung von etwa 1% erreichen, Versagen auch durch Buch. Die Versuche wiesen eine gewisse Streuung, insbesondere im Übergang zum tertiären Kriechen auf, die möglicherweise auf unterschiedliches Kriechporenbildungsverhalten zurückzuführen ist. Bei 305 MPa erfolgte der Bruch nach 150 bzw. 450 Stunden. Die Versuche bei 290 MPa wiesen deckungsgleiche Verläufe auf. Bei 270 MPa wurde wiederum eine deutlich größere Streuung im Kriechverhalten der Proben beobachtet.

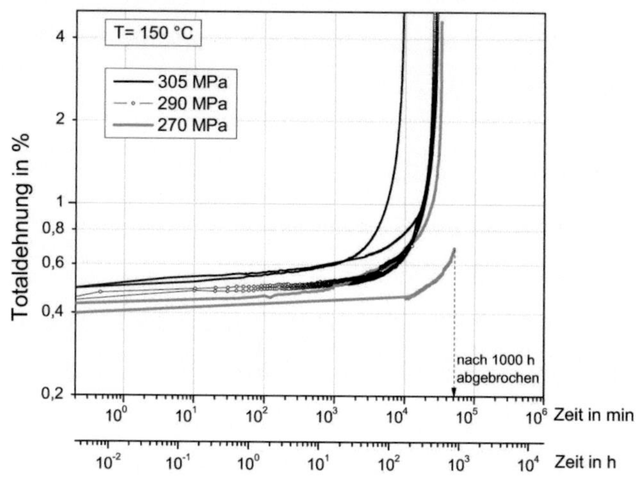

Abbildung 5.9 Kriechkurven bei 305 MPa, 290 MPa und 270 MPa, bei T= 150 °C

Aus den Kriechkurven wurden die Zeitdehngrenzlinien für 0,1%, 0,2%, 0,5% und 1% Kriechdehnung in Abhängigkeit der angelegten Nennspannung ermittelt. Abbildung 5.10 stellt die Zeitdehngrenzlinien zusammen. In der einfach logarithmischen Auftragung ergeben sich nahezu lineare Zusammenhänge.

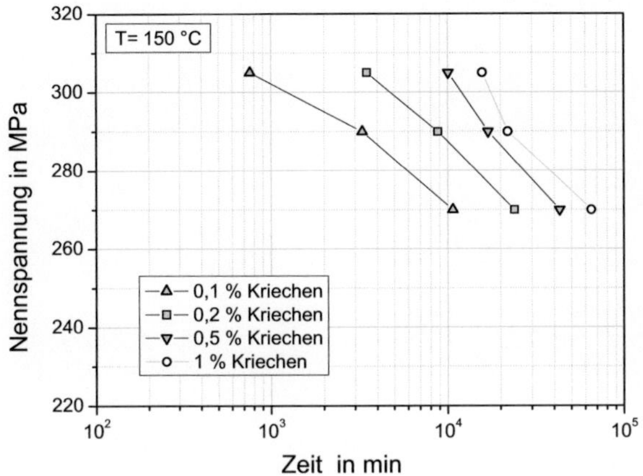

Abbildung 5.10 Zeitdehngrenzlinien bei T = 150 °C

Abbildung 5.11 zeigt beispielhaft die Bruchfläche einer in einem Kriechversuch bei einer Nennspannung von 305 MPa gebrochenen Probe. Darauf sind die typischen Kriechschädigungen zu erkennen [3, 4]. Infolge der Zugspannung bilden sich Poren besonders um die intermetallischen Ausscheidungen sowohl an den Korngrenzen als auch im Korn. Die Porenbildung führt lokal zu Spannungsüberhöhungen und damit zum beschleunigten Wachstum der Poren. Beim endgültigen Versagen schnüren die Proben deutlich ein.

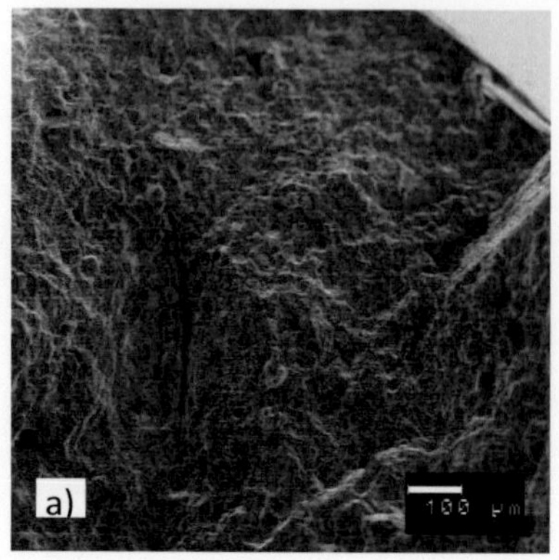

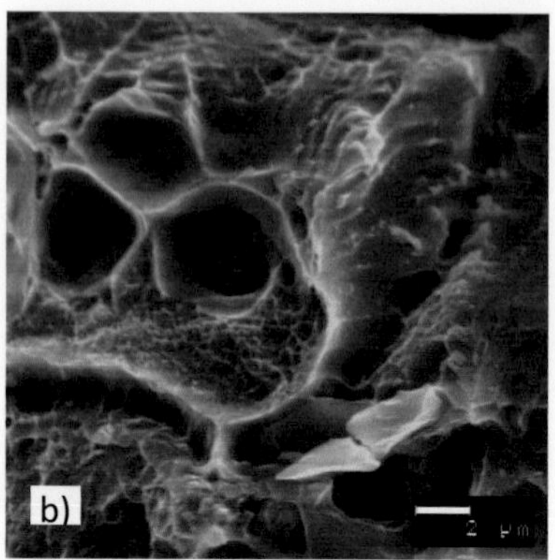

Abbildung 5.11 Typische transkristalline a) und interkristalline Porenbildung b) im Kriechversuch bei 305 MPa, T = 150 °C

5.5.2 Kriechverhalten bei 180 °C

Abbildung 5.12 zeigt die ermittelten Kriechkurven bei T = 180 °C. Auch bei dieser Temperatur wurden die Proben innerhalb von 5 Sekunden mit der Nennspannung beaufschlagt. Unmittelbar nach Aufbringen der Belastung wurde keine nennenswerte Änderung der Kriechgeschwindigkeit beobachtet. Damit weisen die Kurven auch bei T = 180°C kein primäres Kriechen auf. Es sind aber sekundäres und tertiäres Kriechen anhand deutlich unterschiedlicher Kriechgeschwindigkeiten zu erkennen. Die Verläufe der Kriechkurve der beiden bei gleicher Nennspannung beanspruchten Proben stimmen relativ gut überein.

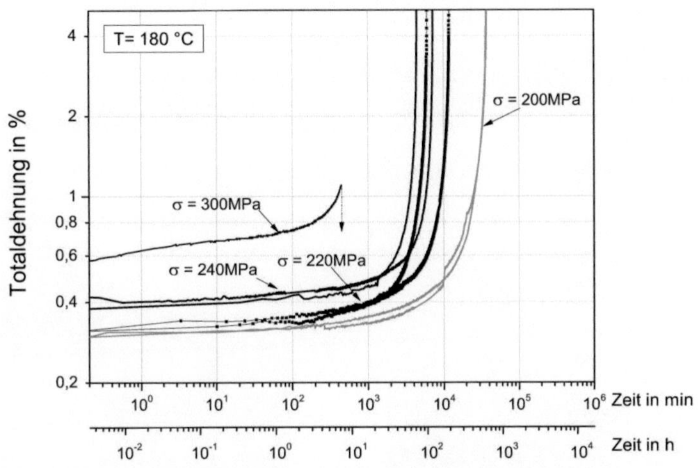

Abbildung 5.12 Kriechkurven bei T = 180 °C und 300, 240, 220 bzw. 200 MPa

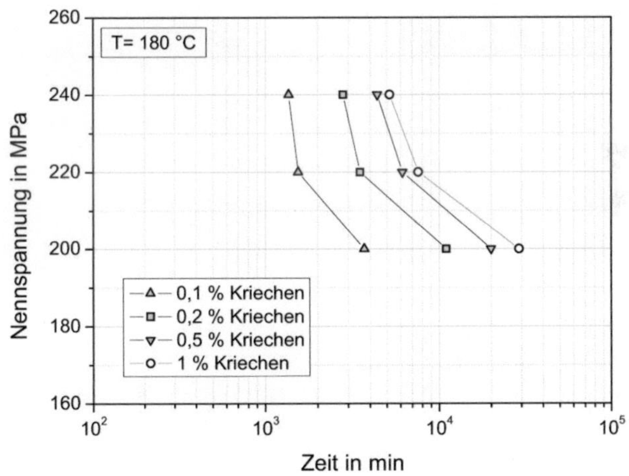

Abbildung 5.13 Zeitdehngrenzlinien bei T = 180 °C der Legierung 2618A

Abbildung 5.13 zeigt die aus den Kriechkurven ermittelten Zeitdehngrenzlinien für unterschiedliche Kriechdehnungen bei T = 180 °C.

Abbildung 5.14 zeigt beispielhaft eine typische Bruchfläche. Darauf sind die bekannten Kriechschädigungen zu erkennen. Scheinbar wird das tertiäre Kriechen nicht nur durch den Verlust von innerer Querschnittsfläche infolge der Porenbildung sondern auch durch die Entfestigung des Werkstoffes eingeleitet.

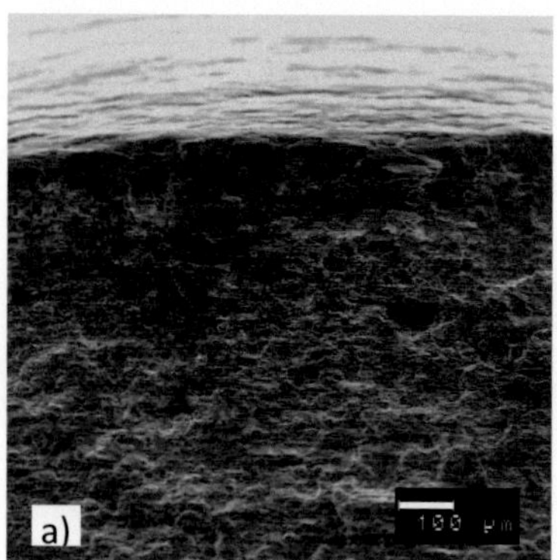

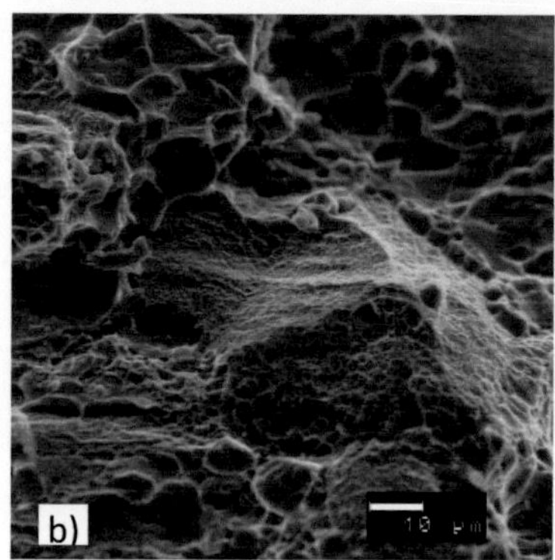

Abbildung 5.14 Kriechschädigung anhand der Porenbildung bei 220 MPa, T = 180 °C, links Übersicht, rechts Detailansicht

Im Langzeitkriechversuch wurde die Dehnung auch bei konstanter Temperatur und Nennspannung in Abhängigkeit der Versuchszeit ermittelt. Bei der Belastung der Probe ergab sich zunächst eine Anfangsdehnung, die sich aus einem elastischen Teil und einem plastischen Anteil zusammensetzt. Der Werkstoff weist keinen Übergangsbereich auf, in dem Verfestigung überwiegt. In allen Versuchen wurde keine Änderung der Kriechgeschwindigkeit zu Beginn erfasst. Im untersuchten Spannungsbereich wurde weder für T = 150 °C noch für T = 180 °C ein ausgeprägter primärer Kriechbereich beobachtet. Die für diese

Kriechphase typischen Vorgänge laufen offensichtlich bereits beim Aufbringen der Kriechbeanspruchung ab. Sekundäres und tertiäres Kriechen sind aber an den Änderungen der Kriechraten deutlich zu unterscheiden (vgl. Abbildung 5.9 und 5.12). Im stationären Kriechbereich weist der Werkstoff eine geringfügige Dehnung etwa um 0,1% nach etwa 1000 h auf. Danach tritt der tertiäre Kriechbereich mit stets zunehmenden Kriechraten ein. Dies ist auf die Veränderung der Ausscheidungsbildung und die zunehmend aktivierte Versetzungsbewegung infolge der Diffusion zurückzuführen.

TEM-Untersuchungen der Mikrostruktur der Legierung Al-4,72Cu-0,45Mg-0,54Ag-0,17Zr haben gezeigt, dass die ausscheidungsfreien Zonen an Korngrenzen bereits nach 20 h bei 165 °C anwachsen [34]. Bei dieser Temperatur erfolgt die Vergröberung der Ausscheidung anhand aktivierter Diffusionsvorgänge schon während des Kriechversuchs, wodurch die Kriechfestigkeit kontinuierlich herabgesetzt wird. Bei T = 180 °C fängt der tertiäre Bereich deutlich früher als bei T = 150 °C an. Die Erhöhung der Temperatur führt zur Vergröberung der Ausscheidungen [2-4] sowie zu größeren ausscheidungsfreien Zonen an den Korngrenzen [34] (vgl. Abbildung 2.7). Diese ausscheidungsfreien Zonen besitzen eine deutlich niedrigere Warmfestigkeit und somit begünstigen die Porenbildung an den Korngrenzen. Der sekundäre Kriechbereich ist bei den untersuchten Nennspannungen bei T = 180 °C daher relativ kurz.

Untersuchungen zum Kriechverhalten der Al-Cu-Mg-Legierungen bei höheren Temperaturen haben gezeigt, dass die Überalterung und die damit verbundene Teilchenvergröberng zur Erhöhung der Dichte mobiler Versetzungen und somit zur rapiden Zunahme der Kriechrate (Tertiäres Kriechen) führen [143]. Dadurch ist auch die Standzeitfestigkeit bei T = 180 °C deutlich niedriger als bei 150 °C (vgl. Abbildung 5.10 mit 5.13). Die durch die Temperaturbelastung hervorgerufene Festigkeitsabnahme wurde auch durch die Härtemessungen an warmauslagerten Proben im nächsten Kapitel bestätigt.

6 Warmauslagerungsversuche

Die hohen Festigkeitseigenschaften der ausgehärteten Al-Cu-Mg-Legierungen beruhen auf die kohärenten Ausscheidungen, die durch die Lösungsglühung, Abschrecken und einer anschließenden der Warmauslagerung erzeugt werden (vgl. Abschnitt 2.1). Allerdings können die Betriebstemperaturen die Auslagerungstemperatur an kritischen Stellen im Bauteil überschreiten. Da die kohärenten Ausscheidungen thermodynamisch nicht stabil sind und die die Ausbildung stabiler Gleichgewichtsphasen anstreben, kann eine Veränderung der Mikrostruktur während des Betriebes bzw. des Versuchs auftreten, die auch die mechanischen Eigenschaften verändert. Deshalb wurden Proben für unterschiedliche Zeiten bei den Temperaturen 150, 200 und 250 °C ausgelagert. Anschließend wurden die Härte und die quasistatische Festigkeit sowie das LCF-Verhalten der Legierung stichprobenartig untersucht.

6.1.1 Härteuntersuchungen

Zur Härteuntersuchung wurden Proben mit den Abmessungen 70x20x15 mm^3 bei den Temperaturen 150 °C, 200 °C und 250 °C für unterschiedliche Zeiten ausgelagert. Danach wurde die Brinell-Härte gemessen. Abbildung 6.1 stellt die dabei ermittelten Härtewerte in Abhängigkeit der Auslagerungszeit und -temperatur dar. Dargestellt sind die ermittelten Mittelwerte, wobei die gemessenen Max- bzw. Min-Werte davon um max ±2 HB abweichen.

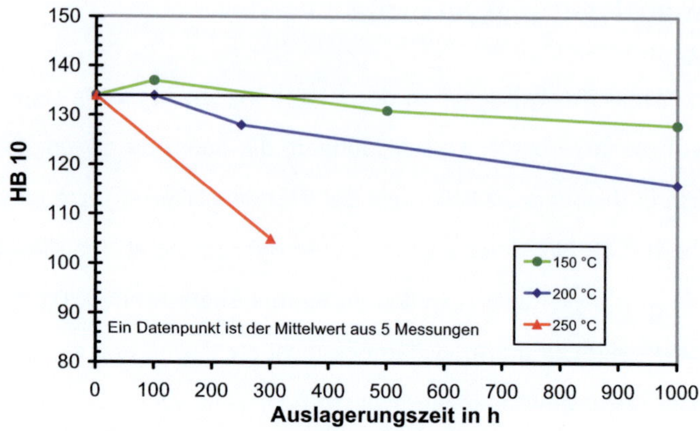

Abbildung 6.1 Veränderung der Härte der Legierung 2618A-T6 nach unterschiedlichen Warmauslagerungstemperaturen und -zeiten

Bei 150 °C steigt die Härte tendenziell zunächst leicht an und fällt dann geringfügig innerhalb von 1.000 Stunden ab. Bei 200 °C war nach 100 Stunden noch kein Härteabfall zu beobachten. Nach 200 Stunden hat die Härte um 8 HB und nach 1.000 Stunden um etwa 13 HB abgenommen. Oberhalb der Temperatur der Warmauslagerung wird eine rasche Überalterung festgestellt. Bei 250 °C ist die Härte bereits nach 300 Stunden um etwa 30 HB abgesunken.

6.1.2 Zugversuche an überalterten Proben

Zusätzlich zu den Härtemessungen wurden einige Stichversuche durchgeführt, um den Einfluss der Überalterung auf die mechanischen Kennwerte der Legierung genauer zu untersuchen. Dazu wurden Standardproben bei 250 °C für 300 Stunden und bei 200 °C für 250 Stunden ausgelagert. Das mechanische Verhalten der überalterten Proben wurde anhand von 2 Zugversuchen bei 200 °C sowie 5 LCF-Versuchen bei 180 °C untersucht. Die Temperaturen wurde so gewählt, um die Ergebnisse mit den am Ausgangszustand durchgeführten Zug- und LCF-Versuchen vergleichen zu können.

In Abbildung 6.2 wurden die beiden an den ausgelagerten Proben durchgeführten Zugversuche zusätzlich zu den bereits vorliegenden Verfestigungskurven eingetragen. Wie erwartet nehmen die Festigkeitskennwerte deutlich ab und die Verformbarkeit nimmt zu.

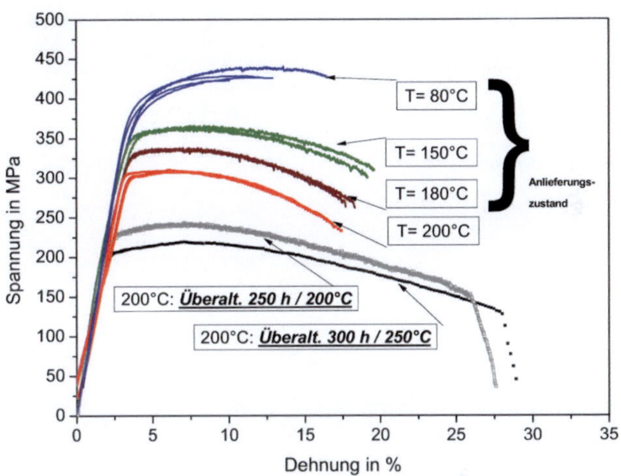

Abbildung 6.2 Veränderung des Festigkeitsverhaltens: in Zugversuchen bei 200 °C an bei 200 und 250 °C ausgelagerten Proben

6.1.3 Isotherme Kurzzeitermüdung (LCF) an überalterten Proben

Das zyklische Werkstoffverhalten wird in totaldehnungskontrollierten LCF-Versuchen untersucht. Die Proben wurden bei 200 °C für 250 Stunden und 250 °C für 300 Stunden ausgelagert. Die LCF-Versuche erfolgten bei T = 180 °C und einer Totaldehnungsamplitude von 0,5 % und einer Prüffrequenz von 1 Hz. Die Versuchsbedingungen der LCF-Untersuchungen wurden so gewählt, dass ein direkter Vergleich mit dem im Zustand T6 ermittelten Wechselverformungsverhalten der Legierung möglich war.

Abbildung 6.3 zeigt die Wechselverformungskurven der untersuchten Zustände. Erwartungsgemäß nehmen mit zunehmender Auslagerungstemperatur die induzierten Spannungen ab und die plastischen Dehnungsamplituden zu. Mit steigender Auslagerungstemperatur wird zunehmend auch ein eher neutrales Wechselverformungsverhalten beobachtet. Die an den ausgelagerten Proben ermittelten Lebensdauern liegen im Bereich der Streuung der Proben des Ausgangszustandes. Auffällig ist lediglich die relativ kurze Lebensdauer der mit „E“ bezeichneten Proben. Diese Proben wurden dem oberen Teil des Rohlings (vgl. Abbildung 3.2) entnommen. Dort liegen die intermetallischen Teilchen quer zur Probenachse. Khafri et al haben die Kurzzeitermüdung der Al-Legierung 2618-T61 untersucht [66]. Dabei wurde festgestellt, dass die Ermüdungsrisse sich bevorzugt an der intermetallischen Phase Al_9FeNi bildeten. Da die Al_9FeNi-Partikel Verformungsdiskontinuität im Gefüge darstellen, kommt es zu örtlich höheren Beanspruchungen durch die lokalisierte Verformung. Die Autoren kamen zur der Schlussfolgerung, dass das endgültige Versagen das Ergebnis der Risskoaleszenz der an den Al_9FeNi-Partiklen bereits entstandenen Risse war. Dies lässt schlussfolgern, dass die zeilenförmige Anordnung der Al_9FeNi-Partikeln quer zur Probenachse der E-Probe (vgl. Abbildung 3.2 oben) die Anrissbildung und die Rissausbreitung begünstigen und zu dem beobachteten früheren Versagen führen.

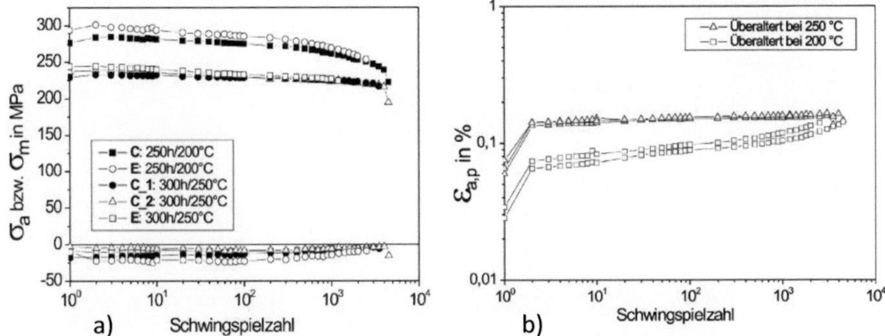

Abbildung 6.3 Wechselverformungsverhalten der überalterten Proben im Vergleich zum Anlieferungszustand bei T = 180 °C und $\varepsilon_{a,t}$ = 0,5%

7 Isotherme Ermüdungsversuche

Im Rahmen dieser Arbeit wurden totaldehnungskontrollierte Ermüdungsversuche zur Ermittlung des zyklischen Verhaltens der Legierung 2618A im Zustand T6 für den Temperaturbereich von 20 bis 80 °C sowie den Bereich von 150 bis 180 °C durchgeführt. Dabei wies der Werkstoff eindeutig unterschiedliches Wechselverformungsverhalten sowie unterschiedliches Schädigungsverhalten in den zwei untersuchten Temperaturbereichen auf.

7.1 Ermüdungsverhalten bei Raumtemperatur

Zur Ermittlung des zyklischen Werkstoffverhaltens wurden zunächst Ermüdungsversuche mit reiner Wechselbeanspruchung bei Raumtemperatur durchgeführt. Das plastische Wechselverformungsverhalten der Legierung wurde anhand dehnungskontrollierter Ermüdungsversuche (LCF) mit einer Prüffrequenz von 5 bzw. 1 Hz im Lebensdauerbereich 10^3 bis 10^5 Lastspiele ermittelt. Im Rahmen der Voruntersuchungen wurde die Abhängigkeit der Schwingfestigkeit von der Probennahme aus dem Versuchsschmiederohling an kurzen Proben untersucht. Dafür wurden kraftkontrollierte Wöhlerversuche mit einer Prüffrequenz von 50 Hz durchgeführt.

7.1.1 Einfluss der Probennahme auf das Lebensdauerverhalten

Im Schmiederohling wurde ein Faserverlauf bzw. eine bevorzugte Orientierung der intermetallischen Phase Al_9FeNi festgestellt. In umfangreichen Voruntersuchungen wurde die Abhängigkeit der Werkstoffkennwerte mittels Zugversuchen und Härtemessungen an aus unterschiedlichen Stellen entnommenen Proben untersucht. Dabei stimmten die ermittelten Werkstoffkennwerte an allen Proben überein. Dementsprechend wurde hier das zyklische Verhalten

an radial, axial und tangential entnommenen Proben bei Raumtemperatur bestimmt. Abbildung 7.1 fasst das Ergebnis dieser Wöhlerversuche zusammen.

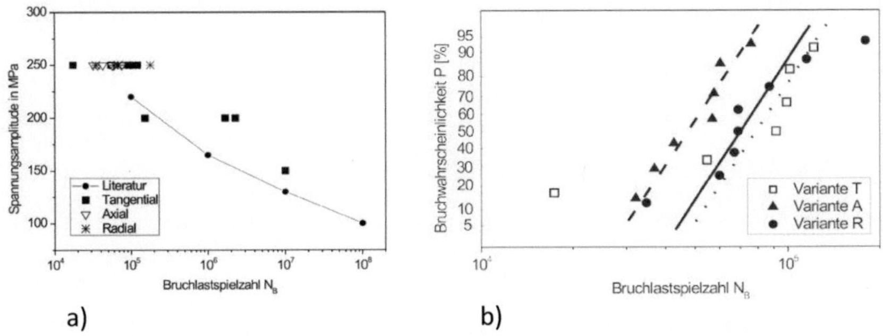

Abbildung 7.1 Einfluss der Probennahme auf die Schwingfestigkeit bei 20 °C, R = -1, f = 50 Hz

Links sind die Daten in einer Wöhlerauftragung mit Literaturangaben [49] verglichen. Die vorliegende Charge zeigt hierbei eine etwas höhere Lebensdauer. Zum Vergleich der drei Probenvarianten wurden bei einer Spannungsamplitude von 250 MPa bis zu sieben Einzelproben geprüft. Die Lebensdauer wurde statistisch nach dem Arcsin√P-Verfahren [144] ausgewertet. Im rechten Teil von Abbildung 7.1 ist diese Auswertung in Form der Auftragung der Bruchwahrscheinlichkeit in Abhängigkeit der Bruchlastspielzahl wiedergegeben. Die Lebensdauer der Radialproben liegt im Streufeld deren der Tangentialproben, die aus unterschiedlichen Schmiederohlingen stammen. Die axial entnommenen Proben weisen insgesamt eine niedrigere Lebensdauer als die radial und tangential entnommenen Proben auf.

7.1.2 Wechselverformungsverhalten

Das Kurzzeitermüdungsverhalten (Low Cycle Fatigue, LCF) wurde in totaldehnungskontrollierte Versuchen mit einem Dehnungsverhältnis R_ε = -1 an glatten Proben ermittelt. Die Totaldehnungsamplitude wurde zwischen 0,3 und 1,2 % variiert. Die Versuche wurden mit einer Prüffrequenz von 5 Hz durchgeführt. Abbildung 7.2 stellt die Nennspannungs-Totaldehnungs-Verläufe dar, die bei der halben Anrisslastspielzahl für verschiedene Totaldehnungsamplituden aufgenommen wurden.

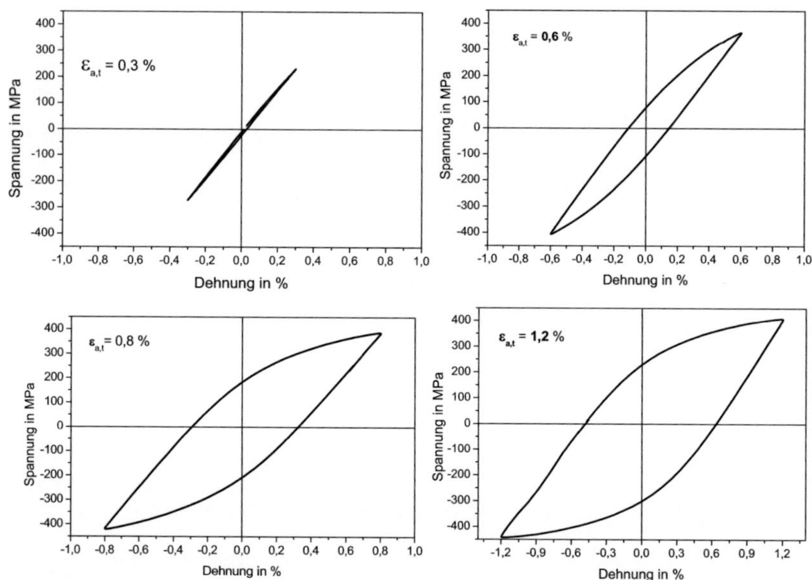

Abbildung 7.2 Spannungs-Dehnungs-Hystereseschleifen bei $N=N_A/2$ für Raumtemperatur

Entsprechend der Steigerung der Totaldehnungsamplitude nehmen die sich einstellenden Nennspannungen zu. Bei $\varepsilon_{a,t}$ = 0,3 % tritt makroskopisch nahezu

keine plastische Verformung auf. Dadurch ist die ermittelte Lebensdauer vergleichbar mit der aus einem kraftkontrollierten Wöhlerversuch bei etwa 230 MPa. Mit zunehmender Totaldehnungsamplitude nimmt der plastische Dehnungsanteil zu. Bei $\varepsilon_{a,t}$ = 1,2 % betrug der plastische Verformungsanteil mit 0,6 % etwa die Hälfte der Gesamtverformung. Die Form der Hysteresisschleife verändert sich während der Versuche praktisch nicht. Lediglich gegen Ende der Versuche nimmt die induzierte Zugspannung wegen der Entstehung makroskopischer Riss ab. Diese Abnahme wurde zur Detektion des technischen Anrisses herangezogen. Die Anrisslastspielzahl N_A war erreicht, wenn die Zugspannung 10 % gegenüber dem extrapolierten Verlauf abgenommen hatte. Dies gelang allerdings nur bei $\varepsilon_{a,t}$ = 0,3 %. Bei höheren Totaldehnungsamplituden versagen die Proben durch Gewaltbruch bevor eine 10%ige Abnahme der Maximalspannung erreicht war. Trotzdem wurden diese Versagenslastpielzahlen auch als Anrisslastspielzahlen gewertet.

Abbildung 7.3 zeigt als Wechselverformungskurven links die Spannungsamplitude und die Mittelspannung über der Lastspielzahl. Rechts ist die plastische Dehnungsamplitude in Abhängigkeit der Lastspielzahl aufgetragen. Exemplarisch wird jeweils ein Versuch bei sechs Totaldehnungsamplituden (0,3, 0,4, 0,5, 0,6, 0,8 und 1,2 %) dargestellt. Es ist zu erkennen, dass der Werkstoff ein stabiles zyklisches Verhalten aufweist. Während der Versuche bleiben die Spannungen sowie die plastischen Dehnungsamplituden nahezu konstant. Die Spannungsamplitude betrug 250 MPa bei $\varepsilon_{a,t}$ = 0,3 %. Mit zunehmender Dehnungsamplitude steigen die induzierten Spannungen bis zu 403 MPa bei $\varepsilon_{a,t}$ = 0,8 %. Ebenfalls nimmt die plastische Dehnungsamplitude von 0,0079 % bei $\varepsilon_{a,t}$ = 0,3 % bis auf 0,3 % bei $\varepsilon_{a,t}$= 0,8 % zu. Die Spannungsamplitude betrug für $\varepsilon_{a,t}$ = 0,4 %, $\varepsilon_{a,t}$ = 0,5%, und $\varepsilon_{a,t}$ = 0,6 % jeweils 321 MPa, 362 MPa und 392 MPa.

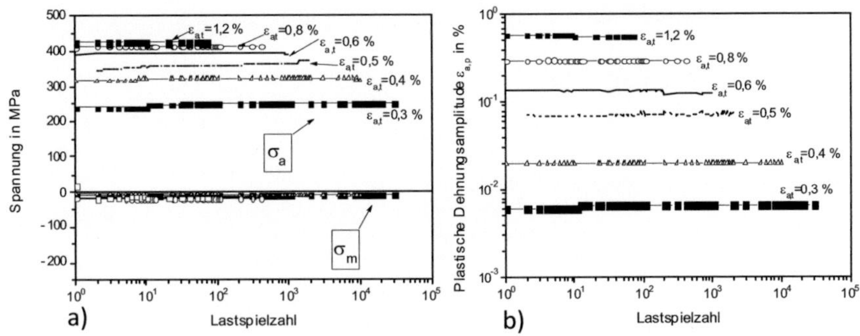

Abbildung 7.3 Wechselverformungskurven bei T = 20 °C

Durch die Auftragung der bei N = $N_A/2$ vorliegenden Spannungsamplitude über der Totaldehnungsamplitude erhält man die zyklische Spannungs-Dehnungs-Kurve (Gleichung 3 nach Ramberg und Osgood). In Abbildung 7.4 ist dieses Diagramm wiedergegeben. Die Parameter für das zyklische Verfestigungsverhalten ergeben sich zu K' = 719 MPa und n' = 0,1. Diese werden durch die Regression in der Ramberg-Osgood-Gleichung ermittelt.

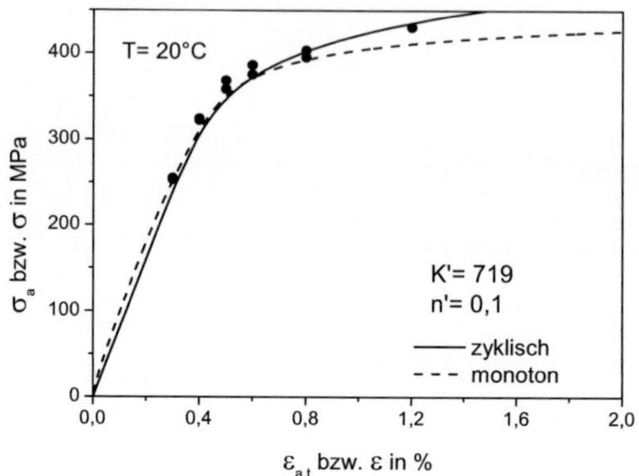

Abbildung 7.4 Zyklische Spannungs-Dehnungs-Kurve bei T = 20 °C

7.1.3 Lebensdauerverhalten

Es wurden Anrisslebensdauern von 265 und 438 Zyklen bei $\varepsilon_{a,t}$ = 0,8 % und 22500 bis 32500 Zyklen bei $\varepsilon_{a,t}$ = 0,3 % ermittelt. Bei noch höheren Totaldehnungsamplituden verringert sich die Lebensdauer stärker im Vergleich zu den kleineren Totaldehnungsamplituden. Bei $\varepsilon_{a,t}$ = 1,2 % z.B. versagt die Probe bereits nach 70 Lastspielen.

In Abbildung 7.4 sind die ermittelten Lebensdauern in Form einer Totaldehnungswöhlerlinie zusammengefasst. Zusätzlich aufgetragen sind die elastischen $\varepsilon_{a,e}$ und plastische Dehnungsamplituden $\varepsilon_{a,p}$, die bei der halben Bruchlastspielzahl aus der Hystereseschleife ermittelt wurden. Auf der Abszisse ist die Anrisslastspielzahl aufgetragen. Der Zusammenhang zwischen $\varepsilon_{a,e}$ und N_A sowie zwischen $\varepsilon_{a,p}$ und N_A kann jeweils in guter Näherung mit einer linearen Beziehung in einer doppellogarithmischen Auftragung beschrieben werden.

Aus diesen zwei Geraden leitet sich der Vierparameteransatz der ertragbaren Dehnungsamplituden nach Coffin-Morrow-Manson ab (Gleichung 2).

Die durch die Regression ermittelten Konstanten sind im Diagramm angegeben. σ'_f ist der Schwingfestigkeitskoeffizient, b der Schwingfestigkeitsexponent, E der Elastizitätsmodul, ε'_f der zyklische Duktilitätskoeffizient und c der zyklische Duktilitätsexponent.

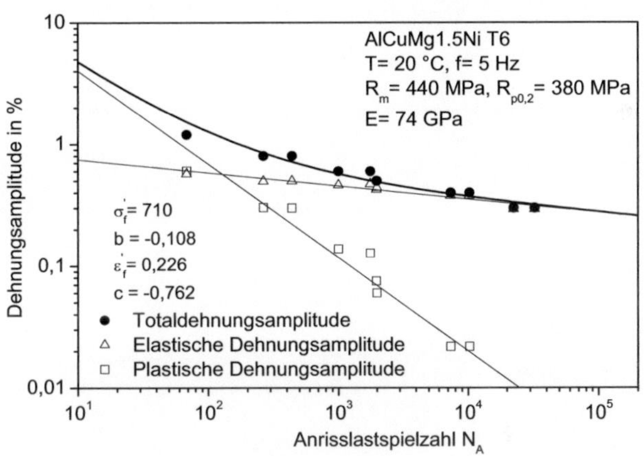

Abbildung 7.5 Totaldehnungswöhlerlinie und elastische sowie plastische Dehnungsamplitude bei $N_A/2$

7.1.4 Schädigungsverhalten

Bei Raumtemperatur versagten die LCF-Proben für die Totaldehnungsamplituden, die größer als $\varepsilon_{a,t}$= 0,3 % sind, durch Gewaltbruch. Deshalb waren keine aussagekräftige Rasterelektronenmikroskopische Untersuchungen mehr möglich. Dafür lieferte die Untersuchung der Bruchflächen der Kurzproben, die in kraftkontrollierten Wöhlerversuchen geprüft wurden, wichtige Information.

Abbildungen 7.6 und 7.7 zeigen jeweils Aufnahmen der Bruchfläche einer axial entnommenen Probe und der Bruchfläche einer radial entnommenen Probe. Beide Kurzproben wurden in kraftkontrollierten Wöhlerversuchen mit einer Nennspannungsamplitude von 250 MPa untersucht. Die Bruchfläche beider Proben weist einen relativ kleinen Ermüdungsbruchanteil auf.

An der Bruchfläche (jeweils Abbildung 7.6 c und 7.7 c ist eine typische Anrisslinse, die eine Oberflächenrisslänge von 1300 bzw. 1800 µm und eine Risstiefe von 400 bis 600 µm aufweist, zu beobachten. Die Bilder links zeigen eine vergrößerte Aufnahme des Rissausgangs, woran man teilweise interkristallinen Mikrorissverlauf an der freigelegten Korngrenze erkennen kann (jeweils Abbildung 7.6 a und 7.7 a.

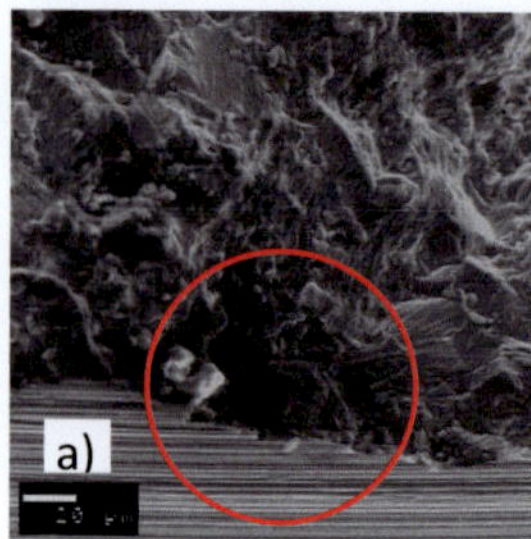

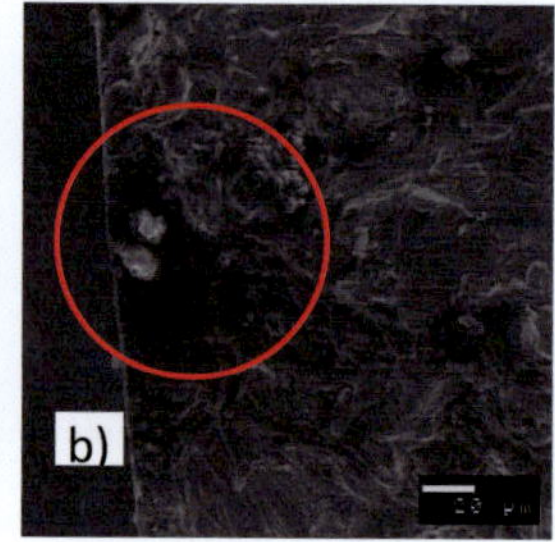

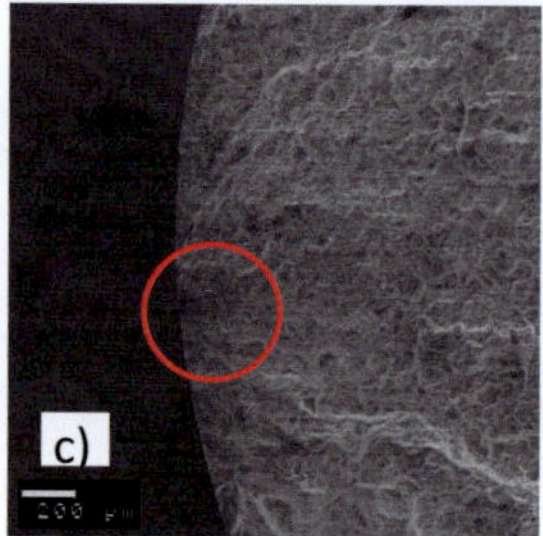

Abbildung 7.6 Bruchfläche einer Axialprobe σ_a=250 MPa bei T= 20°C mit teilweise interkristalliner Rissinitiierung a), Anrisslinse b) und c)

Die Axialproben weisen geringfügig kürzere Lebensdauer als die Radialproben in den Wöhlerversuchen auf (vgl. Abbildung 7.1 b). Die Bruchflächenanalyse zeigt jedoch keine Unterschiede. Es ist zu erwarten, dass der Ermüdungsbruchanteil sich bei höheren Belastungen bzw. Totaldehnungsamplituden deutlich verringert. Demzufolge war der Gewaltbruch maßgeblich für das Versagen der LCF-Proben.

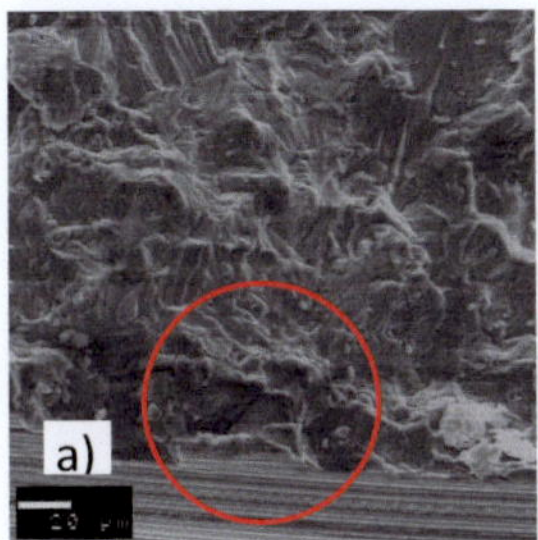

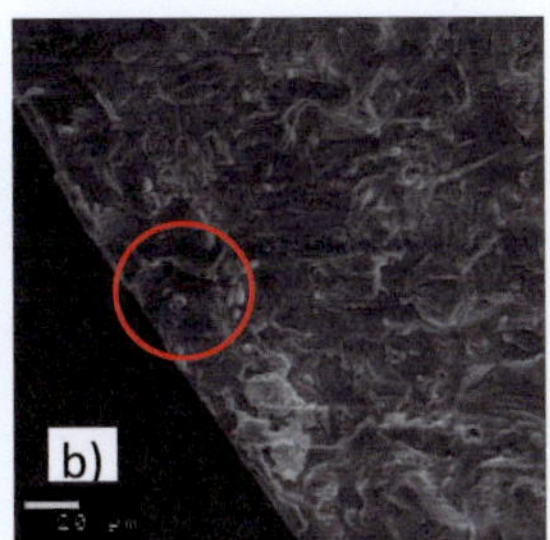

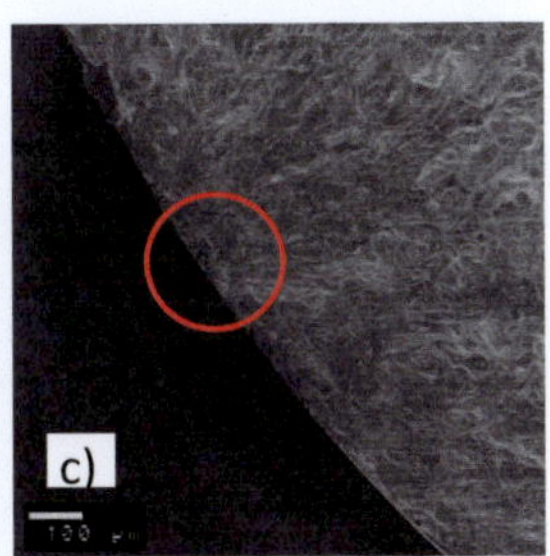

Abbildung 7.7 Bruchfläche einer Radialprobe σ_a=250 MPa bei T= 20 °C mit teilweise interkristalliner Rissinitiierung a), Anrisslinse b) und c)

7.2 Isotherme Kurzzeitermüdung (LCF) bei 80 °C

Im Bereich der Radbohrung von Turbolader-Verdichterrädern können Temperaturen im Bereich von 80 bis 100 °C herrschen. Die Nabenbohrung stellt eine versagenskritische Stelle dar. Die Schädigung entsteht dort aufgrund hoher mechanischer Beanspruchung in Verbindung mit den Start-Stopp-Zyklen. Da die Nabenbohrung konstruktiv eine Kerbe darstellt, kann das dort auftretenden Wechselverformungs- und Lebensdauerverhalten näherungsweise durch totaldehnungskontrollierte Versuche beschrieben werden.

7.2.1 Wechselverformungsverhalten

In Abbildung 7.8 sind die Verläufe der plastischen Dehnungsamplitude (rechts) und der Spannungsamplitude bzw. Mittelspannung (links) über der Lastspielzahl wiedergegeben. Repräsentativ wird jeweils einer der durchgeführten Versuche bei den untersuchten Totaldehnungsamplituden dargestellt.

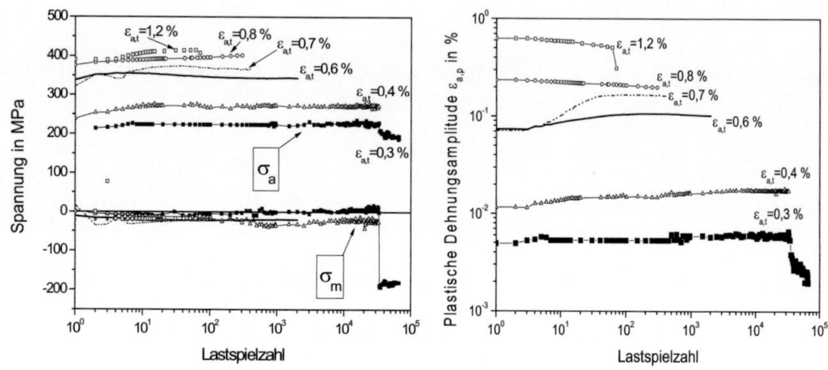

Abbildung 7.8 Wechselverformungskurven bei T = 80°C

Auch bei T = 80°C weist der Werkstoff ein stabiles zyklisches Wechselverformungsverhalten auf. Der Anstieg der Werte in den ersten 2-4 Zyklen ist versuchstechnisch bedingt und ergibt sich aus der Forderung eines stabilen Systemverhaltens. In diesen Zyklen werden Abweichungen zwischen Ist- und Sollwert der Totaldehnungsamplitude kompensiert. Nach dieser Phase verlaufen sowohl die Spannungen als auch die plastischen Dehnungsamplituden in den Diagrammen nahezu horizontal. Es ist zu erkennen, dass nur bei der kleinsten Totaldehnungsamplitude 0,3% die Spannungsamplitude nach der Anrissbildung kontinuierlich abnimmt. Alle anderen Versuche versagen ähnlich wie bei T = 20 °C durch Gewaltbruch. Die induzierten Spannungsamplituden nehmen mit steigender Totaldehnungsamplitude von Werten bei $\varepsilon_{a,t}$ = 0,3 % bzw. 0,4% von 228 MPa bzw. 274 MPa über 345 MPa, 370 MPa und 396 MPa bei $\varepsilon_{a,t}$= 0,6 %, 0,7 % und 0,8 % auf 411 MPa bei $\varepsilon_{a,t}$ = 1,2 % zu.

Bei Totaldehnungsamplituden höher als 0,7 % haben bei Versuchen mit 5 Hz die auftretenden plastischen Verformungen zu kontinuierlichen Temperaturschwankungen in der Mess-Strecke der Proben geführt. Um eine Erwärmung der Probe durch die zyklische Beanspruchung auszuschließen, wurde die Prüffrequenz von 5 auf 1 Hz herabgesetzt. Dabei war die in der Messstrecke erfasste Temperatur konstant. Diese Prüffrequenz wurde für alle weiteren Versuche beibehalten.

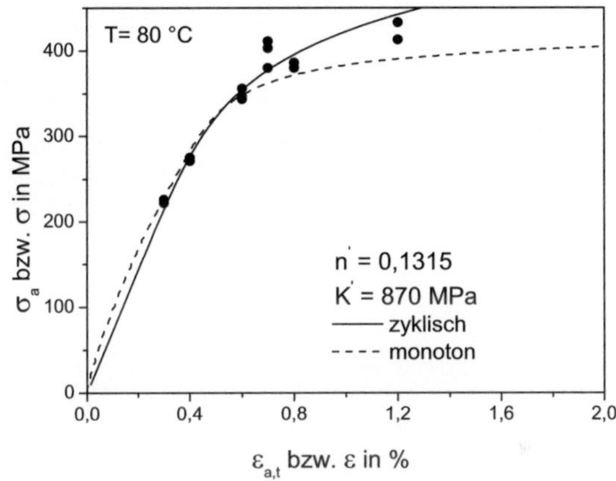

Abbildung 7.9 Zyklische Spannungs-Dehnungs-Kurve im Vergleich zu einer monotonen Verfestigungskurve bei T = 80 °C

In Abbildung 7.9 ist das zyklische Spannungs-Dehnungs-Diagramm für T = 80°C dargestellt. Zusätzlich angegeben sind der zyklische Festigkeits-Koeffizient K' und der zyklischer Verfestigungs-Exponent n', die sich durch die Anpassung der ermittelten Spannungsamplituden und der plastischen Dehnungsamplituden an die Ramberg-Osgood-Gleichung ergeben haben.

7.2.2 Lebensdauerverhalten

Die Ergebnisse der LCF-Versuche sind in Abbildung 7.10 in Form einer Totaldehnungswöhlerlinie dargestellt. Die sechs Belastungshorizonte sind mit mindestens zwei Proben belegt. Die Versuche zeigten eine sehr gute Reproduzierbarkeit sowohl in der ermittelten Anrisslebensdauer als auch in den Wechselverformungskurven. Der Zusammenhang zwischen der Anrisslebensdauer und den bei halber Anrisslastspielzahl ermittelten elastischen und plastischen Dehnungsamplituden kann in guter Näherung mit der Coffin-Morrow-Manson Beziehung beschrieben werden. Die vier Parameter wurden durch Regression der zwei Geraden in der doppellogarithmischen Auftragung ermittelt und sind im Diagramm angegeben.

Zum Vergleich ist die Totaldehnungswöhlerlinie für T= 20 °C im Diagramm mit eingetragen. Die Legierung weist bei 80 °C tendenziell höhere LCF-Lebensdauern als bei 20 °C auf. Durch den etwas niedrigeren E-Modul, der auch in Zugversuchen beobachtet wurde, stellen sich niedrigere Spannungen bei 80 °C und zugleich kleinere plastische Dehnungen bei gleicher Totaldehnungsamplituden ein und somit ist die LCF-Lebensdauer bei 80 °C leicht höher als die bei 20 °C ermittelte Lebensdauer.

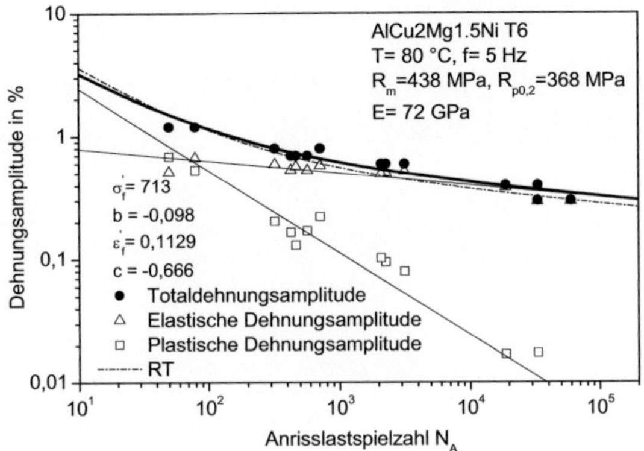

Abbildung 7.10 Total-Dehnungswöhlerlinie und elastische sowie plastische Dehnungsamplitude bei $N_A/2$ bei T = 80 °C

7.2.3 Schädigungsverhalten

Rasterelektronenmikroskopische Untersuchungen über die Entstehung und Entwicklung der Schädigungsmerkmale wurden hauptsächlich an polierten LCF-Proben durchgeführt. Dabei wurden die Probenoberfläche nach bestimmten Lastspielzahlen in unterbrochenen Versuchen untersucht. Bis zum Probenbruch wurden mehrere Untersuchungen vorgenommen. Zusätzlich wurde die Bruchfläche der polierten sowie nicht polierten Proben am Rasterelektronenmikroskop untersucht.

Abbildung 7.11 zeigt eine polierte Probe vor der Belastung. Selten wurden intermetallische Partikeln der Art Al_9FeNi aus dem Gefüge abgelöst. Dies wurde sowohl an unbelasteten Proben als auch an Schliffen beobachtet. Diese lokale Ablösung der intermetallischen Partikeln ist auf die mechanische Bearbeitung der Probenoberfläche zurückzuführen.

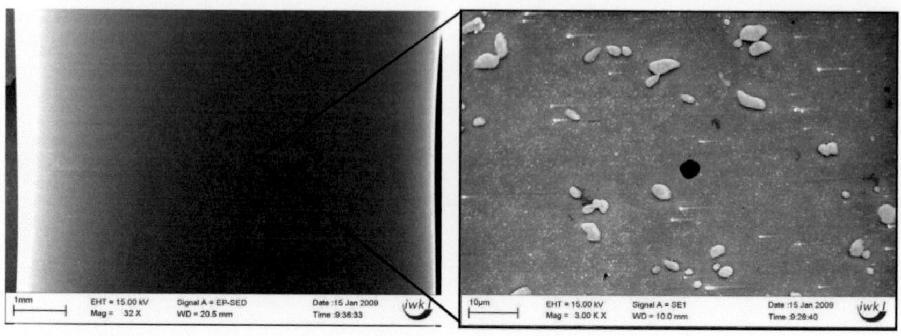

Abbildung 7.11 Rasterelektronenmikroskopische Aufnahme der Probenoberfläche

Bei 80 °C wurden die polierten Proben mit einer Totaldehnungsamplitude von 0,4 % und einem Lastverhältnis R_ε= -1 beaufschlagt. Dafür wurden insgesamt zwei Proben, die im Folgenden als Versuch 1 und Versuch 2 bezeichnet werden, nach definierten Lastspielzahlen untersucht. Im Versuch 1 war nach 100 und nach 1.000 Zyklen keine nennenswerte Veränderung zum Ausgangszustand an der Oberfläche der Probe zu beobachten. Erst nach 5.000 Zyklen waren erste Korngrenzen zu sehen. Nach den 10.000 Zyklen hatte sich das Bild, wie es in der Abbildung 7.12 zu sehen ist, nicht wesentlich verändert. Bei dem Versuch, die Probe mit weiteren 10.000 Zyklen zu belasten, ist sie bei dem 17.000 Zyklus zu Bruch gegangen.

Die dazugehörige Bruchfläche ist in der Abbildung 7.13 dokumentiert. Bei den vergrößerten Aufnahmen sind deutlich die freigelegten Körner zu sehen. Es sind aber auch Ermüdungsmerkmale zu beobachten, was auf einen Mischbruch hindeutet. Da jedoch die Rissentstehung und -ausbreitung nicht dokumentiert werden konnte, wurde der Versuch mit den gleichen Randbedingungen wiederholt.

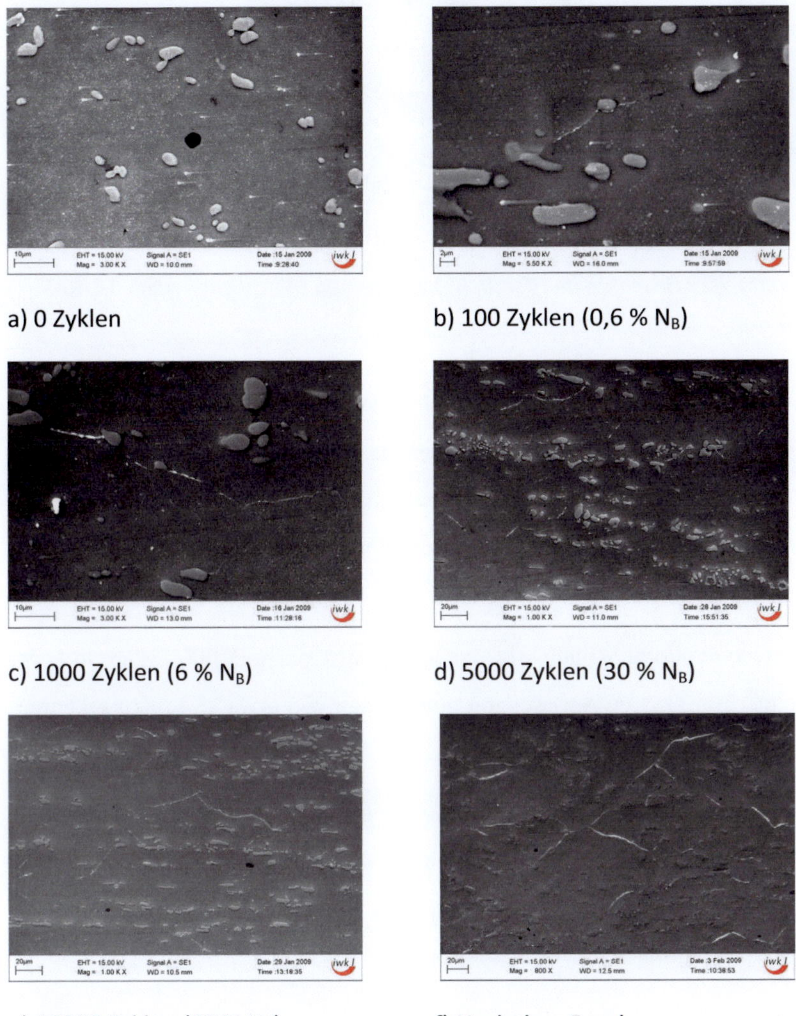

a) 0 Zyklen

b) 100 Zyklen (0,6 % N_B)

c) 1000 Zyklen (6 % N_B)

d) 5000 Zyklen (30 % N_B)

e) 10000 Zyklen (60 % N_B)

f) Nach dem Bruch

Abbildung 7.12 REM-Untersuchung der Schädigung im Versuch 1 bei 80 °C

Abbildung 7.13 Bruchfläche (Versuch1) zeigt einen Mischbruch nach 17.400 Zyklen

Auch im Versuch 2 waren nach 100 Zyklen keine Veränderungen der Probenaußenoberfläche gegenüber dem Ausgangszustand festzustellen. Nach dem 1.000. Zyklus wurden bereits erste Korngrenzen unter dem REM zu beobachten. Mit steigender Zyklenzahl traten die Korngrenzen an der Oberfläche zunehmend stärker hervor.

Die erste eindeutige Schädigung war jedoch erst nach 15.000 Zyklen in Form eines mikroskopischen Anrisses mit einer Länge von etwa 25 µm zu erkennen (Abbildung 7.14).

Auffällig hierbei war, dass sich der Riss an einer „Anhäufung" von Ausscheidungen gebildet hat. Es ist zu erkennen, dass an den Stellen, an denen vorher Ausscheidungen lagen, Deformationsspuren und winzige Partikelreste zu finden sind (Abbildung 7.14 b).

Im weiteren Verlauf des Versuches breitet sich der Riss sehr schnell aus. Wie man auf der nächsten Abbildung sehen kann, ist der Riss bereits nach weiteren 1.000 Zyklen auf 530 µm gewachsen (Abbildung 7.15). Dabei hat sich der Riss interkristallin, d.h. entlang der Korngrenzen, und senkrecht zur Belastungsrichtung ausgebreitet. Die Detailaufnahmen in der Abbildung 7.15 b, c und d veranschaulichen, dass die Rissbildung und der Rissfortschritt ausschließlich interkristallin stattfanden. In der Mitte der Risslänge sind sehr kleine Partikelreste im Bereich nahe dem Riss bzw. den Korngrenzen wieder zuerkennen (Abbildung 7.15 c), wo höchstwahrscheinlich der Riss initiiert wurde (vgl. Abbildung 7.14 b). Der Rissfortschritt erfolgte ebenfalls interkristallin sowohl an partikelfreien Korngrenzen (Abbildung 7.15 b) als auch an mit intermetallischen Partikeln belegten Korngrenzen (Abbildung 7.15 d). Andere größere Risse waren auf dieser Seite der Probe nicht zu beobachten.

Nach dem 18.000. Zyklus wuchs der Riss um 100 µm innerhalb von 1000 Zyklen auf 630 µm (Abbildung 7.16). Auch hier waren sonst keine vergleichbar großen Risse zu erkennen. Jedoch breitete sich der Riss nun auch transkristallin aus, wie es auf der Detailaufnahme (Abbildung 7.16 a) ersichtlich ist.

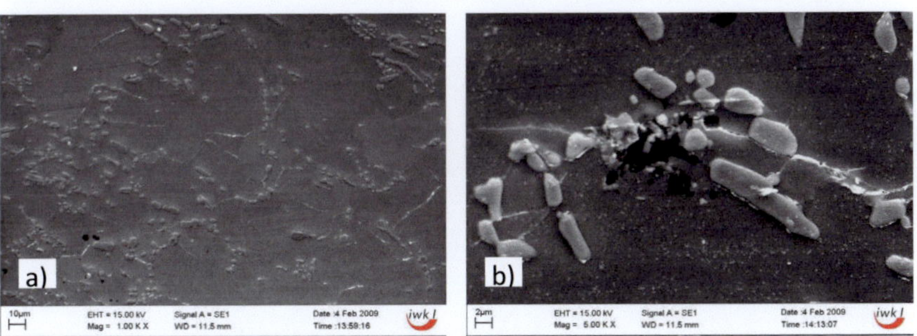

Abbildung 7.14 REM-Untersuchung der Schädigung im Versuch2 zeigt nach 15.000 Zyklen hervorgehobene Korngrenzen a) und einen Mikroriss etwa 25 µm b)

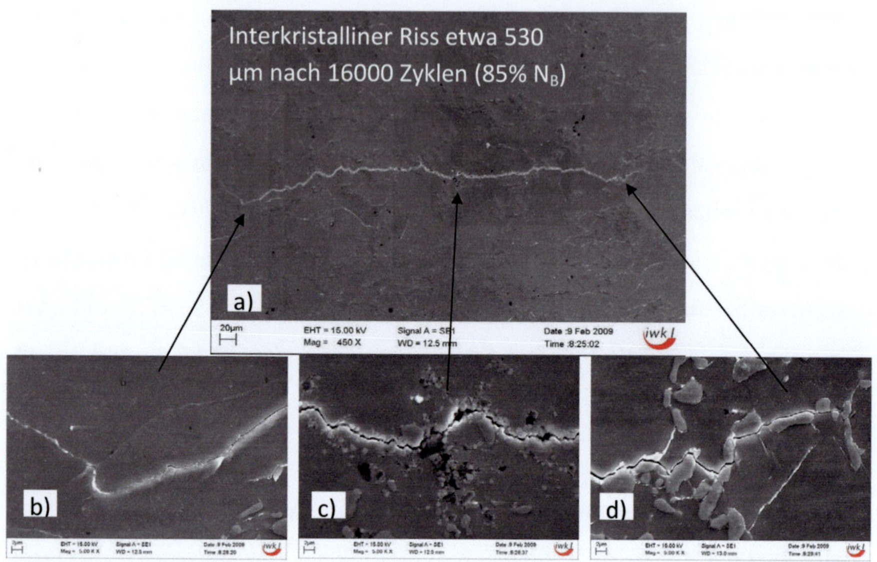

Abbildung 7.15 REM-Untersuchung im Versuch 2: Interkristalline Rissausbreitung und Schädigung nach 16.000 Zyklen mit einer Risslänge von 530 µm (Riss A)

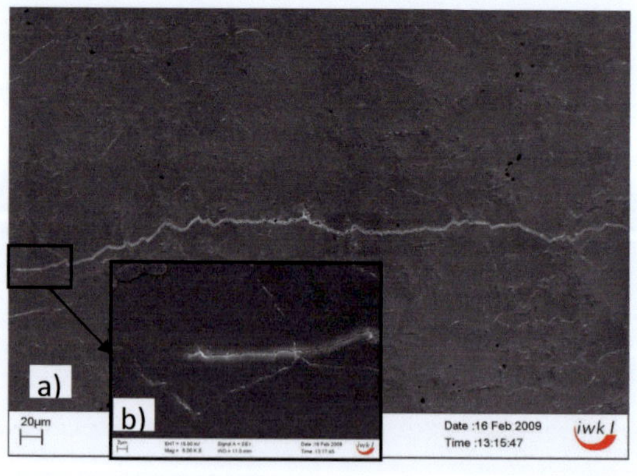

Abbildung 7.16 REM-Untersuchung im Versuch 2: a) Risswachstum auf 630 µm (Riss A), b) erste kristalline Rissausbreitung nach 18.000 Zyklen (95% N_B)

Da keine weiteren 1.000 Zyklen zu erwarten waren, wurde ein Zugversuch durchgeführt, um eine unbeschädigte Bruchfläche freizulegen, die aussagekräftige Information über die Rissinitiierung und das Wachstum im Inneren der Probe ermöglicht. Dies erfolgte an einer Universalprüfmaschine mit der Dehnrate 10^{-4} s^{-1}. Abbildung 7.17 zeigt ausgewählte rasterelektronenmikroskopische Aufnahmen der Bruchfläche.

Anhand dieser Bruchfläche ist zu sehen, dass der Bruch von zwei Stellen ausging (Abbildung 7.17 a). Dies sieht man an den linsenförmigen Stellen A und B (Abbildung 7.17 b) auf der Bruchfläche. Die Entwicklung des Risses an der Stelle A (Abbildung 7.17 c) wurde durch die beschriebenen Untersuchungen zur Schädigungsentwicklung dokumentiert. Die Anrisslinse hat hier eine Länge von etwa 700 µm und eine Tiefe von 300 µm. An der Stelle B hat die Anrisslinse eine Länge von 1300 µm und eine Tiefe von 660 µm. Somit kann man sagen, dass in diesem Versuch nicht nur ein, sondern zwei Hauptrisse gebildet haben.

Die Abbildung 7.17 c zeigt vergrößerte Aufnahmen der Stelle A. Hier sind neben den freigelegten Körnern auch glatte, abgescherte Flächen deutlich zu erkennen. Das bedeutet, dass der Riss in der Probe nicht nur interkristallin, wie es auf der Oberfläche der Fall war, verlaufen ist, sondern auch transkristallin.

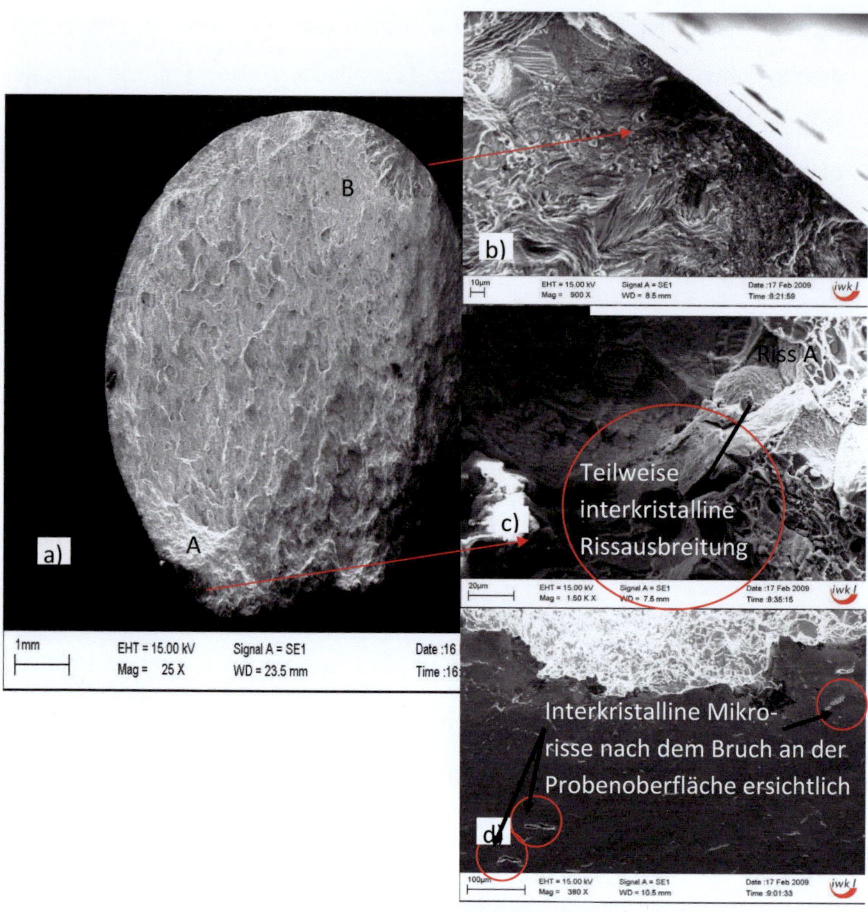

Abbildung 7.17 REM-Untersuchung der Bruchfläche (Versuch 2): a) Mehrfach-rissbildung mit zwei Anrissen B b) und A c) und interkristallinen Mikrorissen nahe der Bruchstelle d)

7.3 Isotherme Kurzzeitermüdung (LCF) bei 150 °C

7.3.1 Wechselverformungsverhalten

Bei T = 150 °C wurde zunächst das Wechselverformungsverhalten bei Totaldehnungsamplituden im Bereich zwischen 0,3 und 1,2 % mit einer Prüffrequenz von 1 Hz und einem Lastverhältnis R_ε = -1 geprüft. Abbildung 7.18 zeigt einige dabei aufgenommene Nennspannungs-Totaldehnungs-Verläufe.

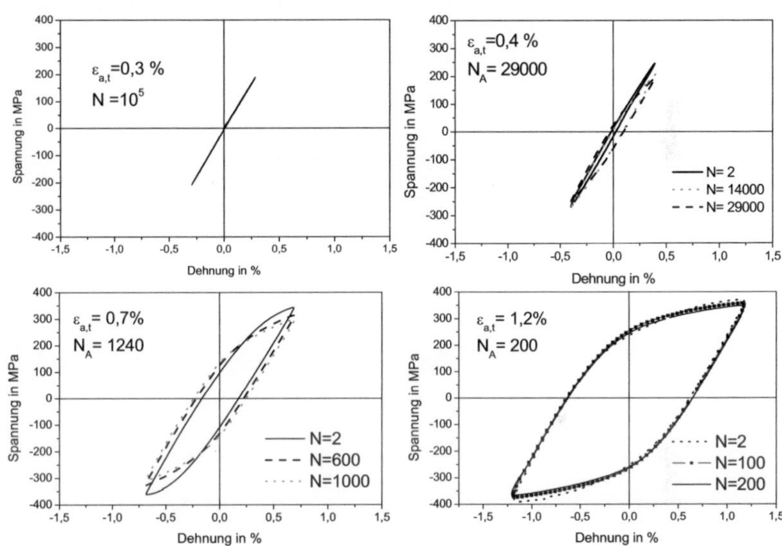

Abbildung 7.18 Hystereseschleifen für verschiedene Totaldehnungsamplituden nach unterschiedlichen Lastspielzahlen bei T= 150°C

Anhand der Veränderungen der Hysteresisschleifen, die sich während der zyklischen Versuche einstellen, ist zu erkennen, dass das Wechselverformungsverhalten gegenüber demjenigen im Temperaturbereich zwischen 20 und 80 °C deutlich verändert ist.

Für $\varepsilon_{a,t}$ = 0,3 % ist die Werkstoffverformung bei einer induzierten Spannungsamplitude von etwa 205 MPa makroskopisch noch rein elastisch. In diesem Versuch wurde die Grenzlastspielzahl von 10^5 Zyklen ohne erkennbare Schädigung an der Probe erreicht. Für $\varepsilon_{a,t}$ = 0,4 % weist der Werkstoff im ersten Zyklus kaum plastische Verformung auf. Mit zunehmender Lastspielzahl werden die Schleifen breiter und die induzierten Spannungen nehmen ab. Ein ähnliches Verhalten wird auch für die Totaldehnungsamplitude $\varepsilon_{a,t}$ = 0,7 %, für die die Hysterese im 2., 600. und 1.000. Zyklen dargestellt sind, beobachtet. Bei Totaldehnungsamplituden oberhalb von 1 % verändern sich die Spannungs-Dehnungs-Verläufe dagegen während des Versuches nur wenig, wie das Beispiel für $\varepsilon_{a,t}$ = 1,2 % rechts unten in Abbildung 7.18 belegt.

In Abbildung 7.19 sind die während der zyklischen Beanspruchung sich entwickelnden Spannungsamplituden bzw. Mittelspannungen als Funktion der Lastspielzahl aufgetragen. Für $\varepsilon_{a,t}$ = 0,3 % ergibt sich eine während des Versuches nahezu konstante Spannungsamplitude von 205 MPa. Für $\varepsilon_{a,t}$ = 0,4 % wurde eine Spannungsamplitude von 250 MPa in den ersten Zyklen erreicht, die ab der halben Anrisslastspielzahl leicht abfällt und zum Versuchsende auf einen Wert von etwa 222 MPa abnimmt. Gleichzeitig entwickeln es sich negative Mittelspannungen. Dabei nimmt die plastische Dehnung durchgehend zu, wie es in Abbildung 7.20 zu sehen ist. Auch für die Totaldehnungsamplituden $\varepsilon_{a,t}$ = 0,5 % und $\varepsilon_{a,t}$ = 0,7 % weist der Werkstoff ein vergleichbares zyklisches Entfestigungsverhalten auf. Die Spannungsamplitude beträgt für $\varepsilon_{a,t}$ = 0,5 % im zweiten Zyklus 311 MPa, nimmt ab dem 100 Zyklus kontinuierlich ab und erreicht zum Versuchsende bei $N_A \approx$ 5.000 Zyklen noch etwa 265 MPa. Für $\varepsilon_{a,t}$ = 0,7 % beginnt der Versuch mit einer Spannungsamplitude von 360 MPa, die ab dem 200 Zyklus kontinuierlich sinkt und bei N_A noch einen Wert von 307 MPa erreicht. Aus dem Vergleich der Abbildungen 7.19 und 7.20 ist erkennbar, dass die Abnahme der Spannungsamplitude stets mit einer Zunahme der plastischen Dehnungsamplitude verbunden ist.

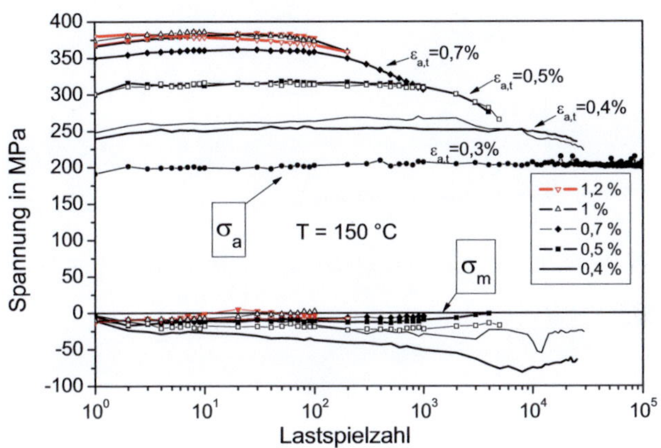

Abbildung 7.19 Verläufe der Spannungsamplitude bzw. Mittelspannung in Abhängigkeit der Lastspielzahl bei T = 150 °C

Bei den beiden höheren Totaldehnungsamplituden $\varepsilon_{a,t}$ = 1 % und $\varepsilon_{a,t}$ = 1,2 % wurden nahezu gleiche Spannungsamplituden von etwa 380 MPa erreicht, die im Laufe des zyklischen Versuchs nahezu konstant bleiben. Damit bauen sich in diesen Versuchen Spannungen auf, die höher sind als die bei dieser Temperatur ermittelte Zugfestigkeit. Dies ist auf die in den LCF-Versuchen deutlich höhere Verformungsgeschwindigkeit zurück zu führen. Es zeigt sich zudem, dass in diesen Versuchen die plastischen Dehnungsamplituden ebenfalls nahezu konstant sind.

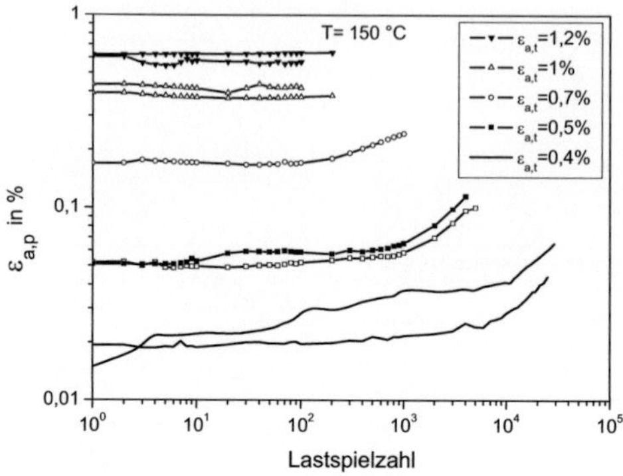

Abbildung 7.20 Verläufe der plastischen Dehnungsamplituden in Abhängigkeit der Lastspielzahl bei T= 150 °C

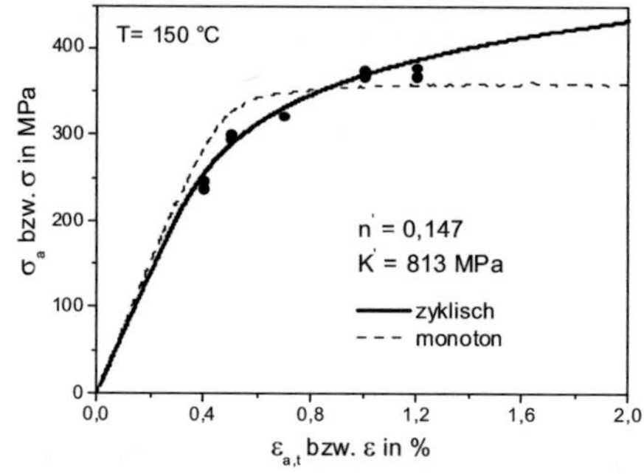

Abbildung 7.21 Zyklische Spannungs-Dehnungs-Kurve im Vergleich zu einer monotonen Verfestigungskurve für T = 150 °C

In Abbildung 7.21 ist das zyklische Spannungs-Dehnungs-Diagramm sowie die Verfestigungskurve aus einem Zugversuch, der mit einer Dehnrate von 10^{-4} s^{-1} durchgeführt wurde, dargestellt. Wiederum wurden die Werte für den angegebenen zyklischen Verfestigungs-Exponent n' sowie den zyklischen Festigkeits-Koeffizient K' durch die mathematische Anpassung an die Versuchsergebnisse ermittelt.

7.3.2 Lebensdauerverhalten

Für die Temperatur 150 °C wurden Anrisslebensdauern von 200 Zyklen bei $\varepsilon_{a,t}$ = 1,2 % bis 29.000 Zyklen bei $\varepsilon_{a,t}$ = 0,4 % ermittelt. Für die Totaldehnungsamplitude $\varepsilon_{a,t}$ = 0,3 % wurde die Grenzlastspielzahl von 10^5 Zyklen erreicht. In Abbildung 7.22 ist die Totaldehnungswöhlerlinie sowie die elastische und die plastische Dehnungsamplitude bei $N_A/2$ in Abhängigkeit von N_A dargestellt. Zusätzlich ist die bei T = 20 °C ermittelte Totaldehnungswöhlerlinie eingetragen. Im untersuchten Lebensdauerbereich weist der Werkstoff bei T = 150 °C eine etwas höhere LCF-Lebensdauer auf.

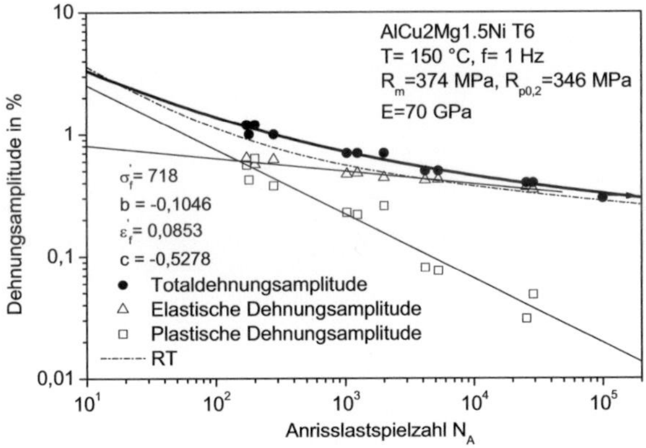

Abbildung 7.22 Totaldehnungswöhlerlinie und elastische sowie plastische Dehnungsamplitude bei $N_A/2$ für T = 150 °C

7.4 Isotherme Kurzzeitermüdung (LCF) bei 180 °C

Die Temperatur T = 180 °C liegt im Bereich der Warmauslagerungstemperatur für diese Legierung. Bei dieser Temperatur wurde das Wechselverformungs- und das LCF-Lebensdauerverhalten für Totaldehnungsamplituden zwischen $\varepsilon_{a,t}$ = 0,3 % und 1,2 % mit einer Prüffrequenz von 1 Hz und einem Lastverhältnis von R_ε= -1 untersucht.

7.4.1 Wechselverformungsverhalten

Abbildung 7.23 zeigt die Spannungs-Dehnungs-Verläufe für ausgewählte Totaldehnungsamplituden und Lastspielzahlen.

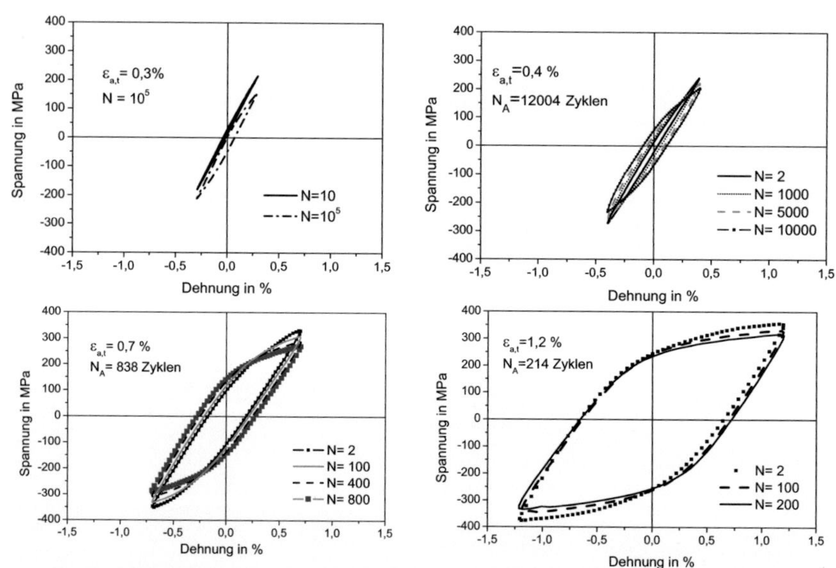

Abbildung 7.23 Die Hystereseschleifen für verschiedene Totaldehnungs-amplituden nach unterschiedlichen Lastspielzahlen bei T = 180 °C

Auch bei T= 180 °C weist der Werkstoff für $\varepsilon_{a,t}$ = 0,3 % im ersten Zyklus makroskopisch rein elastische Verformung auf. Während des Versuchs entwickelt sich aber im Gegensatz zu T = 150 °C eine ausgeprägte plastische Dehnungsamplitude obwohl die Probe die Grenzlastspielzahl $N_G = 10^5$ erreicht. Bei allen anderen untersuchten Totaldehnungsamplituden treten bereits ab dem ersten Zyklus elastisch-plastische Verformungen auf, die insbesondere bei mittleren Totaldehnungsamplituden mit steigender Lastspielzahl größer werden. Bei hohen Totaldehnungsamplituden wie z.B. für $\varepsilon_{a,t}$ = 1,2 % (unten rechts in Abbildung 7.23) sind die Veränderungen der Hysteresisschleifen während des Versuches deutlich geringer. Die gilt sowohl für die Abnahme der induzierten Spannungen als auch für die Zunahme der plastischen Dehnungsamplitude.

In Abbildung 7.24 sind die sich entwickelnden Spannungsamplituden bzw. Mittelspannungen in Abhängigkeit der Lastspielzahl aufgetragen. Das zyklisch entfestigende Verhalten der Legierung für T = 180 °C ist anhand der kontinuierlich sinkenden Spannungsamplitude deutlich zu erkennen.

Im Versuch mit $\varepsilon_{a,t}$ = 0,3 %, der die Grenzlastspielzahl erreicht hat, betrug die Spannungsamplitude nach dem Versuchsstart etwa 200 MPa. Dieser Wert blieb bis etwa 50.000 Zyklen konstant. Dann setzte ein leichter Abfall der Spannungsamplitude ein. Bei der Grenzlastspielzahl, bei der der Versuch abgebrochen wurde, hat die Spannungsamplitude um etwa 15 MPa abgenommen. Diese Abnahme von σ_a ab dem 50.000. Zyklus ist mit einem deutlichen Anstieg der plastischen Dehnungsamplitude verbunden, wie Abbildung 7.25 zeigt. Die Totaldehnungsamplitude $\varepsilon_{a,t}$ = 0,4 % erzeugt zunächst eine Spannungsamplitude von 260 MPa, die im Laufe des Versuchs zunächst konstant bleibt, dann kontinuierlich abnimmt und schließlich einen Wert von 209 MPa kurz vor dem Versagen der Probe erreicht. Für $\varepsilon_{a,t}$ = 0,5 % nimmt die Spannungsamplitude ab dem 300 Zyklus von 304 MPa kontinuierlich auf etwa 211 MPa bei N_A = 4.000 Zyklen bzw. auf 230 MPa bei N_A = 3.382 Zyklen ab. Bei noch höheren Totaldehnungsamplituden nehmen die Spannungsamplituden kontinuierlich ab, z.B. bei $\varepsilon_{a,t}$ = 0,7 % von 348 MPa im zweiten Zyklus auf 273 MPa nach 900 Zyklen. Ähnliche Spannungsamplituden wurden nach dem Versuchsstart für $\varepsilon_{a,t}$ = 1 % und $\varepsilon_{a,t}$ = 1,2 % in Höhe von 368 bis 373 MPa induziert, die dann innerhalb der relativ kurzen Versuche (ca. 200 Zyklen für $\varepsilon_{a,t}$ = 1,2 % und 400 Zyklen für $\varepsilon_{a,t}$ = 1 %) kontinuierlich abnahmen. Bei den meisten Versuchen haben sich negative Mittelspannungen mit relativ kleinen Beträgen eingestellt, die während der Versuche relativ konstant blieben.

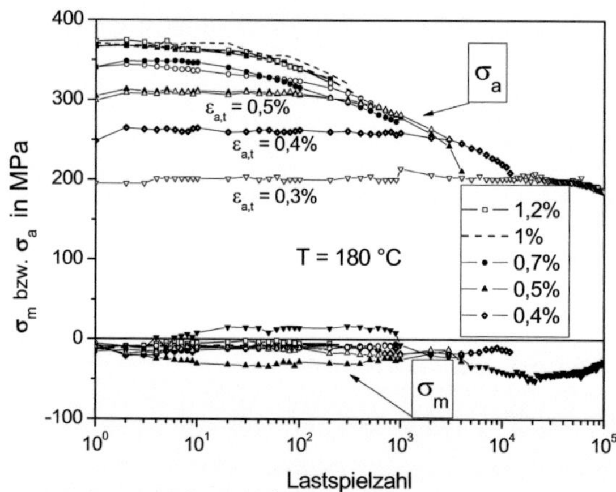

Abbildung 7.24 Verläufe der Spannungsamplitude bzw. Mittelspannung in Abhängigkeit der Lastspielzahl bei T = 180 °C

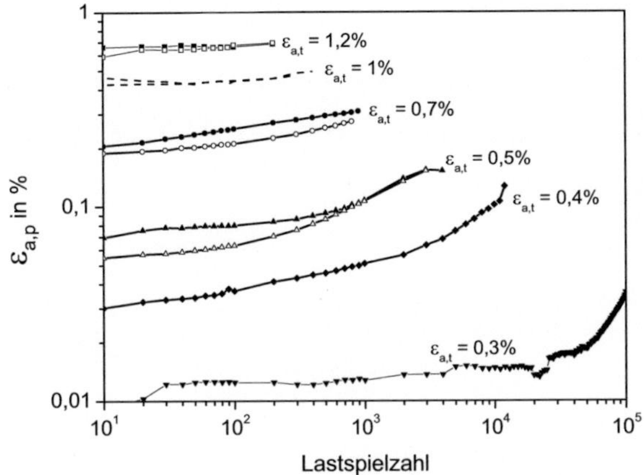

Abbildung 7.25 Verläufe der plastischen Dehnungsamplituden in Abhängigkeit der Lastspielzahl bei T = 180 °C

In Abbildung 7.25 sind die Entwicklung plastischen Dehnungsamplituden als Funktion der Lastspielzahl bei T = 180 °C wiedergegeben. Es zeigt sich, dass die plastische Dehnungsamplitude umso stärker zunimmt, je länger der betreffende Versuch dauert.

In Abbildung 7.26 sind die bei halber Anrisslastspielzahl ermittelten Spannungsamplituden über der Totaldehnungsamplitude aufgetragen. Als zyklischer Verfestigungsexponent wurde n' = 0,1717 und als zyklischer Festigkeitskoeffizient K' = 814 MPa ermittelt.

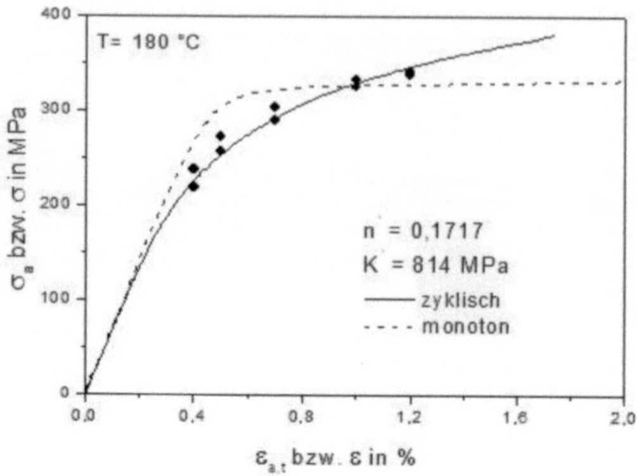

Abbildung 7.26 Zyklische Spannungs-Dehnungs-Kurve im Vergleich zu einer monotonen Verfestigungskurve für T = 180 °C

7.4.2 Lebensdauerverhalten

Die Ergebnisse der LCF-Versuche sind in Abbildung 7.27 in einem Totaldehnungswöhlerdiagram für T = 180 °C dargestellt. Die Anrisslastspielzahlen liegen zwischen 214 Zyklen für die Totaldehnungsamplitude $\varepsilon_{a,t}$ = 1,2 % und 12.004 Zyklen für $\varepsilon_{a,t}$ = 0,4 %. Zusätzlich eingetragen sind die elastischen und plastischen Dehnungsamplituden bei $N_A/2$ und die daraus ermittelten zyklischen Konstanten. Bei $\varepsilon_{a,t}$ = 0,3 % erreicht die Probe die Grenzspielzahl und wird deshalb bei der Erstellung der Anriss-Wöhlerlinie nicht berücksichtigt. Der Vergleich der Totaldehnungswöhlerlinie für T = 180 °C mit der ebenfalls eingetragenen Totaldehnungswöhlerlinie für T = 20 °C zeigt wiederum, dass bei mittleren Totaldehnungsamplituden die Lebensdauer bei T = 180 °C etwas höher ist als bei Raumtemperatur.

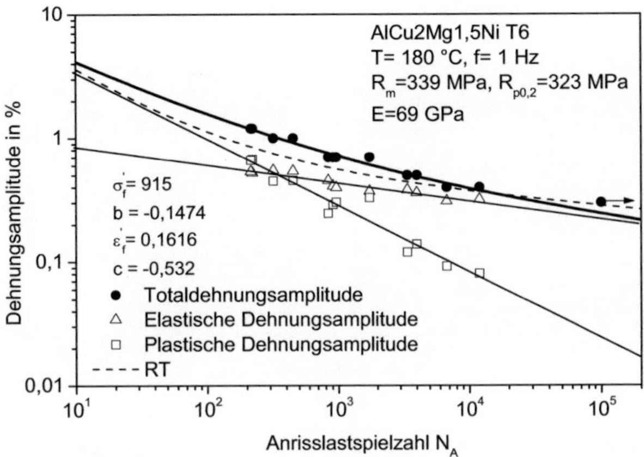

Abbildung 7.27 Totaldehnungswöhlerlinie und elastische sowie plastische Dehnungsamplitude bei $N_A/2$ für T = 180 °C

7.4.3 Schädigungsverhalten

Auch bei T = 180 °C wurde die Entwicklung der Ermüdungsschädigung genauer analysiert, mit dem Ziel die zum Versagen führenden Schädigungsmechanismen zu identifizieren und quantitativ zu beschreiben. Wie bei T = 80 °C wurde die Oberfläche polierter Proben nach bestimmten Schwingspielzahlen hinsichtlich mikrostruktureller Veränderungen und möglichen Schädigungen untersucht. Die Beanspruchung erfolgte mit einer Totaldehnungsamplitude von $\varepsilon_{a,t}$ = 0,4 % und einem Lastverhältnis von R_ε= -1. Jeweils nach 100, 1.000 und 5.000 Zyklen wurde die Probe aus der Versuchseinrichtung ausgebaut und am Raster-elektronenmikroskop untersucht. Danach erfolgte die Untersuchung nach Intervallen von 2.000 bzw. 1.000 Zyklen bis zum Bruch. Abbildung 7.28

veranschaulicht die Schädigungsentwicklung anhand ausgewählter REM-Aufnahmen.

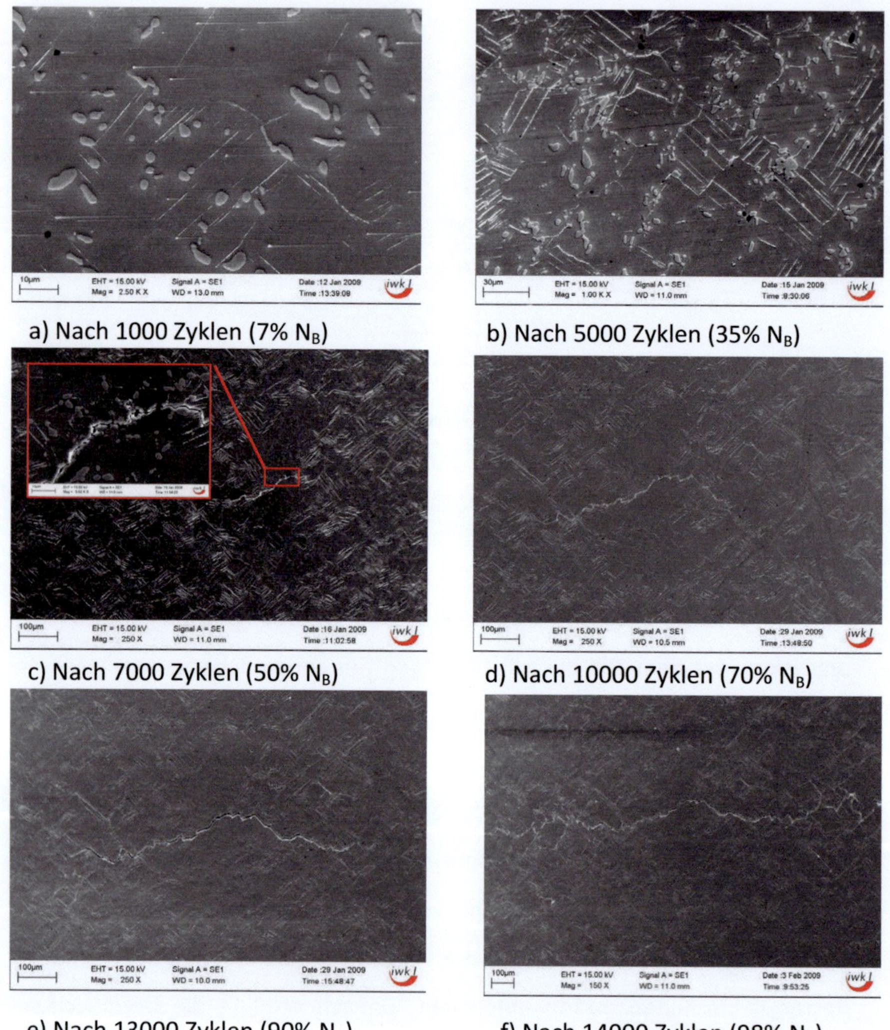

a) Nach 1000 Zyklen (7% N_B)

b) Nach 5000 Zyklen (35% N_B)

c) Nach 7000 Zyklen (50% N_B)

d) Nach 10000 Zyklen (70% N_B)

e) Nach 13000 Zyklen (90% N_B)

f) Nach 14000 Zyklen (98% N_B)

Abbildung 7.28 REM-Untersuchung: Schädigungsentwicklung an der Probenoberfläche bei $\varepsilon_{a,t}$ = 0,4 % und T = 180 °C

Nach 100 Zyklen ist auch bei 180°C kein Unterschied zum Ausgangszustand zu erkennen. Nach dem 1.000. Zyklus (Abb. 7.28 a) waren Korngrenzen und einige etwa 45° zur Belastungsrichtung orientierte Gleitbänder zu sehen.

Nach 5.000 Zyklen, etwa 35 % der Lebensdauer, haben sich die Gleitbänder und sichtbare plastizierte Korngrenzen drastisch vermehrt (Abbildung 7.28 b). Auch die Dichte der Gleitbänder war wesentlich größer. Erste Mikrorisse von etwa 50 µm Länge haben sich entlang von Gleitbändern entwickelt.

Die Untersuchungen zeigen, dass Ermüdungsschädigung bei 180°C wesentlich früher beginnt als bei 80 °C und gleicher Dehnungsamplitude. Nach 6.000 Zyklen werden Mikrorisse auch entlang von Korngrenzen gefunden. Es finden sich Mikrorisse, die teilweise über einige Körner reichen und offensichtlich durch die Vereinigung mehrerer kleinerer Mikrorisse entstanden sind.

Nach weiteren 1.000 Zyklen etwa 50% der Lebensdauer war ein kleiner Riss mit einer Länge von etwa 270 µm zu beobachten (Abb. 7.28 c), der höchstwahrscheinlich an einer Anhäufung von Partikeln interkristallin initiiert wurde, da der Riss dort am weitesten geöffnet ist. Zusätzlich ist ersichtlich, dass sich einige Partikel von der Matrix abgelöst haben. Der Riss verläuft überwiegend entlang von Korngrenzen. Es werden aber auch vorhandene Schädigungen wie z.B. Mikroanrisse entlang von Gleitbändern in den Risspfad eingebunden.

Abbildung 7.28 d zeigt den nach 10.000 Zyklen entstandenen Hauptriss. Die Risse wachsen überwiegend interkristallin. Der Hauptriss hat eine Länge von etwa 410 µm an der Oberfläche erreicht. Zusätzlich wurde eine Vielzahl von Nebenrissen von 50 bis 100 µm beobachtet, die in der Größe zunehmen und typischerweise einen zick-zack-förmigen Verlauf aufweisen, der dadurch entsteht, dass immer wieder auch Gleitbänder in den Risspfad eingebunden werden.

Nach 11.000 Zyklen hat sich die Länge des Hauptrisses auf etwa 530 µm vergrößert. Zusätzlich waren Nebenrisse mit einer Oberflächenlänge von 50 bis 120 µm zu beobachten. Nach 13.000 (Abb. 7.28 e) Zyklen war eine deutliche Veränderung des Risszustandes zu sehen.

In diesem Stadium hat der Hauptriss eine Länge von etwa 820 µm erreicht. Der Riss ist im unbelasteten Zustand offen, was auf eine massive plastische Verformung an der Rissspitze im Probeninneren hindeutet. Des Weiteren ist eine Vielzahl von Sekundärrissen entstanden. Nach 14.000 Zyklen (Abb. 7.28 f) betrug die Länge des Hauptrisses etwa 2.400 µm. Abbildung 7.29 zeigt Detailaugnahmen des Hauptrisses. Der Hauptriss hat seine Länge innerhalb der 1.000 Belastungszyklen seit der letzten Beobachtung mehr als verdreifacht. Dies hat auch zur Absinkung der Maximalspannung um mehr als 10 % geführt. Damit hat die Probe die Definition des technischen Anrisses bereits überschritten. Daneben weist die Probeoberfläche massive Schädigungen durch eine Vielzahl von Sekundärrissen auf (Abb. 7.29 a, b), die teilweise sogar zum Herausfallen von kleinen Körnerteilen geführt haben (Abb. 7.29 d).

Nach weiteren 320 Zyklen ist die Probe gebrochen. In Abbildung 7.30 sind Aufnahmen von der dabei entstandenen Bruchfläche zu sehen. Die Bruchfläche weist keine typische Anrisslinse auf. Auf dem Bild oben ist die Ermüdungsbruchfläche markiert. Das Risswachstum entlang der Oberfläche war offensichtlich deutlich stärker als das Risswachstum ins Probeninnere. Auf der Bruchfläche finden sich sowohl transkristalline als auch interkristalline Risspfade. Die Detailaufnahme in Abbildung 7.30 zeigt hierfür ein Beispiel.

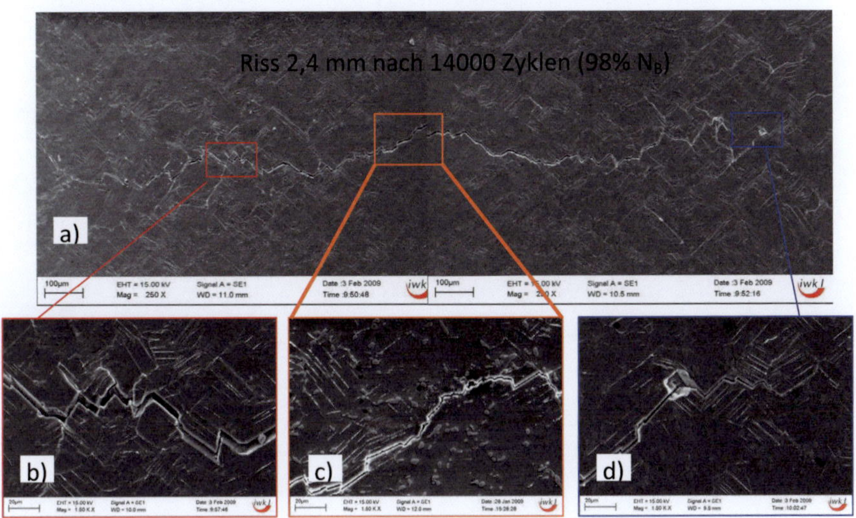

Abbildung 7.29 Zustand der Schädigung nach 14.000 Zyklen bei $\varepsilon_{a,t}$ = 0,4 % und T = 180 °C a), interkristalline Rissinitiierung c), zick-zack-förmiger Rissfortschritt (b, d)

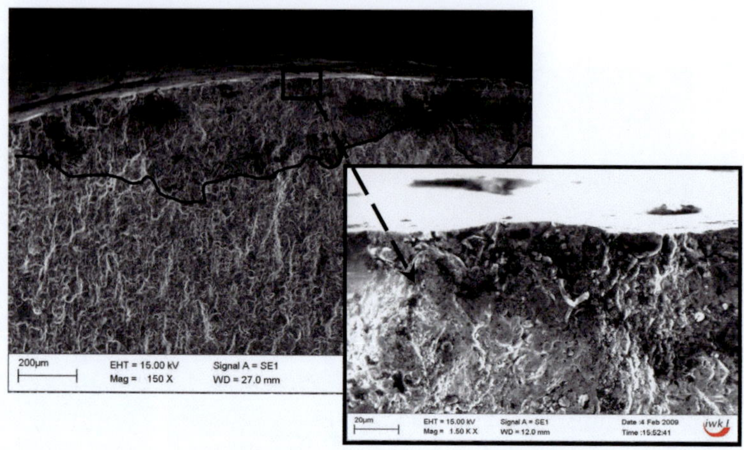

Abbildung 7.30 REM-Untersuchung der Bruchfläche nach 14.320 Zyklen bei $\varepsilon_{a,t}$ = 0,4 % und T = 180 °C mit interkristalliner Rissinitiierung und Rissfortschritt nahe der Oberfläche

7.5 Diskussion

Im Rahmen der durchgeführten Untersuchungen wurden Daten und Werkstoffkennwerten zur Beschreibung des isothermen LCF-Verhaltens der Legierung 2618A im Zustand T6 im Temperaturbereich von 20 °C bis 180 °C ermittelt. Der Einfluss der Temperatur auf die Schwingfestigkeit aushärtbarer Al-Legierungen wird in der FKM-Richtlinie auf Basis bezogener Warmfestigkeit beschrieben [80]. Somit sinkt die Wechselfestigkeit mit zunehmender Temperatur. Untersuchungen der Schwingfestigkeit der Al-Legierung 2618A in kraftkontrollierten Wöhlerversuchen zeigten, dass die Schwingfestigkeit der Legierung im Temperaturbereich von 20 bis 100 °C nahezu gleich bleibt [40]. Bei erhöhter Temperatur nimmt die Schwingfestigkeit der Legierung deutlich ab (vgl. Abbildung 2.12). Die LCF-Lebensdauer steigt hingegen für eine gegebene

Totaldehnungsamplitude mit zunehmender Temperatur von 20 °C über 80 °C bis 150 °C an. Für die beobachteten Befunde ist das Zusammenwirken von zyklischer Beanspruchung und dem temperaturabhängigen Werkstoffverhalten von zentraler Bedeutung. Der Anstieg der LCF-Lebensdauer ist auf die mit der Temperatur abnehmenden induzierten Spannungen (vgl. Abbildung 7.8, 7.19 und 7.24), insbesondere der induzierten Maximalspannungen, die für die Ermüdungsschädigung primär verantwortlich sind, zurückzuführen. Dieser Effekt ist einerseits auf die mit der Temperatur sinkende Dehngrenze und andererseits, insbesondere bei niedrigen Totaldehnungsamplituden, auf den mit der Temperatur abnehmenden E-Modul zurück zu führen (vgl. Tabelle 5.1). Bei höheren Totaldehnungsamplituden kommt noch die mit der Temperatur zunehmende leichtere plastische Verformbarkeit hinzu, die ebenfalls zu niedrigeren induzierten Spannungen führt. Abbildung 7.31 zeigt den Einfluss der Temperatur auf die LCF-Lebensdauer der Al-Legierung 2618A im Zustand T6. Das Maximum der Lebensdauer liegt bei etwa 150 °C.

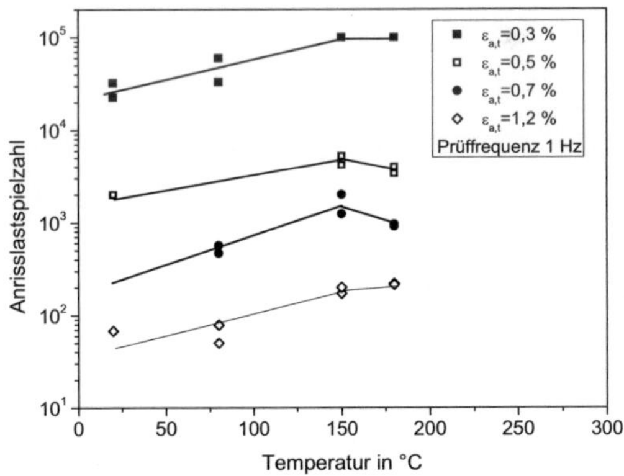

Abbildung 7.31 Einfluss der Temperatur auf die LCF-Lebensdauer der Legierung 2618A

In diesem Temperaturbereich (von 150 bis 200 °C) wird die Ausscheidungshärtung der Legierung durchgeführt und dort ist offensichtlich die Wechselwirkung zwischen der Versetzungsbewegung und den intermetallischen Ausscheidungen günstiger als bei T= 80 °C. Untersuchungen zum Einfluss der Haltezeit im Temperaturbereich von RT bis 110 °C haben gezeigt, dass die mechanischen Eigenschaften der Al-Legierung 2618-T6 dabei nahezu gleich bleiben [145, 146]. Starink et al haben den Einfluss der Verformung bei RT auf die Aushärtung von Al-Cu-Mg-Legierungen untersucht [146].

Die Autoren ziehen aus der Untersuchung die Schlussfolgerung, dass keine wesentliche zusätzliche Aushärtung durch Verformung erzeugt wird und daher eine Wechselwirkung zwischen Ausscheidungen und Versetzungen in diesem Temperaturbereich eher unwahrscheinlich ist. Im Gegensatz führt bei T = 150 °C eine Erhöhung der Versetzungsdichte durch Verformung zu einer höheren Härte [15]. Der verfestigende Effekt der Ausscheidungshärtung kann bei 150 °C offensichtlich noch verbessert werden, wie der tendenzielle Anstieg der Härte nach 100 Stunden Auslagerungszeit bei T = 150 °C (vgl. Abbildung 6.1) nahelegt.

Die Festigkeitssteigerung dieser aushärtbaren Legierung beruht auf die Wechselwirkung von Ausscheidungen und Versetzungen (vgl. Abschnitt 2.1). Die primäre Härtezunahme nach der Lösungsglühung entsteht bei der Al-Cu-Mg-Legierung durch die Wechselwirkung von Fremdatomen (sogenannte Cu-Mg-coclusters) und Versetzungen [15]. In unteralterten Werkstoffzuständen nimmt die zur Überwindung einer kohärenten Ausscheidung nötige Schubspannung zu (vgl. Abbildung 2.2). Daraus kann man schließen, dass die Ausscheidungen während des LCF-Versuchs bei 150 °C kohärent sind und dank ihrer Größe von den Versetzungen geschnitten werden. Demnach weist die

Legierung bei 150 °C die höchste Lebensdauer auf. Eine weitere Erhöhung der Temperatur führt dann zu einer geringfügigen Abnahme der LCF-Lebensdauer, obgleich die Grenzlastspielzahl bei T = 180 °C für eine Totaldehnungsamplitude von 0,3% erreicht wurde. Untersuchungen zum LCF-Verhalten der ausgehärteten Al-Legierung 7055-T7752 haben gezeigt, dass die LCF-Lebensdauer bei 190 °C niedriger als bei RT ist [97]. Dabei wurde eine lokalisierte Verformung in den Bereichen nahe der Korngrenzen beobachtet. Der Autor führt die niedrigere LCF-Lebensdauer bei erhöhter Temperatur (100 °C und 190 °C) auf Oxidbildung in interkristallinen Mikrorissen und Versprödung zurück.

TEM-Untersuchungen der Al-Legierung 2618A haben gezeigt, dass ausscheidungsfreie Zonen infolge der Aushärtung auf Zustand T6 an den Korngrenzen entstehen können (Abbildung 7.32) [16]. Weitere Auslagerung einer ausgehärteten Al-Cu-Mg-Legierung für 20 h bei 200 °C führte zum Anwachsen der ausscheidungsfreien Zone und somit zur Überalterung des Gefüges und Schwächung der korngrenzennahen Bereiche (vgl. Abbildung 2.7). Daraus ergibt sich, dass die Auslagerung bei höheren Temperaturen die interkristalline Rissbildung begünstigt. Die Untersuchung der Schädigungsentwicklung bei 180 °C hat gezeigt, dass sich die Ermüdungsrisse bevorzugt interkristallin bilden und ausbreiten (vgl. Abbildung 7.28 und 7.29). Zusätzlich können Überalterungsvorgänge bei der Al-Legierung 2618A die plastische Verformbarkeit erhöhen, was aus den Wechselverformungsverhalten ersichtlich ist. Somit wird die Bildung von Gleitbändern und anschließend transkristallinen Rissen begünstigt.

Bei niedrigen Versuchstemperaturen weist der Werkstoff ein zyklisch neutrales Wechselverformungsverhalten auf. Ab 150 °C tritt insbesondere bei niedrigen und mittleren Totaldehnungsamplituden eine zyklische Entfestigung auf. Die Versuchsergebnisse zeigen also, dass sich zwei Temperaturbereiche hinsichtlich des LCF-Lebensdauerverhaltens abgrenzen, wobei die höchste LCF-Lebensdauer bei 150 °C erreicht wird. Daraus kann man den Schluss ziehen, dass die Schwingfestigkeit dieser aushärtbaren Al-Legierung im Gegensatz zu ihrer Festigkeit keine stetige Abnahme in Abhängigkeit der Temperatur aufweist. Deshalb war die Untersuchung der Schädigungsentwicklung in LCF-Versuchen von großer Bedeutung, um unmittelbare Erkenntnisse von Einflüssen auf Rissbildung und Risswachstum zu gewinnen. Die Schädigungsentwicklung wurde daher bei zwei Temperaturen, die für das jeweilige Wechselverformungsverhalten stehen (T = 80 °C und T = 180 °C), im Detail an polierten Proben im Rasterelektronenmikroskop untersucht. Die Analyse der Schädigungsentwicklung bestätigte jedoch die unterschiedlichen zyklischen Verhalten für die zwei Temperaturbereiche.

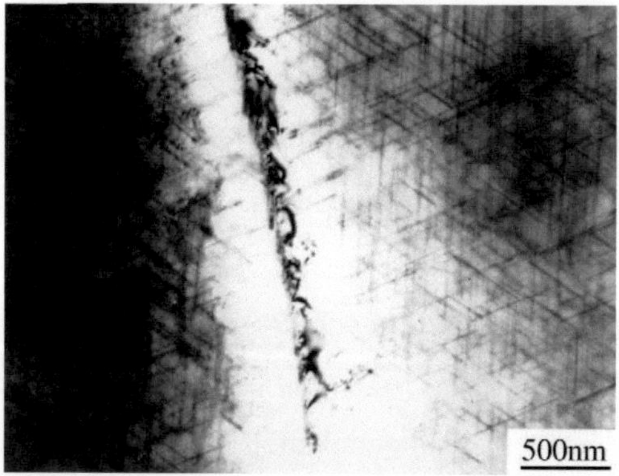

Abbildung 7.32 TEM-Untersuchung der Al-Legierung 2618 im Zustand T6 zeigt ausscheidungsfreie Zonen an den Korngrenzen [16]

Es ist zu erwarten, dass sich bei duktilen Werkstoffzuständen während der Schwingbeanspruchung in den oberflächennahen Körnern Verformungsmerkmale ausbilden (vgl. Abschnitt 2.4) [72]. Es entstehen Ermüdungsgleitbänder, deren Dichte innerhalb der Körner mit der Lastspielzahl zunimmt [4]. Im Gegensatz zum bekannten Phänomen der Rissentstehung unter Schwingbeanspruchung waren bei 80 °C keine risseinleitende Verformungen, die als Intrusionen und Extrusionen genannt werden, an der Probenoberfläche festzustellen, obwohl die Beanspruchungen deutlich oberhalb der Elastizitätsgrenze des Werkstoffs liegen.

Bei 80 °C wurde die Rissinitiierung ausschließlich an Korngrenzen beobachtet (vgl. Abbildung 7.12 und 7.15). In korngrenzennahen Bereichen zeigten sich nach wenigen Lastspielen Spuren lokal starker Plastizierung (vgl. Abbildung 7.12). In diesen Bereichen bildeten sich später dann die ersten Mikrorisse (vgl. Abbildung 7.15). Interkristalline Rissbildung wurde bei aushärtbaren Al-Legierungen im höheren Temperaturbereich (T > 180 °C) beobachtet [97]. Diese interkristalline Rissbildung ist ein typisches Merkmal für Kriechschädigung [3]. Untersuchungen zum Kriechverhalten einer Al-Cu-Mg-Legierung im Temperaturbereich von 100 bis 130 °C ergaben, dass das Kriechen in diesem Temperaturbereich vernachlässigbar ist [26]. Am REM erscheinen diese korngrenzennahen Bereiche jedoch wie Extrusionen bzw. Gleitbänder. Daher sind als mirkoplastizierte Bereiche zu betrachten (Abbildung 7.33). Hierfür wurden ausscheidungsfreie Bereiche an den Korngrenzen in der Al-Legierung 2618 im Zustand T6 beobachtet (Abbildung 7.32). Daraus kann man den Schluss ziehen, dass der Grund für die beobachtete Rissbildung bei 80 °C sogenannte „precipitation free zones“, d.h. ausscheidungsfreie bzw. ausscheidungsarme Bereiche nahe der Korngrenzen sein könnten, in denen die Ausscheidungshärtung deutlich schwächer ausgebildet ist [21]. Diese Bereiche sind zwar besser plastisch verformbar, haben aber auch eine deutlich kleinere zyklische Beanspruchbarkeit. Ferner befinden sich intermetallische Ausscheidungen (S-Phase) an den Korngrenzen, die deutlich härter als die ausscheidungsfreien Bereiche sind [2]. Untersuchungen zum Schädigungsverhalten einer oxidpartikelverstärkten Al-Knetlegierung unter thermisch-mechanischen Beanspruchungen haben gezeigt, dass sich Mikrorisse infolge der Grenzflächenablösung zwischen den harten Oxidpartikeln und den duktilen Al-Mg-Si-Matrix ausbilden [122]. Es lässt sich ableiten, dass es unter zyklischen Beanspruchungen infolge der Steifigkeitssprung zwischen den harten Ausscheidungen (S-Phase) und den duktilen ausscheidungsfreien Bereichen zur Grenzflächenablösung und somit zur Bildung von Mikrorissen kommt. Somit sind die Korngrenzen die Schwachstelle in der Mikrostruktur der Al-Legierung 2618A. Dort an den Korngrenzen wurde die Werkstofftrennung und somit die Initiierung der Mikrorisse eingeleitet.

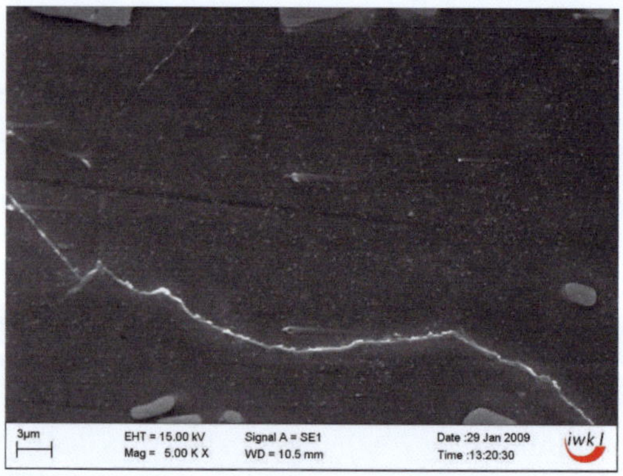

Abbildung 7.33 REM-Untersuchung: Mikroplastizierte korngrenzennahe Bereiche bei 80 °C in der ausscheidungsfreien Zone

Entgegen der Ergebnisse von [123] waren die großen, mutmaßlich intermetallischen Ausscheidungen vom Typ AlFeNi an der Rissinitiierung nicht beteiligt.

Allerdings wurden teilweise zertrümmerte Teilchen am Ort des Rissentstehens gefunden (vgl. Abbildung 7.15c), was als Ergebnis der starken plastischen Verformung und nicht als unmittelbare Ursache für die Rissbildung zu betrachten ist.

Zum Verhalten der Mikrorisse ist zu bemerken, dass die Mikrorisse in einzelnen Körnern eingeleitet werden und eine anfängliche Größe von etwa 20 µm aufweisen. Es scheint, dass der Riss zumindest an der Oberfläche durch die benachbarte Korngrenze aufgehalten wird. Die Größe der beobachteten Risse betrug etwa 20 µm bis max. 50 µm. Nur einige Risse breiten sich nach scheinbarem Stillstand in den benachbarten Korngrenzen weiter aus. Auch beim Wachstum der initiierten Mikrorisse dominieren die schwachen Korngrenzen sowohl an der Oberfläche als auch im Probeninneren (vgl. Abbildung 7.15). Maßgebend für den beobachteten Stillstand und das Risswachstum war die Orientierung der benachbarten Korngrenzen. Trifft die Rissspitze auf eine quer zur angelegten Spannung orientierte Korngrenze, schreitet sich der Riss fort. Daher tritt bei der Rissausbreitung von Beginn an Stadium II ein. Die Rissausbreitung erfolgt daher im Bereich des Kurzrisses überwiegend interkristallin bis zu einer Rissgröße von etwa 630 µm quer zur angelegten Spannung. In der Kurzrissbruchmechanik gilt die Annahme, dass der typische Kurzriss ein halbkreisförmiger Oberflächenriss mit etwa 0,5 mm Risstiefe „a“ und etwa 1 mm Risslänge an der Oberfläche „2c“ ist [73]. Bei dieser hochfesten Al-Legierung findet das endgültige Versagen bei niedrigen Temperaturen statt, wenn die Risszähigkeit ereicht wird und bevor ein erkennbarer Abfall der Spannung erfolgt.

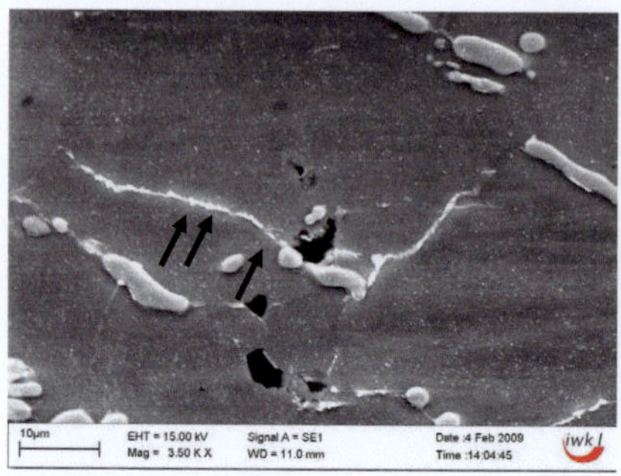

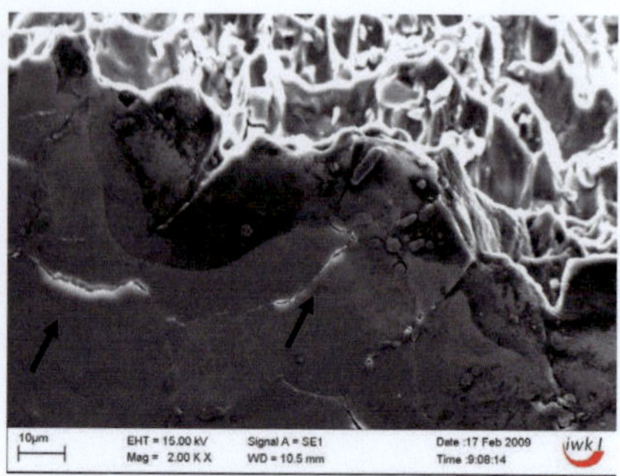

Abbildung 7.34 Interkristalline Rissinitiierung an Korngrenzen (links) und ausbreitungsunfähige Mikrorisse nahe dem Bruch (rechts) bei 80 °C

Die Bruchfläche weist typischer Weise einen halbkreisförmigen Anriss mit einzelnen freigelegten Körnern auf (vgl. Abbildung 7.17). Die Risslänge der beobachteten Kurzrisse (A und B) liegt mit jeweils etwa 700 µm und 1300 µm nahe dem theoretischen Bereich des Kurzrisses von 1 mm. Die mikroskopische Auswertung der Bruchfläche zeigt weiters, dass einzelne Körner bei der Rissausbreitung Stadium II ersichtlich sind. Wie Abbildung 7.17 c im eingekreisten Bereich zeigt, dass frei gelegte Korngrenzen im Übergangsbereich zwischen den Schwingstreifen und der Restbruchfläche deutlich zu erkennen sind. Die an der Probenoberfläche beobachteten interkristallinen Risse wiesen eine Größe von etwa 50 µm (vgl. Abbildung 7.17 d) auf. Die frei gelegten Körner liegen im Volumen mit einem Abstand von etwa 100 µm zur Probenoberfläche. Daraus lässt sich schlussfolgern, dass diese interkristalline Werkstofftrennung kein Oberflächenriss ist. Also es kann bei 80 °C zur Bildung von interkristallinen Mikrorissen im Probeninneren kommen. Wegen der teilweise beschädigten Bruchflächen können hier keine weiteren Aussagen über den weiteren Rissverlauf im Probeninneren getroffen werden.

Auch bei 180 °C werden die korngrenzennahen Bereiche lokal stark plastiziert, zusätzlich treten wegen der mit der Temperatur allgemein zunehmenden leichteren plastischen Verformbarkeit jedoch auch ausgeprägt Gleitbänder innerhalb der Körner auf (vgl. Abbildung 7.28). Es ist festzustellen, dass die Erscheinung der Intrusionen und Extrusionen von der Temperatur abhängt, weil bei 80 °C keine Gleitbänder beobachtet wurden. Die Mikrorisse entstehen sowohl an Korngrenzen als auch an den Gleitbändern, deren Länge bei etwa 50 µm nach 35% N_B betrug. Beobachtungen des Mikro- bzw. Kurzrisswachstums haben gezeigt, dass sich der Riss mit der Risslänge bei Annäherung an mikrostrukturelle Hindernisse wie Korngrenzen oder Einschlüsse verzögert [4, 73]. Der Übergang vom Mikroriss zum Kurzriss wesentlich hängt von der Mikrostruktur ab [73]. Dahingegen haben die Untersuchungen der Schädigungsentwicklung bei 180 °C gezeigt, dass Mikrorisse über die zuvor lokal plastizierte Korngrenze zusammenwachsen (Abbildung 7.35).

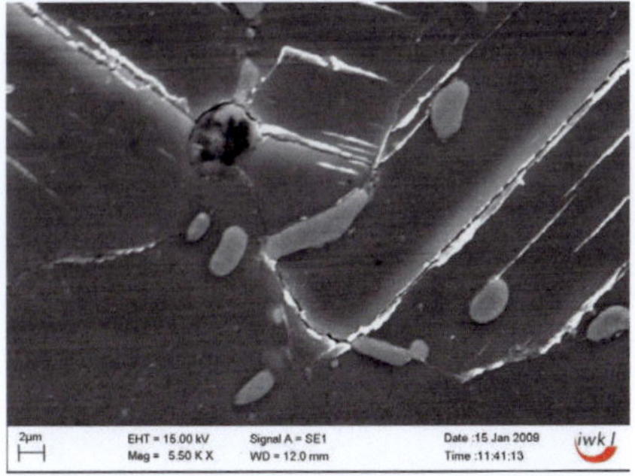

Abbildung 7.35 REM-Untersuchung: Mikrorisse breiten sich bei 180 °C nach etwa 40% N_B über die Gleitbänder und Korngrenze aus, die zuvor lokal plastiziert wurde.

Die interkristallinen Mikrorisse sind jedoch wachstumsfähiger als die transkristallinen Mikrorisse. Daher wird auch bei 180 °C überwiegend interkristallines Risswachstum beobachtet. Aghaie-Khafri et al haben das Schädigungsverhalten der Al-Legierung 2618 unter LCF-Beanspruchungen bei 200 °C untersucht [66]. Die Autoren haben anhand REM-Untersuchungen den Schluss gezogen, dass die Rissbildung im Wesentlichen durch die intermetallische Phase von Typ AlFeNi hervorgerufen wird. Wie die aktuellen REM-Untersuchungen bei 180 °C zeigen, spielt die AlFeNi-Phase bei der Rissbildung nur eine untergeordnete Rolle. Mit zunehmender Beanspruchungsdauer erhöht sich zwar der transkristalline Rissanteil, die Kurzrisse an den Korngrenzen sind dann aber bereits deutlicher weiter fortgeschritten und erreichen Länge von 500 µm. Günstig orientierte Gleitbändern werden aber oft in den Risspfad eingebaut (vgl. Abbildung 7.29). Dadurch können relativ lange Oberflächenrisse entstehen, die teilweise einen zick-zack-förmigen Verlauf aufweisen.

Diese Beobachtung ist deswegen von Bedeutung, weil es sich nicht um mögliche Mikrorissverzweigungen handelt, die sich infolge der Mehrfachgleitung an den Gleitbändern bilden [147]. Dies ist nicht der Fall. Hingegen zeigt sich, dass diese Mikrorisse eigentlich ein Vorstadium des Ermüdungsrisses darstellen. Offensichtlich kann der Riss sich besser aufgrund der Vorschädigung an der Oberfläche an Korngrenzen und Gleitbändern ausbreiten, die schlussendlich als Mikrokerben und Mikrotrennungen zu betrachten gelten. Dementsprechend kommt es letztendlich zu keiner ausgeprägten Anrisslinse auf der Bruchfläche, da sich der Riss bevorzugt an der Oberfläche als in die Tiefe fortschreitet. Dieses Verhalten wurde auch in [138] beobachtet. Dort wurden Verhältnisse der halben Oberflächenrisslänge zur Risstiefe von 0,9 bis 0,7 für hochfeste Aluminium-Legierungen gefunden.

Des Weiteren ist festzustellen, dass der Lebensdaueranteil der Risswachstumsphase im Vergleich zu der gesamten Lebensdauer deutlich ausgeprägter bei T= 180 °C als bei 80 °C ist. Abbildung 7.36 zeigt die betrachtete Oberflächerisslänge in Abhängigkeit der Lastspielzahl für die untersuchten Temperaturen 80 °C und 180 °C.

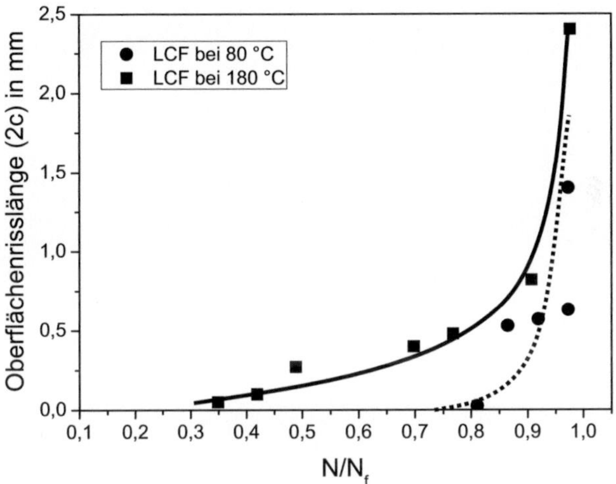

Abbildung 7.36 Oberflächenrisslänge als Funktion der bezogenen Lastspielzahl bei $\varepsilon_{a,t}$ = 0,4% für T = 80 und 180 °C

Die Rissinitiierungsphase dauert bei T = 180 °C ungefähr 33% der Lebensdauer und bei T = 80 °C bis zu 80 % der Lebensdauer. Das anschließende stabile Mikro- und Makrorisswachstums erfolgt bei 180 °C deutlich langsamer im Vergleich zu 80 °C. Offensichtlich ist der duktilere Werkstoffzustand bei 180 °C zwar empfindlicher gegenüber der Rissinitiierung, die größeren Plastizierungen vor der Rissspitze führen dann aber zu einem deutlich langsameren Risswachstum.

8 Einfluss der Mitteldehnung

Im Bauteil können Mittellasten z.B. aufgrund von Vorspannungen oder durch die Betriebsbeanspruchung vorliegen. Im Rahmen dieser Arbeit wurde der Einfluss einer Mitteldehnung auf die Ermüdungsfestigkeit in totaldehnungskontrollierten LCF-Versuchen an glatten Proben untersucht. Es wurden insgesamt zwei Lastverhältnisse $R_\varepsilon = 0$ und $R_\varepsilon = 0,33$ realisiert. Die Prüffrequenz betrug 1 Hz für alle Versuchsbedingungen. In den bei einem Lastverhältnis von $R_\varepsilon = -1$ durchgeführten LCF-Versuchen (vgl. Abschnitt 7) wurden zwei unterschiedliche zyklische Verhalten beobachtet, wobei der Werkstoff ein zyklische neutrales Verhalten bei T = 20 und 80 °C und ein zyklisch entfestigendes Verhalten bei T = 150 °C und T = 180 °C aufwies. Für die Untersuchungen zum Mitteldehnungseinfluss wurden daher jeweils eine Temperatur aus den beiden Bereichen und zwar T = 80 °C und T = 180 °C gewählt.

8.1 Einfluss der Mitteldehnung bei 80 °C

8.1.1 Wechselverformungsverhalten

In den Abbildungen 8.1 und 8.2 sind einige exemplarische Hysteresisschleifen für die Dehnungsverhältnisse $R_\varepsilon = 0$ und $R_\varepsilon = 0,33$ bei der Prüftemperatur T = 80°C dargestellt. Für jede Belastung wurde – soweit möglich – jeweils der Kurvenverlauf bei N = 10, 100, $N_A/2$ und kurz vor N_A aufgetragen.

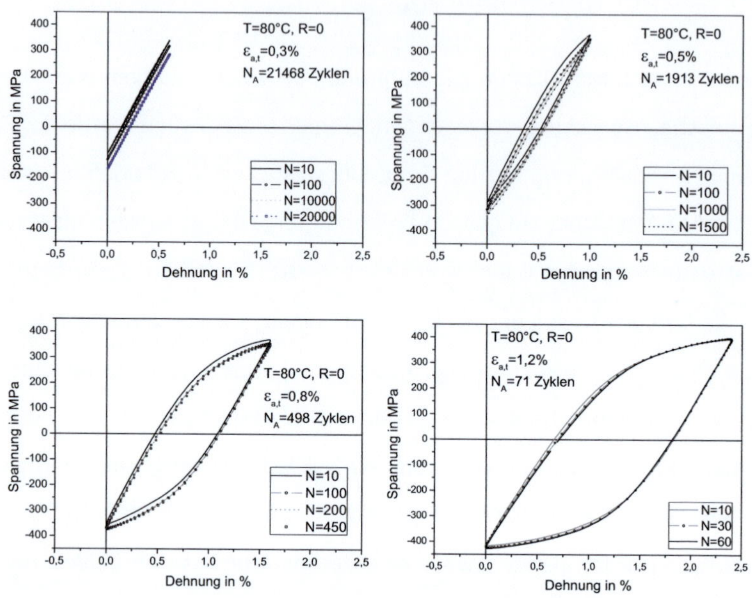

Abbildung 8.1 Spannungs-Dehnungs-Hysteresisschleifen nach unterschiedlichen Lastspielzahlen für $R_\varepsilon = 0$ bei $T = 80$ °C

Bei einer Totaldehnungsamplitude von 0,3 % ist die Werkstoffreaktion makroskopisch nahezu rein elastisch. Bei höheren Totaldehnungsamplituden treten Hysteresen auf, deren Form sich aber während der Versuche kaum ändert. Sowohl die plastische Dehnungsschwingbreite als auch die Steigung der elastischen Gerade bleiben gleich. Lediglich die Lage der Spannungsspitzenwerte verändert sich leicht im Laufe der Versuche besonders bei kleinen Totaldehnungsamplituden.

Bei beiden Dehnungsverhältnissen sind die Mittelspannungsrelaxationseffekte je nach Beanspruchungsamplitude und Lastspielzahl unterschiedlich stark ausgeprägt. Mit zunehmender Totaldehnungsamplitude nimmt die Relaxation ab.

Für die Totaldehnungsamplitude $\varepsilon_{a,t}$ = 0,3 % bei R_ε = 0 wird die induzierte Maximalspannung bis $N_A/2$ von 338 MPa auf 291 MPa abgebaut. Bis zum Anriss relaxiert die Spannung dann nur noch auf 283 N/mm^2. Bei größeren plastischen Dehnungsamplituden bauen sich im Verlauf eines Versuches die Mittelspannungen in Richtung σ_m = 0 ab.

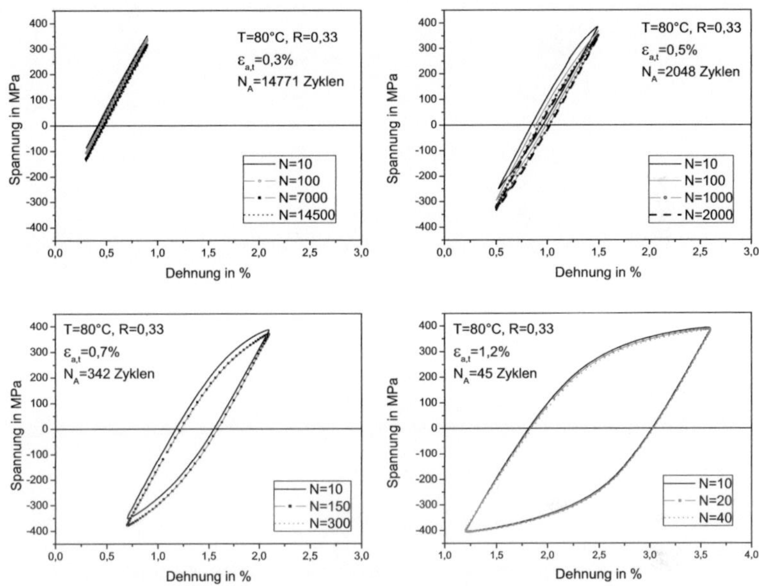

Abbildung 8.2 Spannungs-Totaldehnungs-Hystersisschleifen nach unterschiedlichen Lastspielzahlen bei R_ε = 0,33 für T = 80 °C

Abbildung 8.3 zeigt die Verläufe der induzierten Spannungsamplituden und Mittelspannungen in den Versuchen bei R_ε = 0 und R_ε = 0,33 für die Temperatur T = 80 °C. Bei beiden Dehnungsverhältnissen zeigt der Werkstoff ein zyklisch neutrales Verhalten. Die Spannungsamplitude bleibt nach den ersten Zyklen relativ konstant.

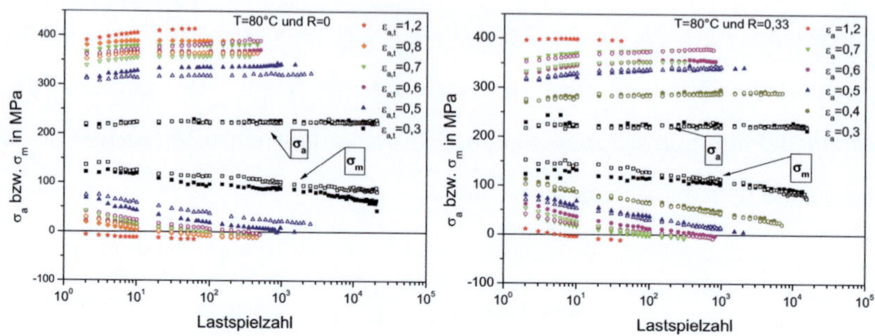

Abbildung 8.3 Entwicklung der Spannungsamplitude und der Mittelspannung in Abhängigkeit der Lastspielzahl bei $R_\varepsilon = 0$ (links) und $R_\varepsilon = 0{,}33$ (rechts) für T = 80 °C

Die Mittelspannungsrelaxation resultiert aus dem Abbau der Maximalspannung σ_{max} und einer betragsmäßig gleichen Zunahme der Minimalspannung σ_{min}. Bei höheren Totaldehnungsamplituden werden vergleichbare Spannungsamplituden erzeugt, z.B. betrug die Spannungsamplitude etwa 400 MPa für $\varepsilon_{a,t}$ = 1,2 % bei beiden Dehnungsverhältnissen. Für die Totaldehnungsamplituden 0,6 und 0,7 % lagen die induzierten Spannungsamplituden im gleichen Streubereich von 356 MPa bis 378 MPa bei beiden Lastverhältnissen. Bei einer Totaldehnungsamplitude von $\varepsilon_{a,t}$ = 0,8 % stellt sich eine Spannungsamplitude zwischen 365 MPa und 388 MPa ein. Ein Einfluss der Mitteldehnung auf die Mittelspannung tritt nur bei Totaldehnungsamplituden auf, die kleiner oder gleich 0,5 % sind. Hier ergeben sich bei R_ε = 0,33 höhere Mittelspannungen im Vergleich zu R_ε = 0. Bei einer Dehnungsamplitude von $\varepsilon_{a,t}$ = 0,3 % z.B. stellen sich für beide Dehnungsverhältnisse zwar zunächst etwa gleiche Mittelspannungen ein ($\sigma_m \approx$ 120 MPa), die Relaxation ist aber im Versuch bei R_ε = 0 stärker. Bei R_ε = 0 beträgt die Mittelspannung bei $N_A/2$ etwa 68 MPa und bei

R_ε = 0,33 etwa 95 MPa. Diese höheren Mittelspannungen bei kleineren Dehnungsamplituden können zu einem schnelleren Versagen führen.

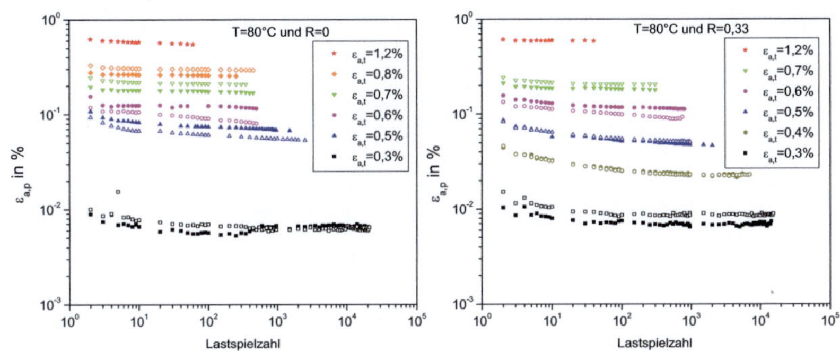

Abbildung 8.4 Entwicklung der plastischen Dehnungsamplituden in Abhängigkeit der Lastspielzahl bei R_ε = 0 (links) und R_ε = 0,33 (rechts) für T= 80 °C

Die plastische Dehnungsamplitude $\varepsilon_{a,p}$ entwickelt sich bei beiden Dehnungsverhältnissen nahe gleich. Abbildung 8.4 zeigt dies anhand der Verläufe der plastischen Dehnungsamplitude in Abhängigkeit der Lastspielzahl. Die plastische Dehnungsamplitude steigt mit zunehmender Totaldehnungsamplitude an. Für kleine Totaldehnungsamplituden weist der Werkstoff bei R_ε = 0,33 zu Beginn der Versuche geringfügig höhere plastische Dehnungsamplituden auf als bei R_ε = 0. Im weiteren Verlauf stellen sich da bei gleichen Totaldehnungsamplituden nahe zu gleiche plastische Dehnungsamplituden ein.

Das zyklische Verformungsverhalten mit Ausnahme der Mittelspannungsrelaxation entwickelt sich unabhängig vom Lastverhältnis. Dies gilt auch für die bei halber Anrisslastspielzahl induzierten Spannungsamplituden. Das zyklische

Spannungs-Totaldehnungs-Verhalten lässt sich in hinreichend guter Näherung mit der bei R_ε = -1 ermittelten Kurve beschreiben (Abbildung 8.5).

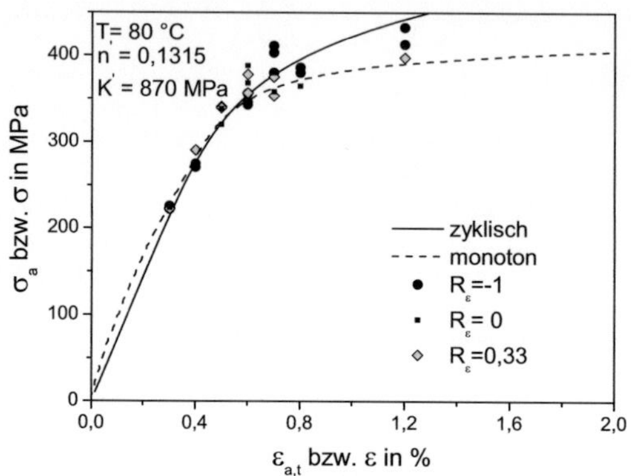

Abbildung 8.5 Zyklische Spannungs-Totaldehnungs-Kurve für die untersuchten Lastverhältnisse bei T = 80 °C

8.1.2 Lebensdauerverhalten

Abbildung 8.6 zeigt die Lebensdauer für R_ε = 0 und R_ε = 0,33 bei T = 80 °C im Vergleich zu demjenigen bei R_ε = -1. Bei größeren Totaldehnungsamplituden liegen die Lebensdauern für alle untersuchten Lastverhältnisse in einem Streubereich. Bei kleinen Totaldehnungsamplituden dagegen nimmt die Lebensdauer mit zunehmendem Lastverhältnis ab. Am größten nahm die Lebensdauer für $\varepsilon_{a,t}$ = 0,3 % von etw. 60.000 bzw. 33.000 Zyklen bei R_ε = -1 auf etw. 15.000 Zyklen bei R_ε = 0,33 ab. Auch für $\varepsilon_{a,t}$ =0,4 % ist die Lebensdauer von 19.000 bzw. 32.000 auf etw. 7.000 Zyklen gesunken.

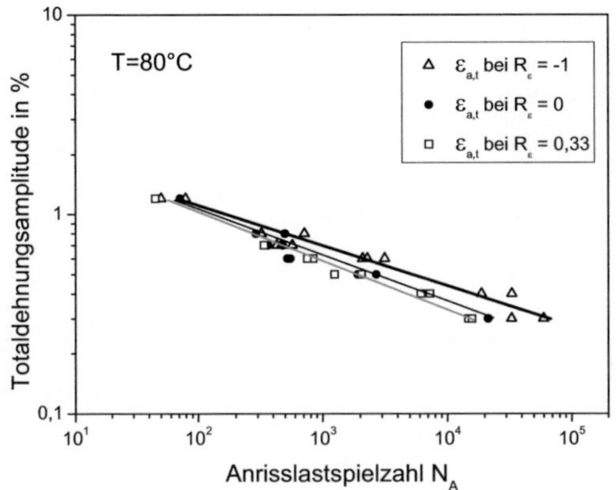

Abbildung 8.6 Anrisslebensdauer bei unterschiedlichen Lastverhältnissen bei T = 80 °C

8.2 Einfluss der Mitteldehnung bei 180 °C

8.2.1 Wechselverformungsverhalten

Abbildungen 8.7 und 8.8 zeigen exemplarische Spannungs-Dehnungs-Hysteresisschleifen bei jeweils R_ε = 0 und R_ε = 0,33. Beispielhaft werden hier vier Versuche bei vier unterschiedlichen Totaldehnungsamplituden, $\varepsilon_{a,t}$ = 0,3 %, 0,5 %, 1,0 % und 1,2 %, und jeweils für die Lastspielzahlen N = 10, 100, N_A/2 und N_A dargestellt.

Besonders auffällig ist, dass sich die Maximalspannungen sowie die Minimalspannungen im Verlauf des Versuches stark abbauen. Dieses zyklische Entfestigungsverhalten wurde auch bei einem Lastverhältnis von R_ε = -1 für T = 180 °C beobachtet. Auch die Form der Hysteresisschleifen verändert sich dabei. Sie werden mit fortschreitender Zyklenzahl breiter, was gleichbedeutend mit einer Zunahme der plastischen Dehnungsamplitude $\varepsilon_{a,p}$ ist. Zusätzlich wurde insbesondere bei kleineren Totaldehnungsamplituden und höheren Lastspielzahlen eine Asymmetrie in den Hysteresisschleifen beobachtet. Die Abnahme der Maximalspannung ist deutlich stärker als die Abnahme der Minimalspannung. Dies weist auf entstandene kleine Risse hin, woraus geschlossen werden kann, dass sich die Risse ziemlich früh bilden und relativ langsam wachsen. Die Oberflächenuntersuchungen zur Schädigungsentwicklung haben dies auch nachgewiesen. Darüber hinaus ist die Werkstoffreaktion im Gegensatz zu T= RT und 80 °C bei einer Totaldehnungsamplitude von $\varepsilon_{a,t}$ = 0,3 % nicht mehr rein elastisch. Die Mittelspannungsrelaxation bei kleinen Dehnungsamplituden $\varepsilon_{a,t} \leq 0{,}5\%$ ist im Vergleich zu derjenigen bei 80°C deutlich stärker ausgeprägt.

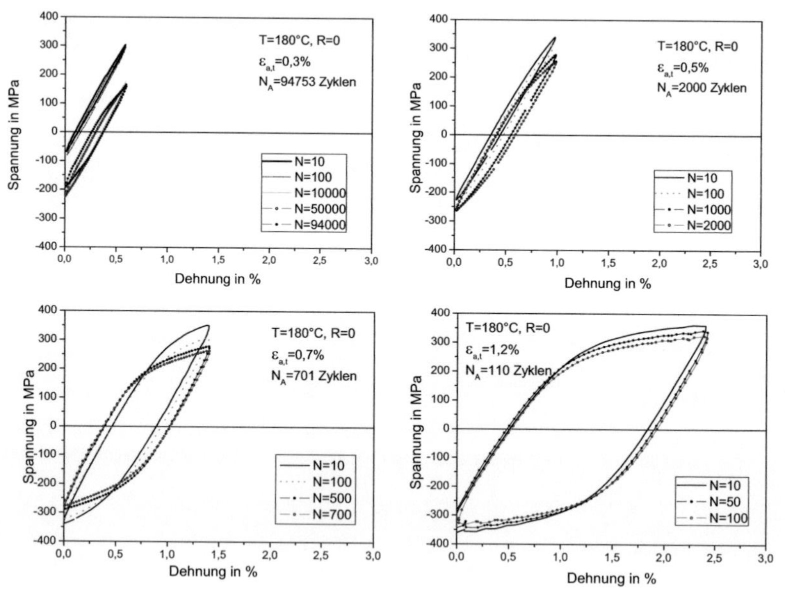

Abbildung 8.7 Spannungs-Dehnungs-Hystereseschleifen bei R_ε=0 für T= 180 °C

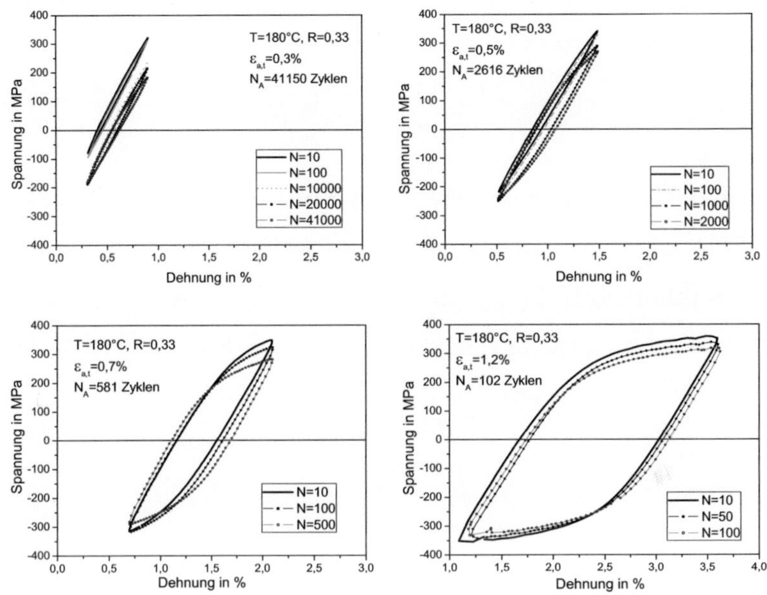

Abbildung 8.8 Spannungs-Dehnungs-Hysteresisschleifen bei $R_\varepsilon = 0{,}33$ für T = 180 °C

Abbildung 8.9 zeigt die Verläufe der Spannungsamplituden und die der Mittelspannungen für unterschiedliche Totaldehnungsamplituden für T= 180 °C. Wie bereits aus den Hysteresisschleifen ersichtlich, entfestigt der Werkstoff zyklisch. Die Spannungsamplituden sind nicht mehr konstant, sondern nehmen schon nach den ersten 10 Zyklen kontinuierlich ab. Die maximalen Druck- und Zugspannungen nehmen kontinuierlich ab, wobei diese Abnahme mit sinkender Totaldehnungsamplitude geringer wird. Durch mikrostrukturelle Veränderungen im Werkstoff werden Bewegungen von Versetzungen erleichtert und es sind kleinere Spannungen erforderlich, um gleiche Totaldehnungen zu erreichen. Die Spannungsamplituden sind für gleiche Totaldehnungsamplituden bei beiden Lastverhältnissen vergleichbar.

Hinsichtlich der Mittelspannungsentwicklung, erkennt man das gleiche Muster wie bei 80°C. Bei großen Totaldehnungsamplituden ($\varepsilon_{a,t} > 0{,}5$ %) stellen sich praktisch keine Mittelspannungen ein. Bei kleinen Totaldehnungsamplituden ($\varepsilon_{a,t} \leq 0{,}5$ %) ist die Mittelspannungsrelaxation bei $R_\varepsilon = 0{,}33$ geringer als bei $R_\varepsilon = 0$, obwohl sich am Anfang etwa gleiche Mittelspannungen einstellen. Bei einer Totaldehnungsamplitude von 0,3% ergeben sich sogar bei $R_\varepsilon = 0$ ab dem 4.000. Zyklus Druckmittelspannungen, was zu einer deutlichen Steigerung der Lebensdauer führt.

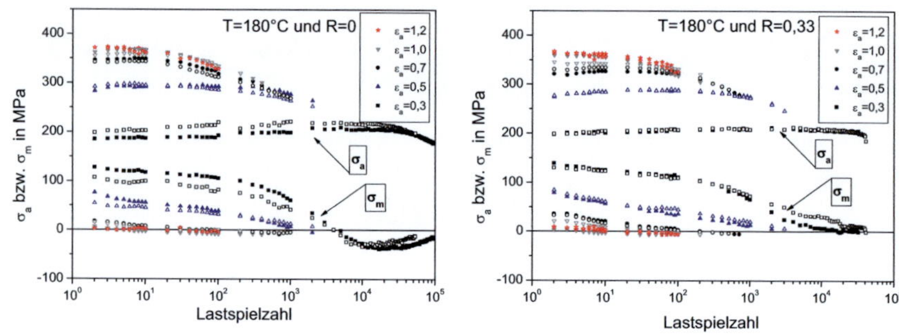

Abbildung 8.9 Entwicklung der Spannungsamplitude und der Mittelspannung in Abhängigkeit der Lastspielzahl bei $R_\varepsilon = 0$ (links) und $R_\varepsilon = 0{,}33$ (rechts) für T= 180 °C

Das zyklisch entfestigende Verhalten zeigt sich auch bei der Betrachtung der plastischen Dehnungsamplitude in Abbildung 8.10. Insbesondere bei kleinen Totaldehnungsamplituden ist die Zunahme stark ausgeprägt. Neben den auftretenden Überalterungseffekten dürfte auch das Öffnen der sich relativ früh bildenden Risse zu einer Erhöhung der plastischen Dehnungsamplitude führen. Dies konnte ebenfalls anhand der Oberflächenuntersuchung gezeigt werden.

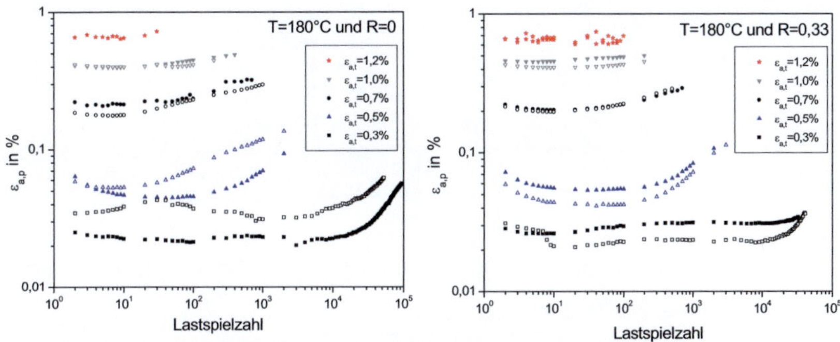

Abbildung 8.10 Entwicklung der plastischen Dehnungsamplituden in Abhängigkeit der Lastspielzahl bei $R_\varepsilon = 0$ (links) und $R_\varepsilon = 0,33$ (rechts) für T= 180 °C

Es wurde bereits erwähnt, dass die induzierten Spannungsamplituden für R_ε = 0 und R_ε = 0,33 vergleichbar waren und in etwa denjenigen bei R = -1 entsprachen. In Abbildung 8.11 sind die bei halber Anrisslastspielzahl für unterschiedlichen Lastverhältnissen ermittelten Spannungsamplituden als Funktion der Totaldehnungsamplitude dargestellt. Für alle untersuchten Lastverhältnisse kann die zyklische Spannungs-Dehnungs-Kurve mit den bereits für R= -1 ermittelten Werten für K' und n' beschrieben werden.

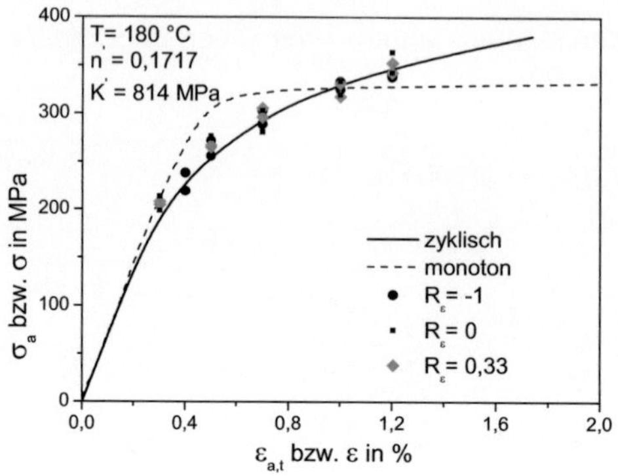

Abbildung 8.11 Zyklische Spannungs-Dehnungskurve für die untersuchten Lastverhältnisse bei T= 180°C

8.2.2 Lebensdauerverhalten

Abbildung 8.12 stellt das Lebensdauerverhalten für $R_\varepsilon = 0$ und $R_\varepsilon = 0{,}33$ im Vergleich zu dem Lastverhältnis $R_\varepsilon = -1$ dar.

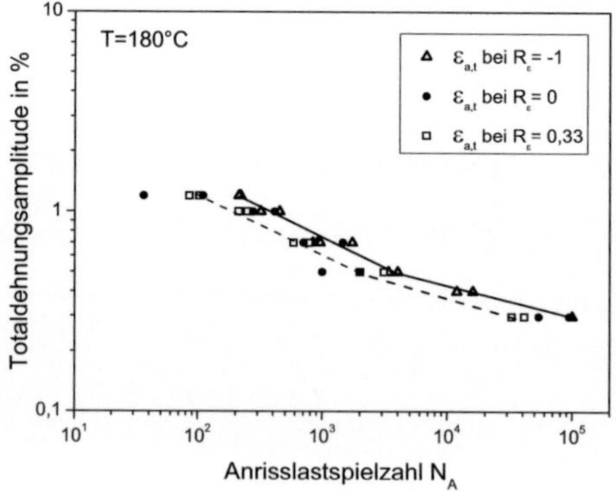

Abbildung 8.12 Anrisslebensdauer bei unterschiedlichen Lastverhältnissen bei T = 180 °C

Aufgetragen ist die jeweilige Totaldehnungsamplitude über der Anrisslebensdauer. Tendenziell sinkt die Anrisslebensdauer mit zunehmender Mitteldehnung. Die Erhöhung der Mitteldehnung führt zwar zu kleinen Lebensdauern im Vergleich zur Lebensdauer beim Lastverhältnis von R_ε= -1, aber die gemessenen Lebensdauern liegen für höhere Totaldehnungsamplituden ($\varepsilon_{a,t}$ > 0,5 %) bei R_ε= 0 und R_ε= 0,33 teilweise in einem Streubereich. Also sind keine signifikante Unterschiede für $\varepsilon_{a,t}$ > 0,5 % zwischen R_ε = 0 und R_ε = 0,33. Somit ist der Einfluss der Mitteldehnung auf die Lebensdauer bei höheren Totaldehnungsamplituden gering. Im Gegensatz dazu ist der Einfluss des Dehnungsverhältnisses für kleinere Totaldehnungsamplituden bei $\varepsilon_{a,t}$ = 0,3 % durch die Lebensdauerabnahme zu erkennen. Die Legierung weist bei 180 °C etwa die 3-fache LCF-Lebensdauer bei R_ε = -1 als bei R_ε = 0,33 auf. Diese Tendenz ist im Einklang mit dem Wechselverformungsverhalten, da sich - wie im vorangehenden Abschnitt beschrieben - die induzierten Zugmittelspannungen sowohl bei R_ε= 0 als auch bei R_ε= 0,33 deutlich abbauen.

8.3 Diskussion

Der Einfluss des Lastverhältnisses (R_ε = -1, R_ε = 0 und R_ε = 0,33) auf das LCF-Lebensdauerverhalten der Al-Legierung 2618A hängt bei T = 80 °C deutlich von der Höhe der Totaldehnungsamplitude ab. Bei größeren Totaldehnungsamplituden liegen die Lebensdauern für alle untersuchten Lastverhältnisse in einem Streubereich. Bei kleinen Totaldehnungsamplituden dagegen sinkt die Lebensdauer mit zunehmendem Lastverhältnis ab.

Untersuchung zum Einfluss der Mitteldehnung auf die LCF-Lebensdauer einer Al-Legierung ergab, dass die LCF-Lebensdauer beim Vorhandensein einer Mitteldehnung abnimmt [148]. Hierfür konnte die Lebensdauer mit dem Schädigungsparameter nach Smith-Watson-Topper (Gleichung 5) mit guter Näherung beschrieben werden. Offensichtlich sind die sich entwickelnden Mittelspannungen für das Lebensdauerverhalten verantwortlich. Die genauere Betrachtung der Höhe der Mittelspannung für die zwei unterschiedlichen Lastverhältnisse R_ε = 0 und R_ε = 0,33 zeigt, dass sich für R_ε= 0,33 höhere Mittelspannungswerte einstellen (vgl. Abbildung 8.3). Zum Beispiel für eine Totaldehnungsamplitude von 0,3% beträgt bei R_ε = 0 die Mittelspannung bei $N_A/2$ etwa 68 MPa und bei R_ε = 0,33 etwa 95 MPa, obgleich sich die gleiche Mittelspannung 120 MPa am Versuchsbeginn bei beiden Dehnungsverhältnissen einstellt. Daraus ergibt sich, dass die induzierten Zugmittelspannungen einen entscheidenden Einfluss auf das Lebensdauerverhalten bei 80 °C haben.

Auch bei T= 180 °C haben die induzierten Zugmittelspannungen ebenfalls einen Einfluss auf das Lebensdauerverhalten. Abbildung 8.13 veranschaulicht, wie das Verformungsverhalten bei einer gegebenen Totaldehnungsamplitude zur Induzierung unterschiedlicher positiven Mittelspannungen bei unterschiedlichen Lastverhältnisse führt. Dabei werden die Situationen für R_ε = -1 mit R_ε = 0,33 verglichen. Im Diagramm sind jeweils die ersten beiden Zyklen dargestellt.

Bei rein wechselnder Beanspruchung werden bei allen dargestellten Totaldehnungsamplituden nur vernachlässigbar kleine Mittelspannungen induziert. Bei R_ε = 0,33 dagegen hängt die zu Beginn eines Versuches entstehende Mittelspannung stark von der Totaldehnungsamplitude ab. Bei der kleinsten Totaldehnungsamplitude ist diese am größten. Mit steigender Totaldehnungsamplitude nehmen die induzierten Zugmittelspannungen stark ab, wobei die plastischen Dehnungsamplituden zunehmen.

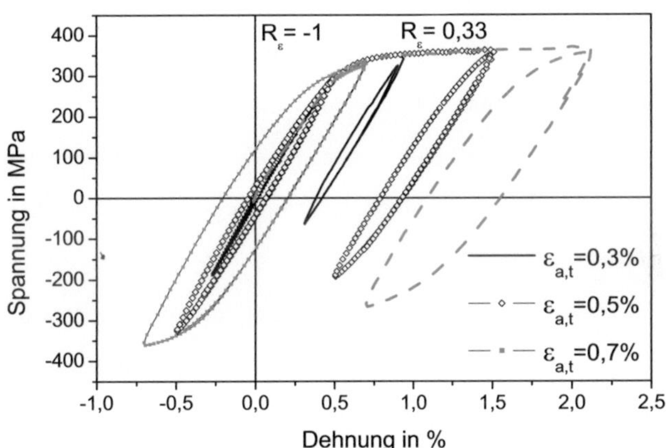

Abbildung 8.13 Abhängigkeit der Mittelspannung vom Lastverhältnis bei gleicher Totaldehnungsamplitude exemplarisch bei 180 °C

Da die Legierung sich bei niedrigen Temperaturen im Zugversuch mehr verfestigt als bei höheren Temperaturen (vgl. Abbildung 5.1), ist dieser Effekt bei 80 °C stärker ausgeprägt als bei 180 °C, so dass die bei 80 °C induzierten Zugmittelspannungen insbesondere bei kleinen Totaldehnungsamplituden relativ hoch sind. Untersuchungen an mit Mikrorissen behafteten Stahlproben haben bereits gezeigt, dass ein Zugmittelspannung zur Herabsetzung der Schwellenspannung kurzer Risse führt [149]. Auch eine Steigerung der mechanischen Beanspruchung in TMF-Versuchen resultiert in Beschleunigung der Schädigungsentwicklung an der Al-Knetlegierung 6061 [122]. Demzufolge führen höhere Zugmittelspannungen frühzeitig zur Rissbildung. Daher führt der Anstieg des Dehnungsverhältnisses bei 80 °C und kleinen Totaldehnungsamplituden zur Herabsetzung der LCF-Lebensdauer.

Die Ergebnisse der Schädigungsuntersuchungen an glatten Proben bei $R_\varepsilon = -1$ deuten darauf hin, dass die Gleitbänderbildung infolge plastischer Verformung bei T= 180 °C zur Beschleunigung der Werkstoffschädigung und somit zur Rissbildung in den Oberflächenkörnern an Gleitbändern führen (vergleiche Abschnitt 7.5). Daraus folgt, dass die Rissinitiierung und das Risswachstum bei T= 180 °C sowohl von der Mittelspannung als auch von den plastischen Verformungen abhängig sind. Höhere Mittelspannungen und zunehmende plastische Dehnungsamplituden fördern beide Prozesse. Bei hohen Totaldehnungsamplituden gleichen sich die positive Wirkung kleinerer Mittelspannungen und die negative Wirkung größerer Plastizierungen weitgehend aus. Bei den kleineren Totaldehnungsamplituden überwiegt offensichtlich der lebensdauerverkürzende Einfluss höherer Mittelspannungen, so dass der Einfluss des Dehnungsverhältnisses bei kleinen Totaldehnungsamplituden wirksam ist.

Im Gegensatz zu T= 180 °C korreliert die LCF-Lebensdauer bei 80 °C durch zunehmendes Lastverhältnisses offensichtlich mit der Dehnungsamplitude. Mit zunehmendem Lastverhältnis nehmen die Mittelspannungen insbesondere bei kleinen Dehnungsamplituden zu. Gleichzeitig sinkt der Schwellenwert kurzer

Risse mit zunehmender Mittelspannung ab. Zusätzlich ist die Einwirkdauer der Mittelspannung bei niedrigen Temperaturen länger, da die Mittelspannungsrelaxation wesentlich langsamer als bei hohen Temperaturen abläuft. Die Ergebnisse der LCF-Versuche bei 180 °C zeigten, dass es zur schnelleren Mittelspannungsrelaxation bei 180 °C kommt (vgl. Abbildung 8.9). Die Schädigungsuntersuchungen an glatten Proben bei R_{ε} = -1 haben gezeigt, dass der Anteil der Risswachstumsphase im Vergleich zur gesamten Lebensdauer bei 80 °C relativ klein ist (vgl. Abbildung 7.36). Dies bedeutet, dass eine höhere Mittelspannung bei gleichbleibender Dehnungsamplitude früher zur Rissbildung und somit zu einer kurzen Lebensdauer führt, da ein hinreichend großer Riss bei T= 80 °C mit großer Rissausbreitungsrate zum Bruch führt.

Dieser Einfluss der Mittelspannung sollte mit Hilfe eines geeigneten Schädigungsparameters beschrieben werden können. Untersuchungen zum thermisch-mechanischen Ermüdungsverhalten von Al-Legierungen haben bereits gezeigt, dass das Lebensdauerverhalten mit Hilfe des Schädigungsparameters nach Smith, Watson und Topper gut beschrieben werden kann [55]. Abbildung 8.14 zeigt die Auswertung der bei unterschiedlichen Mittellasten ermittelten Lebensdauern mit Hilfe des Schädigungsparameters nach Smith, Watson und Topper (P_{SWT}.). Dieser berücksichtigt Mittelspannungen implizit durch das Produkt aus Maximalspannung und Totaldehnungsamplitude.

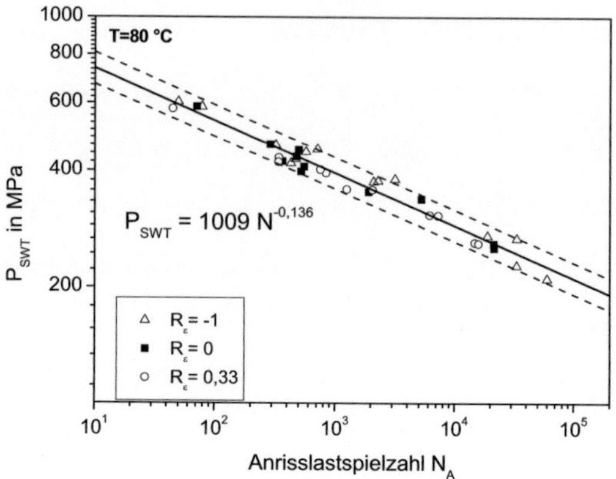

Abbildung 8.14 Schädigungsparameter-Wöhlerlinie nach Swith-Watson-Topper für T= 80 °C

Bei der Ermittlung des Schädigungsparameters werden die bei der halben Anrisslastspielzahl vorliegenden Kennwerte verwendet. Somit wird die Relaxation der Mittelspannung nicht vollständig berücksichtigt. Trotzdem weisen die Daten deutlich kleinere Abweichungen von der Ausgleichsgeraden im Vergleich zu der Streuung bei den Totaldehnungswöhlerlinien auf. Aus diesem Grund kann die Beschreibung der Anrisslebensdauer für unterschiedliche Mitteldehnungen mit dem Schädigungsparameter nach Smith-Watson-Topper als befriedigend betrachtet werden. Zusätzlich kann daraus folgen, dass die Mittelspannung für das Entstehen bzw. die Ausbreitung der Risse verantwortlich ist.

Analog zur Vorgehensweise bei T = 80 °C sollte demzufolge das Schädigungsverhalten mit Hilfe des Schädigungsparameters nach Smith-Watson-Topper beschreibbar sein. Wiederum werden die zur Berechnung von P_{SWT} benötigten

Größen den Hysteresisschleifen bei $N_A/2$ entnommen. Abbildung 8.15 stellt die Schädigungswöhlerlinie für T= 180 °C dar.

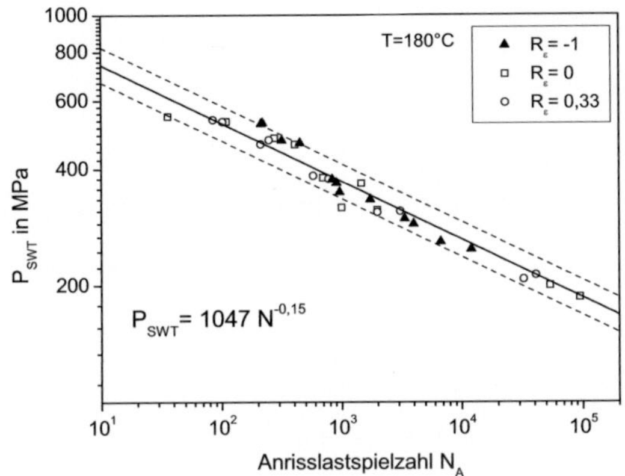

Abbildung 8.15 Schädigungsparameter-Wöhlerlinie nach Swith-Watson-Topper für 180 °C

Auch bei T = 180 °C erweist sich der Smith-Watson-Topper Parameter als gute Annäherung zur Beschreibung des Mittelspannungseinflusses. Bei großen Totaldehnungsamplituden sind wenige Ausreißer zu beobachten. Insgesamt finden sich die Ergebnisse für die untersuchten Lastverhältnisse innerhalb eines akzeptablen Streubands. Vergleicht man die Regressionskonstante der Schädigungsparameter für 80 °C und 180 °C, stellt man fest, dass die beiden Schädigungslinien nahezu den gleichen Anfangswert besitzen, die Steigungen der Schädigungswöhlerlinien aber mit -0,15 für 180 °C und -0,136 für 80 °C leicht unterschiedlich sind. Diese Unterschiede sind aber nicht sehr groß, so dass, wie Abbildung 8.16 belegt, bei einer Auftragung von Versuchsergebnissen bei unterschiedlichen Temperaturen, die meisten Punkte innerhalb eines Streubandes liegen, das um den Faktor +/- 2 um die Ausgleichskurve der Ergebnisse der Versuche bei 80 °C liegt. Der Schädigungsparameter nach Smith-Watson-Topper kann also in begrenztem Umfang auch direkt den Einfluss unterschiedlicher Temperaturen beschreiben.

Wie Abbildung 8.16 belegt, ist das Lebensdauerverhalten für die Temperaturen 20, 80 und 150 °C mit einer Ausgleichgerade zusammenzufassen. Hingegen wird die Schädigung bei 180 °C vom Smith-Watson-Topper wenig unterschätzt. Die gute Beschreibung der Schädigung durch den energiebasierten SWT-Parameter lässt die Schlussfolgerung zu, dass die induzierte Spannung und die damit assoziierte Dehnungsenergiedichte bestimmende Größen für die Schädigung sind. Dies weist darauf hin, dass bessere Ergebnisse zur Beschreibung des Lebensdauerverhaltens mit energiebasierten Parametern erzielt werden können.

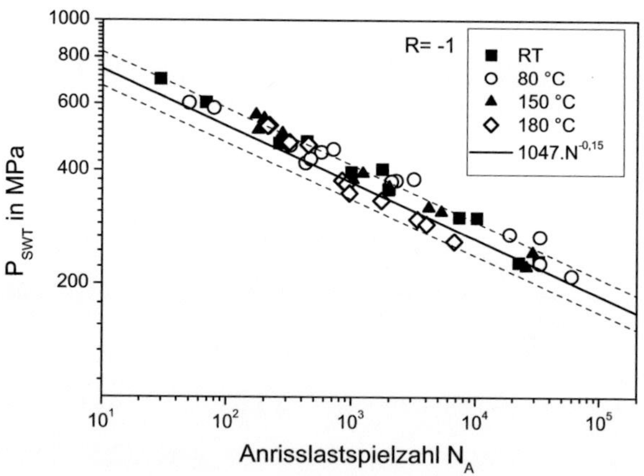

Abbildung 8.16 Beschreibung des Temperatureinflusses mit dem Schädigungsparameter nach Swith-Watson-Topper

Da der Risswachstum einen wesentlichen Anteil der Lebensdauer bei 180 °C darstellt, wird es versucht, das Lebensdauerverhalten mit Hilfe des Schädigungsparameters nach Vormwald zu beschreiben, der auf Wachstum kleiner Risse beruht [104]. Die Berechnung beruht auf einer von Newman [109] angegebenen Näherungsformel, die die Berechnung für eine stabilisierte Schwingbeanspruchung mit konstanter Amplitude erlaubt. Dazu werden die im Abschnitt 2.3.3 angeführten Gleichungen von 8 bis 17 angewandt. Zur Berechnung von P_J wurde die Rissöffnungsspannung σ_{op} jeweils bei $N_A/2$ ermittelt und die übrigen benötigten Größen von der Hystereseschleife abgelesen. In Abbildung 8.17 ist der ermittelte Schädigungsparameter P_J für die untersuchten Dehnungsverhältnisse bei 180 °C dargestellt. Die Lebensdauer bei $R_\varepsilon = -1$ kann in guter Näherung mit einer Gerade beschrieben werden, während die Lebensdauer bei höheren Dehnungsverhältnissen einen relativ großen Streuband aufweist. Das Ergebnis der LCF-Untersuchungen bei 180 °C und $R_\varepsilon = 0$ und $R_\varepsilon = 0,33$ zeigte, dass die induzierte Mittelspannung die LCF-Lebensdauer beeinflusst. Da die Rissöffnungsspannung hierfür bei $N_A/2$ ermittelt wurde, konnte der Einfluss der Mittelspannungsrelaxation dabei nicht miterfasst werden. Daher kann eine rechnergestützte Berechnung die Einflüsse der Reihenfolge bzw. der Mittelspannungsrelaxation eventuell besser beschreiben.

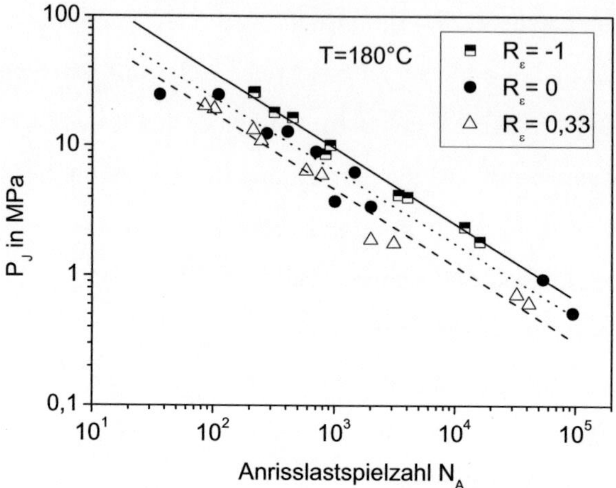

Abbildung 8.17 Schädigungsparameter-Wöhlerlinie P_J nach Vormwald für 180 °C

9 Einfluss der Mehrachsigkeit

Die bisherigen Ergebnisse wurden an glatten Proben ermittelt, also unter einem einachsigen Spannungszustand. In diesem Abschnitt wird der Einfluss der Mehrachsigkeit der Beanspruchung im Bereich der Zeitfestigkeit mit Hilfe von Kerbproben in LCF-Versuchen untersucht. Hierzu wurden nenntotaldehnungskontrollierte Versuche an Rundproben mit einer Umlaufkerbe bei den Temperaturen 80 °C und 180 °C mit einer Prüffrequenz von 1 Hz bei zwei Dehnungsverhältnissen, $R_\varepsilon = -1$ und $R_\varepsilon = 0$ durchgeführt. Die Dehnungsmessung erfolgte mittels eines Hochtemperaturdehnungsaufnehmers mit einer Messstrecke von 15 mm, der symmetrisch über der Kerbe auf die Probe aufgesetzt wurde. Die elastische Kerbformzahl α_k der verwendeten Proben betrug 1,8 nach von Misses. In Bauteilen stellen die konstruktiven Kerben vornehmlich die höchstbeanspruchten Bereiche und daher die anrissgefährdete Stelle dar. Im Rahmen dieser Arbeit wurde neben dem Wechselverformungs- und dem Lebensdauerverhalten auch die Schädigungsentwicklung in unterbrochen LCF-Versuche bei den Temperaturen 80 °C und 180 °C jeweils für $R_\varepsilon = -1$ und $R_\varepsilon = 0$ an polierten Proben mit Hilfe eines Rasterelektronenmikroskops untersucht.

9.1 Isotherme nenndehnungskontrollierte LCF-Versuche mit Kerbproben bei 80 °C

9.1.1 Wechselverformungskurven bei $R_\varepsilon = -1$ und $R_\varepsilon = 0$

Abbildung 9.1 zeigt die Verläufe der Nennspannungsamplituden und der Nennmittelspannungen der Kerbproben als Funktion der Lastspielzahl bei einem Lastverhältnis $R_\varepsilon = -1$.

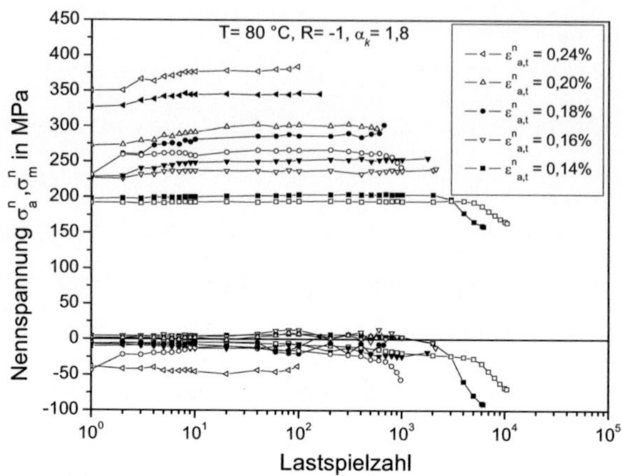

Abbildung 9.1 Verläufe der Nennspannungsamplitude und der Nennmittelspannung der Kerbproben bei T = 80 °C und R_ε = -1

Die Versuche wurden bei den Nenntotaldehnungsamplituden 0,14 %, 0,16 %, 0,18 %, 0,20 % und 0,24 % durchgeführt. Bei allen Versuchen ist die Nennspannungsamplitude nahezu konstant bis zum Auftreten makroskopischer Risse. Sobald makroskopische Rissöffnung auftritt, werden mit der Lastspielzahl zunehmend Drucknennmittelspannungen beobachtet. Bei höheren Nenntotaldehnungsamplituden versagen die Proben spontan ohne vorher erkennbare Makrorissöffnung.

Bei jeder Nenndehnungsamplitude wurden zwei Versuche durchgeführt. Die Versuche weisen betragsmäßig vergleichbare Spannungswerte auf, die im Bereich höherer Beanspruchungen eine gewisse Streuung besitzen. Die induzierte Nennspannungsamplitude lag für eine Nenntotaldehnungsamplitude von 0,14% bei etwa 200 MPa. Mit steigender Nenntotaldehnungsamplitude nehmen die induzierten Nennspannungsamplituden stark zu und erreichen etwa

378 MPa bei 0,24 %. Die Nennmittelspannungen liegen meist im Bereich von -25 bis +10 MPa. Tendenziell werden mit steigender Nenntotaldehnungsamplitude höhere Druckmittelspannungen aufgebaut.

Bei $R_\varepsilon = 0$ wurden die Nenntotaldehnungsamplituden 0,10 %, 0,14 %, 0,16 %, 0,18 %, und 0,20 % untersucht. Abbildung 9.2 zeigt die dabei gemessenen Verläufe der Nennspannungsamplituden und der Nennmittelspannungen in Abhängigkeit der Lastspielzahl. Auch bei diesem Lastverhältnis bleiben sowohl die Nennspannungsamplituden als auch die Nennmittelspannungen bei hinreichend kleinen Nenntotaldehnungsamplituden nahezu konstant, bis makroskopische Anrisse auftreten. Sobald diese vorliegen, nehmen die Nennspannungsamplitude und die Nennmittelspannung kontinuierlich bis zum Versagen der Kerbprobe ab.

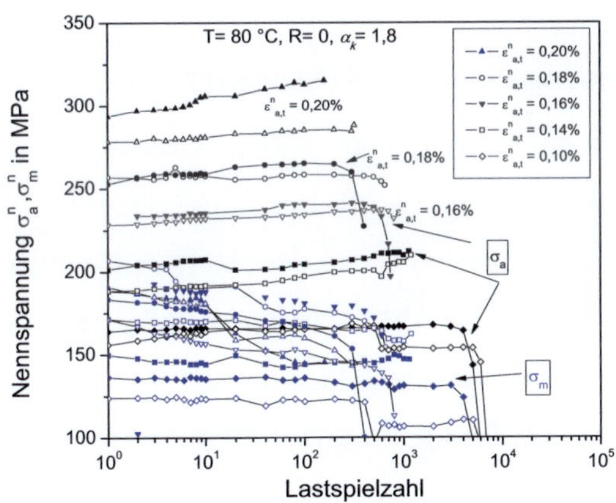

Abbildung 9.2 Verläufe der Nennspannungsamplitude und der Nennmittelspannung der Kerbproben für $R_\varepsilon = 0$

In der makrorissfreien Lebensdauerphase werden bei allen untersuchten Nenntotaldehnungsamplituden positive Nennmittelspannungen induziert, die mit steigender Nenntotaldehnungsamplitude größere Werte annehmen. Bei gleichen Nenntotaldehnungsamplituden werden bei R_ε=0 ähnliche große Nennspannungsamplituden induziert wie in den Versuchen mit R_ε = -1.

Bei höheren Nenntotaldehnungsamplituden relaxieren die zu Beginn der Versuche aufgebauten Nennmittelspannungen. Dabei ist die Mittelspannungsrelaxation bei 0,20 % Nenntotaldehnungsamplitude ausgeprägter als bei 0,18 %. Bei 0,20 % nimmt die Nennmittelspannung von anfänglich etwa 188 MPa um 44MPa bis zum Bruch der Probe nach 320 Zyklen ab. Bei 0,18 % Nenntotaldehnungsamplitude relaxiert die Nennmittelspannung von anfänglich etwa 205 MPa um 30 MPa nach 300 Zyklen und dann weiter auf etwa 160 MPa kurz vor Probenbruch.

9.1.2 Lebensdauerverhalten der Kerbproben bei T= 80 °C

Abbildung 9.3 stellt die bei den untersuchten Nenndehnungsamplituden ermittelten Anrisslebensdauern für die beiden Lastverhältnisse R_ε = -1 und R_ε = 0 gegenüber. Es zeigt sich, dass der Einfluss der Mitteldehnung auf das Lebensdauerverhalten der Kerbproben für T = 80 °C mit steigender Nenndehnungsamplitude zwar abnimmt, im Lebensdauerbereich $N_A > 10^2$ bei identischen Nenntotaldehnungsamplituden positive Mitteldehnungen aber immer zu kürzeren Lebensdauern führen. Auch hinsichtlich des Ausmaßes der Lebensdauerreduzierung reagieren die Kerbproben deutlich empfindlicher auf einer Erhöhung der Mitteldehnung als die glatten Proben.

Beide Effekte fördern die Rissinitiierung und anfänglich Rissausbreitung. Im Bereich kleiner Nenntotaldehnungsamplituden bleiben die bei R_ε = 0 induzierten Zugmittelspannungen und somit höheren Maximalspannungen auch länger erhalten, was den negativen Einfluss einer positiven Mitteldehnung noch verstärkt. Bei $N_A \approx 90$ Zyklen deutet sich ein Übergang des Lebensdauerverhaltens an. In diesem Lebensdauerverlauf ($N_A < 100$) ist - analog zum Lebensdauerverhalten glatter Proben - ein deutlich flacherer Verlauf der Kerbwöhlerlinien zu erwarten [4]. Demzufolge ist kein signifikanter Einfluss der Mitteldehnung bei beiden Lastverhältnissen im Lebensdauerbereich $N_A < 100$ zu erwarten.

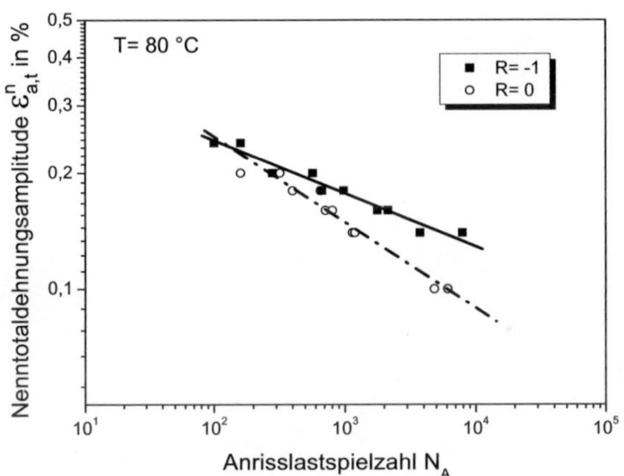

Abbildung 9.3 Vergleich der Anrisslebensdauer der Kerbproben für unterschiedliche Lastverhältnisse R_ε bei T = 80 °C

9.1.3 Schädigungsverhalten der Kerbprobe bei 80 °C

Die Schädigungsentwicklung in der Legierung 2618A im Zustand T6 wurde in unterbrochenen LCF-Versuchen an polierten Kerbproben beispielhaft bei einer Nenndehnungsamplitude von 0,14 % für $R_\varepsilon = -1$ und $R_\varepsilon = 0$ mittels rasterelektronmikroskopischer Untersuchungen analysiert. Abbildung 9.4 zeigt die Probenoberfläche im Kerbgrund nach dem Polieren. Dabei ist zu erkennen, dass sich auch nach dem mechanischen Polieren nur wenige Teilchen von der Werkstoffmatrix herauslösen und nur kleine Mikrokratzer zurückbleiben. Bei den erkennbaren Ausscheidungen handelt es sich offensichtlich um die intermetallische Ausscheidung Mg_2Si. Ansonsten gibt es keine nennenswerten Schädigungen der Probenoberfläche. Die Oberflächenqualität entspricht derjenigen der glatten, polierten Proben (vgl. Abbildung 7.11).

Bei $R_\varepsilon = -1$ werden nach 500 Zyklen (10% N_A) ausgehend von einer schädigungsfreien Oberfläche lokale Plastizierungen an wenigen Korngrenzen gefunden, wie Abbildung 9.5 beispielhaft zeigt. Teilweise sind dort interkristalline Materialtrennungen von weniger als 10 µm Länge erkennbar.

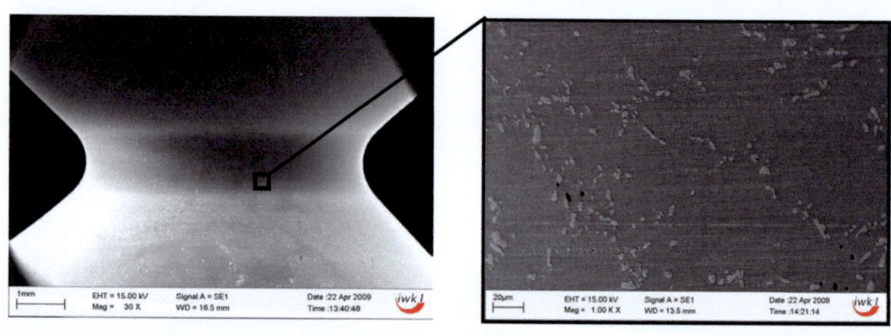

Abbildung 9.4 Oberflächenqualität der Kerbprobe vor den Untersuchungen, links Übersicht, rechts Detailansicht

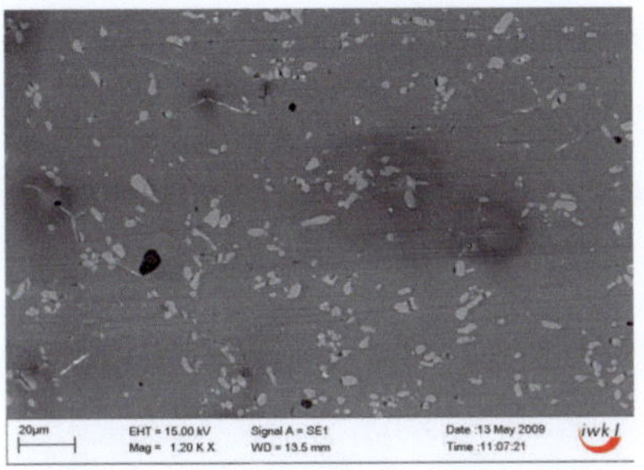

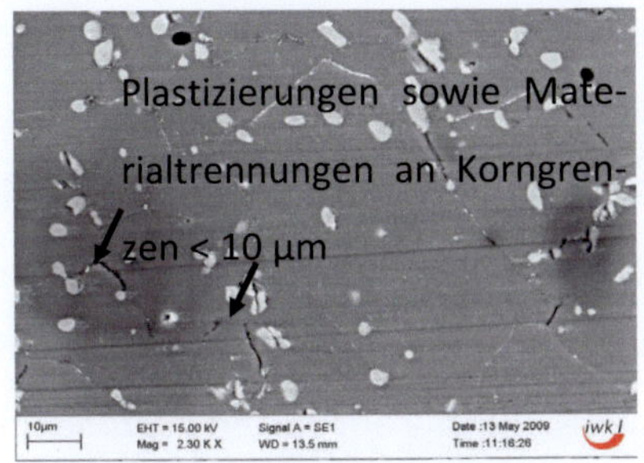

Abbildung 9.5 REM-Untersuchung der Kerboberfläche (links) mit ungleichmäßiger, lokaler Plastizierung der Korngrenzen (rechts) nach 500 Zyklen bei $\varepsilon_{a,t}^{n}$ = 0,14 %, R_ε = -1, T = 80 °C

Nach 1.250 Zyklen, was etwa 25% der Anrisslebensdauer entspricht, wird eine Zunahme der Plastizierung der Korngrenzen und einige interkristalline Mikrorisse, die Längen zwischen 50 und 20µm aufweisen, beobachtet. Dabei war auffällig, dass sich mehr Ausscheidungen aus der Probeoberfläche herauslösen konnten, wie Abbildung 9.6 zeigt.

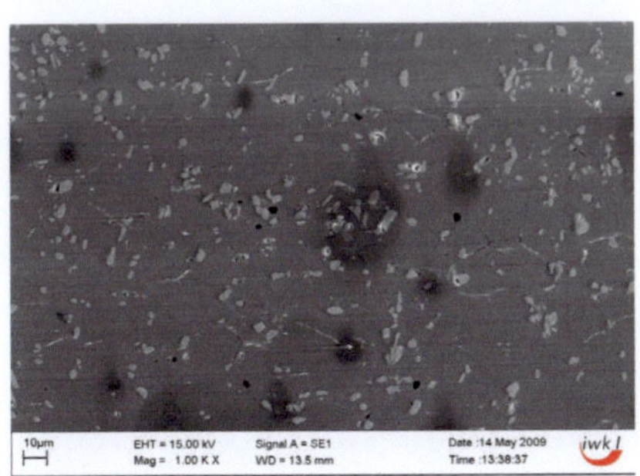

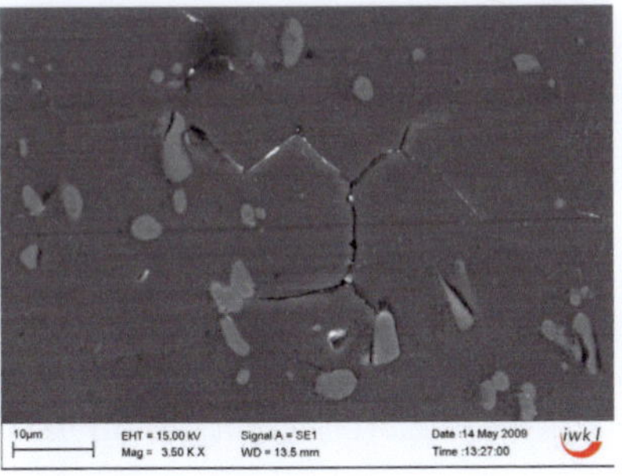

Abbildung 9.6 REM-Untersuchung der Kerboberfläche (links) mit etwa 20 µm langer Mikroriss (rechts) nach 1.250 Zyklen (25% N_A) bei $\varepsilon_{a,t}^{n}$ = 0,14 %, R_ε = -1, T = 80 °C

Die Übersichtaufnahme in Abbildung 9.7 zeigt die Schädigungsmerkmale nach 2.500 Zyklen bzw. etwa 50 % der Anrisslebensdauer. Die Mikrorisse sind interkristallin weiter gewachsen. Die maximalen Risslängen an der Oberfläche liegen bei etwa 50 µm. Zudem weisen mehr Korngrenzen Spuren von plastischen Verformungsvorgängen auf und sind dadurch hervorgehoben. Diese wurden in der Aufnahme am Rasterelektronenmikroskop als Abschattungen beobachtet. Die Flecken in den Abbildungen sind beim Reinigen der Proben im Ultraschallbad entstanden. Offensichtlich reagiert das Material mit der Flüssigkeit lokal unterschiedlich, was ebenfalls auf lokale Materialtrennungen hinweist.

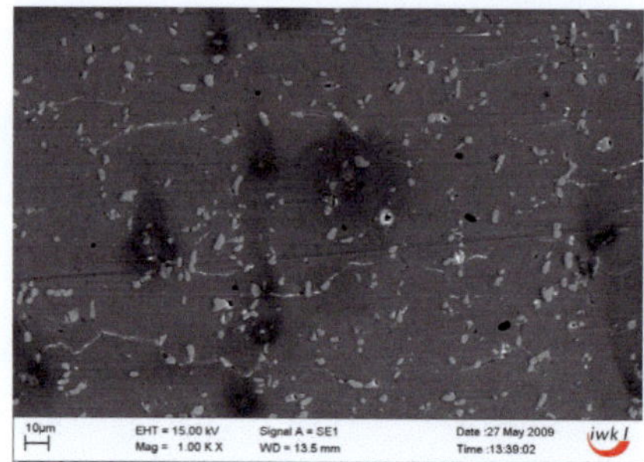

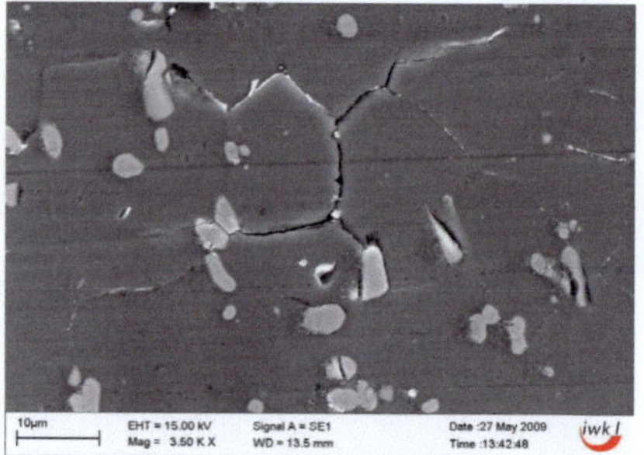

Abbildung 9.7 Interkristalline Mikrorisse von etwa 50 µm nach 2.500 Zyklen (50% N_A) bei $\varepsilon^{n}_{a,t}$ = 0,14 %, R_ε = -1, T = 80 °C, links Übersicht, rechts Detailansicht

Diese Beobachtungen wurden nach 3.750 Zyklen bestätigt. Abbildung 9.8 zeigt, wie sich Mikrorisse überwiegend im Bereich zuvor plastizierter Krongrenzen ausbreiten. Insgesamt wurden mehrere Mikrorisse mit Längen von 80 bis 120 µm gefunden.

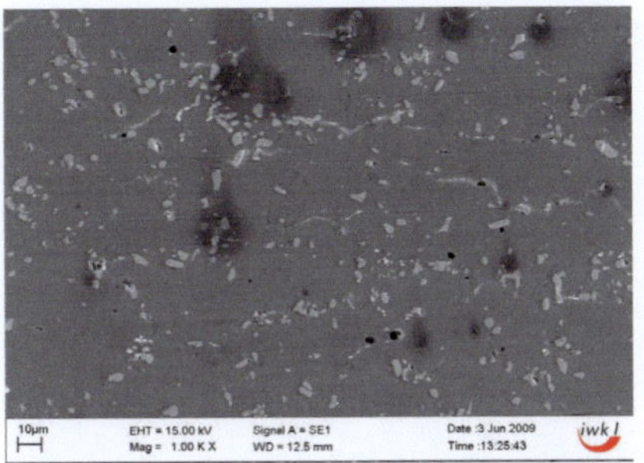

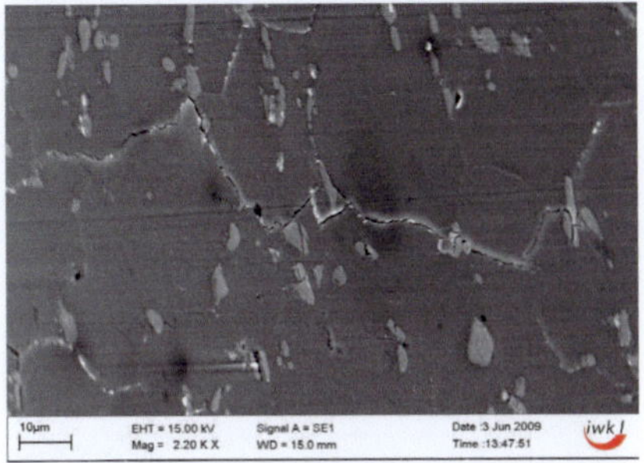

Abbildung 9.8 Mikrorisse von 80 bis 120 µm lang nach 3.750 Zyklen (80% N_A) bei $\varepsilon^{n}_{a,t}$ = 0,14 %, R_{ε} = -1, T = 80 °C, links Übersicht, rechts Detailansicht

Die beobachteten kleinen Risse wachsen in den folgenden Zyklen interkristallin im Kerbgrund weiter. Abbildung 9.9 zeigt ein typisches Beispiel für die Lage und die Länge der bis dahin entstandenen Kurzrisse nach 4.250 Zyklen. Nach wie vor wachsen die Risse interkristallin und teilweise parallel zueinander. Durch die Vereinigung mehrerer kleiner Risse entstehen Risse von bis zu 850 µm Länge. Zwischen unterschiedlichen Kurzrissen liegende Körner bzw. Körnerreste sind teilweise regelrecht aus der Probenoberfläche herausgeschoben.

Nach weiteren 500 Zyklen, d.h. nach insgesamt 4.750 Zyklen haben sich mehrere, teilweise parallel verlaufende Mikrorisse zu einem Kurzriss vereinigt. Wie Abbildung 9.10 belegt, kam es zur Bildung solcher Kurzrisse an mehreren Stellen im Kerbgrund. Der Rissfortschritt erfolgt bevorzugt in den zuvor geschädigten Bereichen an Korngrenzen. Ferner breitet sich der Riss mit einer hohen Geschwindigkeit aus und führt in ungefähr 250 Zyklen zum Bruch.

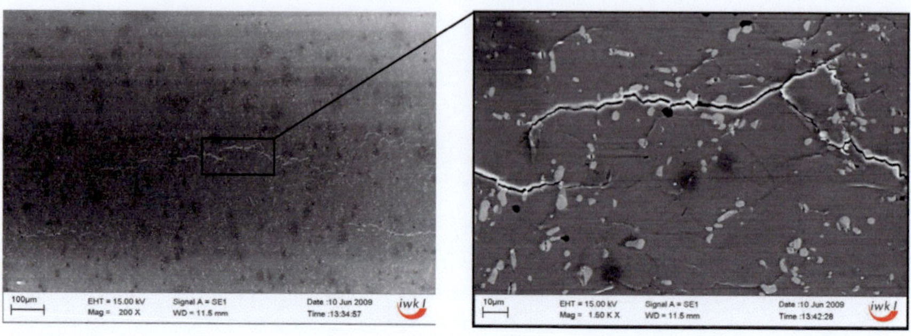

Abbildung 9.9 Vereinigung mehrerer kleiner Risse im Kerbgrund nach 4.250 Zyklen (90% N_A) bei $\varepsilon^n_{a,t}$ = 0,14 %, R_ε = -1, T = 80 °C, links Übersicht, rechts Detailansicht

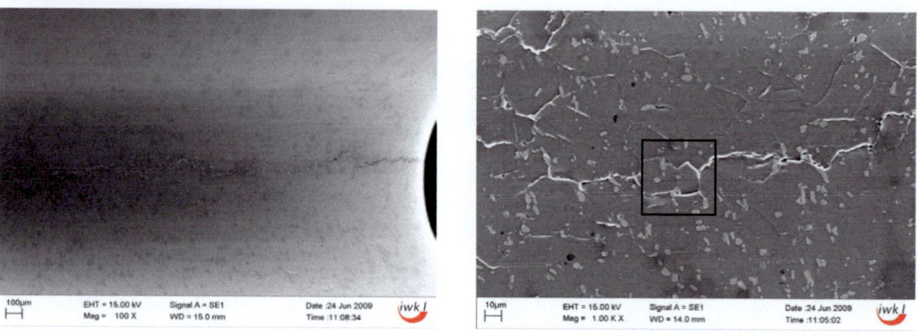

Abbildung 9.10 Makroskopischer Anriss im Kerbgrund durch das Zusammenwachsen kleiner Risse nach 4.750 Zyklen (100% N_A) bei $\varepsilon^n_{a,t}$ = 0,14 %, R_ε = -1, T = 80 °C, links Übersicht, rechts Detailansicht

Die Schädigungsentwicklung bei einem Lastverhältnis von R_ε = 0 wurde ebenfalls für eine Totaldehnungsamplitude von 0,14 % untersucht. Ähnlich wie R_ε = -1 wurden zunächst Bereiche an Korngrenzen lokal plastiziert. In diesen Bereich bilden sich später bevorzugt Mikrorisse, die dann typischerweise interkristallin weiter wachsen. Die Anzahl der beobachteten Mikrorisse war insgesamt deutlich geringer als bei R_ε = -1. Auch bildete sich kein als Makroriss zu bezeichnender Anriss. Vielmehr versagten die Proben, nachdem sich einzelne kleine Risse zu einem Riss mit einer Länge an der Oberfläche von ungefähr 1.000 µm spontan vereinigten. Im Folgenden werden beispielhaft Bilder von der Untersuchung einer Kerbprobe, die nach 1.150 Zyklen versagt ist, wiedergegeben. Abbildung 9.11 links zeigt die Kerbprobe nach 120 Zyklen. Dabei wurden einige Mikrorisse an Korngrenzen mit Längen von etwa 5 µm beobachtet. Eine Ausnahme bildet der in Abbildung 9.11 rechts dargestellte Riss, der bereits eine Länge von 50 µm an der Oberfläche aufwies.

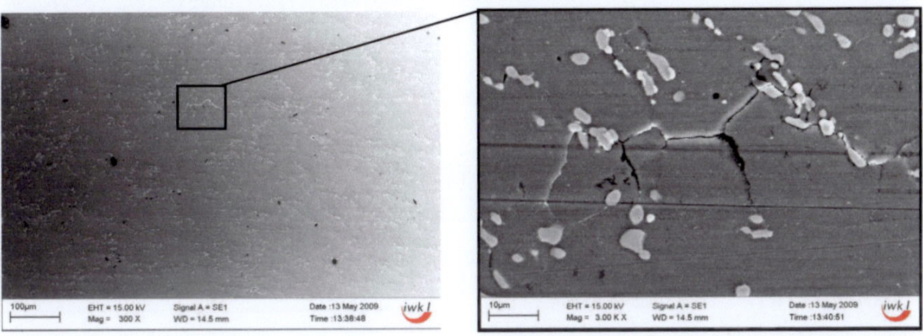

Abbildung 9.11 REM-Untersuchung: Interkristalliner Mikrorissbildung im Kerbgrund (links) mit etwa 50 µm Länge (rechts) nach 120 Zyklen (10% N_A) bei $\varepsilon^n_{a,t}$ = 0,14 %, R_ε = 0, T = 80°C

Mit steigender Zyklenzahl wachsen die einzelnen Mikrorisse weiter. Die Anzahl der geschädigten Korngrenzen und der Mikrorisse ist deutlich kleiner als bei R_ε = -1. Nach 500 Zyklen sind die Mikrorisse zwischen 50 und 250 µm lang. Abbildung 9.12 zeigt beispielhaft einen Riss mit der Länge 250 µm.

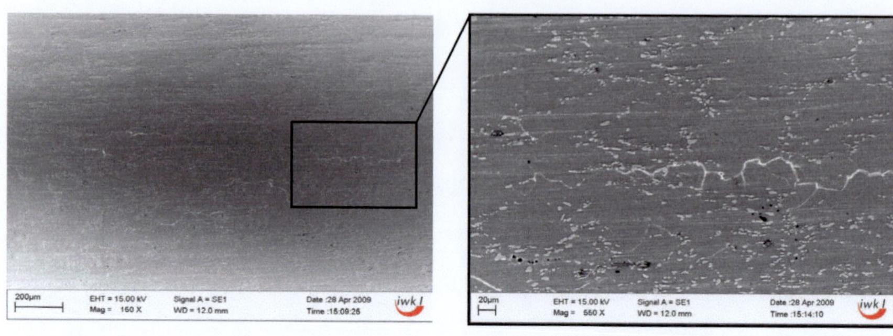

Abbildung 9.12 Interkristalline Risse im Kerbgrund (links) mit bis zu einer Größe von 250 µm (rechts) nach 500 Zyklen (43% N_A) bei $\varepsilon^{n}_{a,t}$ = 0,14 %, R_ε = 0, T = 80 °C

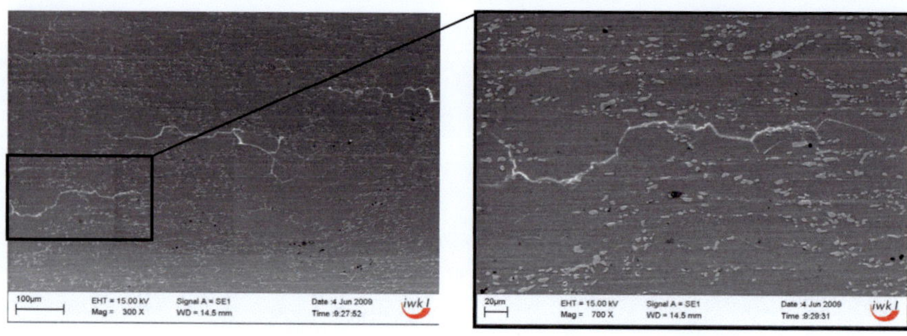

Abbildung 9.13 Mikrorisssituation nach 750 Zyklen (65% N_A) (links) mit Risswachstum um etwa 50 µm (rechts) bei $\varepsilon^{n}_{a,t}$ = 0,14 %, R_ε = 0, T = 80 °C

Auffällig war außerdem, dass durch die plastische Wechselverformung in einzelnen Fällen intermetallische Ausscheidungen aus der Probeoberfläche herausbrechen und Kavitäten hinterlassen. Diese befanden sich überwiegend an Korngrenzen, an denen sich bereits ein Riss gebildet hat. Daher ist die Schädigungswirkung dieser Kavitäten nicht hoch einzuschätzen. Die Anzahl der geschädigten Korngrenzen insgesamt war relativ gering. Für die Schädigungsentwicklung sind daher das Wachstum und das Zusammenwachsen vorhandener Risse wichtig. Abbildung 9.14 zeigt ein Beispiel für die Situation nach 1.000 Zyklen, nach denen sich durch Wachstum in Umfangsrichtung bzw. Vereinigung von mehreren Mikrorissen ein größerer Riss mit einer Länge von etwa 1.000 µm gebildet hat, von dem wahrscheinlich das Versagen der Probe nach insgesamt 1.150 Zyklen ausging.

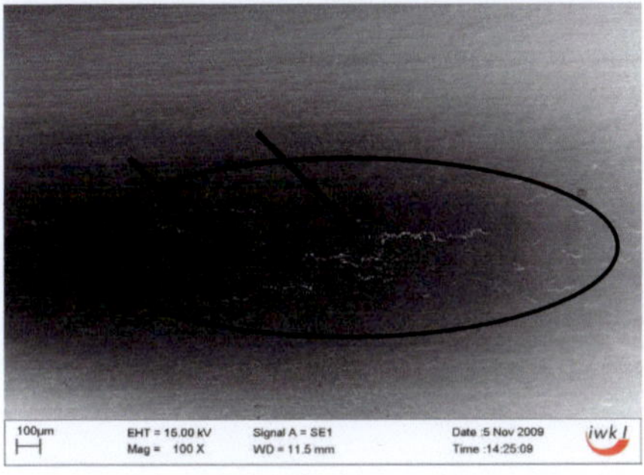

Abbildung 9.14 Versagensrelevanter Riss mit Risskoaleszenz nach 1.000 Zyklen (87% N_A) bei $\varepsilon^n_{a,t}$ = 0,14 %, R_ε = 0, T = 80 °C

9.2 Isotherme nenndehnungskontrollierte LCF-Versuche mit Kerbproben bei 180 °C

Bei 180 °C wurde der Einfluss der Mehrachsigkeit auf das LCF-Verhalten ebenfalls in nenntotaldehnungskontrollierten LCF-Versuchen bei zwei Dehnungsverhältnissen, R_ε = -1 und R_ε = 0, ermittelt. Die LCF-Versuche wurden bei 180 °C auch an Kerbproben mit einer Prüffrequenz von 1 Hz durchgeführt. Außerdem wurde die Schädigungsentwicklung in unterbrochen LCF-Versuchen an polierten Kerbproben bei einer Nenntotaldehnungsamplitude von 0,14 % und für R_ε = -1 sowie R_ε = 0 rasterelektronmikroskopisch untersucht.

9.2.1 Wechselverformungskurven bei R_ε= -1 und R_ε= 0, T= 180 °C

Abbildung 9.15 zeigt die Verläufe der induzierten Nennspannungsamplituden sowie der Nennmittelspannungen bei T = 180 °C für R_ε = -1. Hierfür wurde die Nenntotaldehnungsamplitude zwischen 0,12 % und 0,24 % variiert. Für jede Nenndehnungsamplitude wurde der Versuch einmal wiederholt. Dabei waren die Spannungswerte gut reproduzierbar. Bei allen Versuchen ergab sich zu Beginn der Lebensdauer zunächst eine konstante Nennspannungsamplitude.

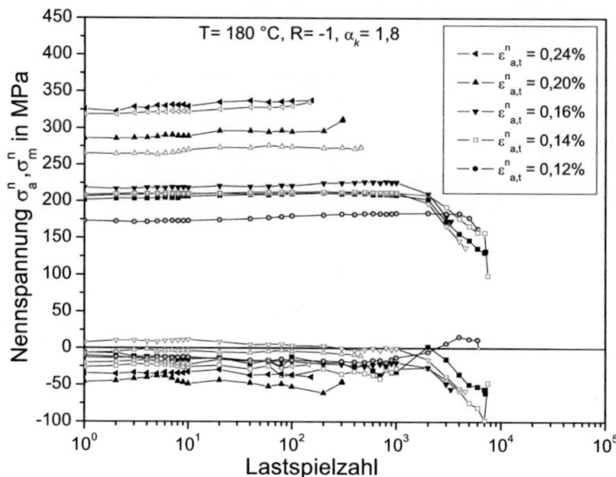

Abbildung 9.15 Verläufe der Spannungsamplitude und Mittelspannung der Kerbproben T = 180 °C bei R_ε= -1

Bei den Nenntotaldehnungsamplituden 0,12 %, 0,14 %, und 0,16 % nimmt dann die Nennspannungsamplitude mit steigender Zyklenzahl ab. Für höhere Nenntotaldehnungsamplituden versagten die Kerbproben durch Gewaltbruch, ohne dass zuvor die Spannungsamplituden abnahmen. Die Nennspannungsamplituden betrugen etwa 205 MPa für 0,14 %, 225 MPa für 0,16 % und 294 MPa für 0,20 %. Die Nennmittelspannungen lagen überwiegend im Druckbereich mit Werten zwischen 8 und -20 MPa. Bei Versuchen, bei denen die Nennspannungsamplituden abnahmen, wurde in der Regel eine parallel dazu verlaufende betragsmäßige Zunahme der Druckmittelspannungen beobachtet. Dies lässt den Schluss zu, dass die Abnahme der Nennspannungsamplitude und der Anstieg der induzierten Druckmittelspannungen durch das Wachstum makroskopischer Risse verursacht werden.

Abbildung 9.16 zeigt die Verläufe der Nennspannungsamplituden sowie der Mittelspannungen bei T = 180 °C für R_ε = 0. Eine Abnahme der Nennspannungsamplitude gegen Ende der Versuche ist bei allen Nenntotaldehnungsamplituden zu erkennen. Eine Ausnahme bilden lediglich die Versuche mit der Nenntotaldehnungsamplitude 0,24 %, bei denen die Probe ohne vorherige Abnahme der Nennspannungsamplitude versagte. Die Nennspannungsamplituden bei diesem Lastverhältnis wiesen einen geringfügigen Unterschied zu denjenigen bei R_ε = -1 auf.

Am höchsten war der Unterschied der Nennspannungsamplitude für die Nenntotaldehnungsamplitude von 0,12 %. Bei dieser wurden zu Beginn der Versuche Nennspannungsamplituden von etwa 181 MPa bei R_ε = -1 und 168 MPa bei R_ε = 0 gemessen. Auch für $\varepsilon_{a,t}^{n}$ = 0,14 % wurden mit etwa 209 MPa bei R_ε = -1 und etwa 199 MPa bei R_ε = 0 für R_ε = 0 etwas kleinere Nennspannungsamplituden beobachtet. Für alle untersuchten Nenntotaldehnungsamplituden stellen sich zu Beginn der jeweiligen Versuche Zugmittelspannungen ein, die mit zunehmender Nenntotaldehnungsamplitude höhere Werte annehmen. Dabei ist eine kontinuierliche Abnahme innerhalb der Anrisslebensdauer zu beobachten. Diese Mittelspannungen nehmen dann durchweg mit steigender Lastspielzahl ab. Hierbei sind zwei Phasen zu unterscheiden: Zunächst erfolgt die Abnahme auf Grund der hohen Temperatur durch Relaxation und zwar umso stärker, je größer die Nenntotaldehnungsamplituden und damit die induzierten Maximalspannungen sind. Bei hinreichend hohen Zyklenzahlen erfolgt zusätzlich ein Abbau der Zugmittelspannungen, wenn makroskopische Risse wachsen.

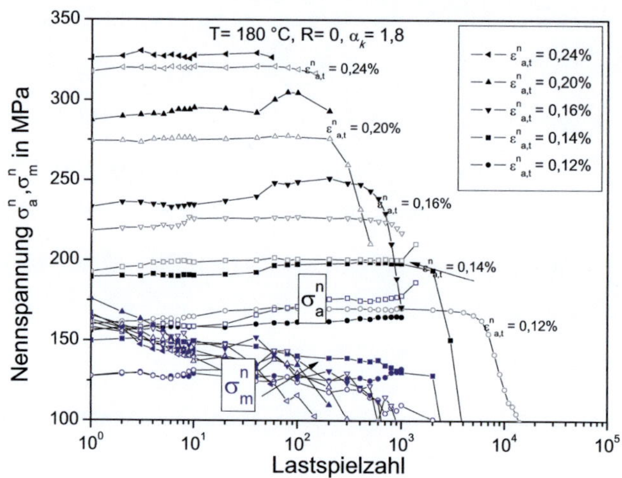

Abbildung 9.16 Verläufe der Nennspannungsamplitude und Nennmittelspannung der Kerbproben bei $R_\varepsilon = 0$ und T = 180 °C

9.2.2 Lebensdauerverhalten der Kerbproben bei T= 180 °C

In Abbildung 9.17 sind die Anrisslebensdauern der Kerbproben bei T = 180 °C für die untersuchten Lastverhältnisse $R_\varepsilon = -1$ und $R_\varepsilon = 0$ gegenübergestellt. Dabei wurden Anrisslebensdauern von 146 bzw. 154 Zyklen für $\varepsilon_{a,t}^n = 0{,}24$ % bis 6.000 bzw. 10.000 Zyklen für $\varepsilon_{a,t}^n = 0{,}12$ % bei $R_\varepsilon = -1$ und von 57 bzw. 147 Zyklen für $\varepsilon_{a,t}^n = 0{,}24$ % bis 3.500 bzw. 7.250 Zyklen für $\varepsilon_{a,t}^n = 0{,}12$ % bei $R_\varepsilon = 0$ ermittelt. Die Anrisslebensdauern streuten bei den einzelnen Nenntotaldehnungsamplituden maximal um den Faktor zwei. Die eingetragenen Regressionsgeraden zeigen, dass bei T = 180 °C eine Erhöhung der Nennmitteldehnung stets zu einer Abnahme der Anrisslebensdauer der Kerbproben führt. Im Gegensatz zu dem Verhalten bei T = 80 °C ist dies bei T= 180 °C unabhängig von der Beanspruchungshöhe.

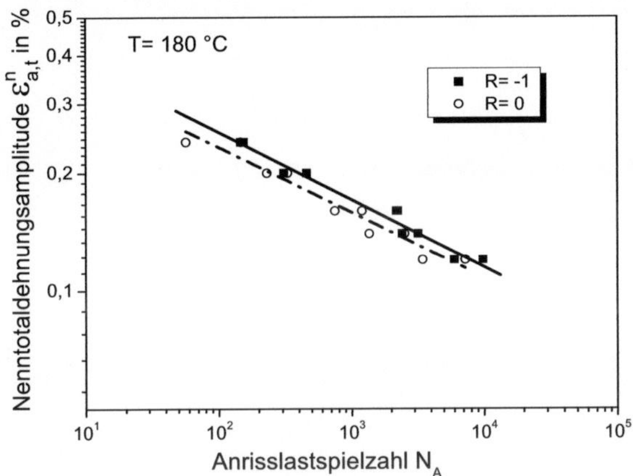

Abbildung 9.17 Vergleich der Anrisslebensdauer der Kerbproben für unterschiedliche Lastverhältnisse R_ε bei T = 180 °C

9.2.3 Schädigungsverhalten

Analog zu den bereits im Abschnitt 9.1.3 vorgestellten Untersuchungen wurde die Schädigungsentwicklung an Kerbproben bei T =180 °C beispielhaft bei einer Nenntotaldehnungsamplitude von 0,14 % mit bei den Lastverhältnissen R_ε = -1 und R_ε = 0 untersucht. Die Untersuchungen erfolgten wiederum in unterbrochenen isothermen LCF-Versuchen, wobei die Probenoberflächen nach unterschiedlichen Lastspielzahlen im Rasterelektronenmikroskop untersucht wurden.

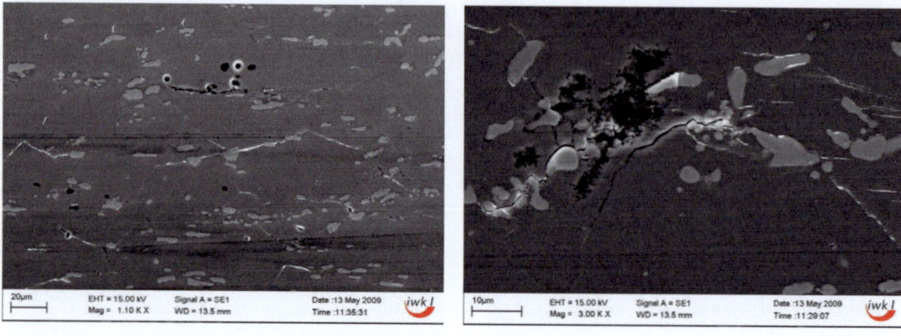

Abbildung 9.18 Interkristalline Mikrorisse (links), Gleitbänder (rechts) sowie herauslösen einzelner Ausscheidungen nach 300 Zyklen (10% N_A) bei $\varepsilon^{n}_{a,t}$ = 0,14%, R_ε= -1,T= 180°C

Ausgehend von einer schädigungsfreien Oberfläche treten bei R_ε = -1 und T = 180 °C die ersten Schädigungen bereits nach 300 Zyklen auf. Abbildung 9.18 zeigt beispielhaft die auftretenden Schädigungs-merkmale.

Wiederum sind korngrenzenahe Bereiche die schwächsten Stellen im Gefüge. Dort bilden sich erste Verformungsspuren und interkristalline Mikrorisse mit Längen von etwa 10 µm. Gleichzeitig können intermetallische Ausscheidungen vereinzelt aus der Matrix herausgelöst werden, die eine zerklüftete Oberfläche hinterlassen. Außerdem finden sich wenige Gleitbänder innerhalb einzelner Körner.

Nach 750 Zyklen hat die Anzahl der Gleitbänder deutlich zugenommen. Vereinzelt haben sich an ihnen auch einige Mikrorisse gebildet, wie Abbildung 9.19 rechts zeigt. Die interkristallinen Mikrorisse haben sich innerhalb der aufgebrachten 450 Zyklen auf Längen von 40 bis 140 µm verlängert (Abbildung 9.19 links).

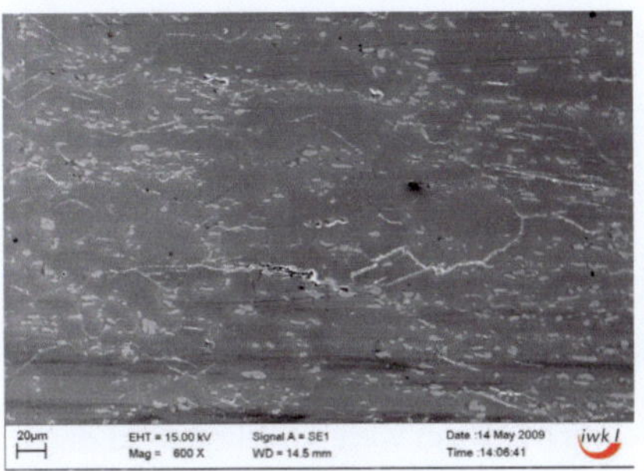

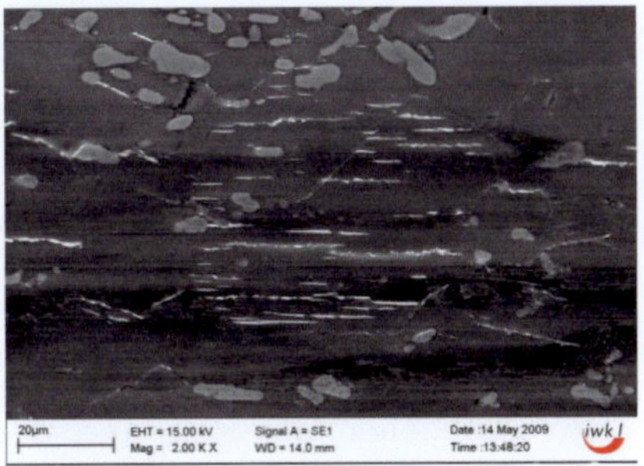

Abbildung 9.19 Oberflächenstruktur nach 750 Zyklen (25% N_A) mit interkristallinen Mikrorissen (links) sowie Gleitbändern (rechts) bei $\varepsilon^n_{a,t}$ = 0,14 %, R_ε = -1, T = 180 °C

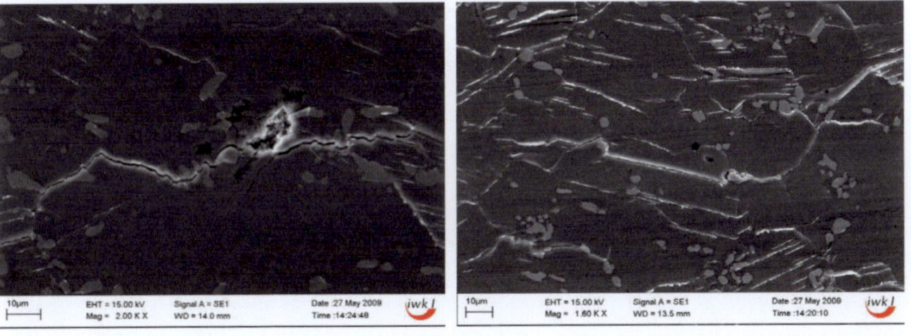

Abbildung 9.20 Mikrorisswachstum an Korngrenzen (links) sowie an Gleitbändern (rechts) nach 1500 Zyklen (50% N_A) bei $\varepsilon^n_{a,t}$ = 0,14 %, R_ε = -1, T = 180 °C

Nach weiteren 750 Zyklen (vgl. Abbildung 9.20) weisen bereits mehr als die Hälfte der Körner z.T. sehr ausgeprägte Gleitbänder auf. Es haben sich größere

Mikrorisse gebildet, die sowohl entlang von Korngrenzen als auch entlang von Gleitbändern verlaufen.

Damit hat zwar der Anteil an transkristallinem Rissverlauf zugenommen, die meisten Mikrorisse verlaufen aber nach wie vor entlang von Korngrenzen. Durch das Zusammenwachsen von interkristallinen und transkristallinen Mikrorissen werden Gesamtrisslängen von 100 bis 200 µm erreicht.

Nach weiteren 750 Zyklen, also insgesamt 2.250 Zyklen, hat sich die Anzahl der vorhandenen Mikrorisse noch deutlich erhöht. An vielen Stellen sind dabei die bereits bei den glatten Proben beobachteten zick-zack-förmigen Risspfade entstanden, die durch das Einbinden von Korngrenzenanrissen und Rissen entlang von Gleitbändern in den Risspfad entstehen. Hierbei werden Gesamtrisslängen von bis zu 400 µm erreicht. Abbildung 9.21 zeigt rechts in einer höheren Vergrößerung Details zum Rissverlauf und links in einer Übersichtsaufnahme die Gesamtsituation im Kerbgrund nach 2.250 Zyklen.

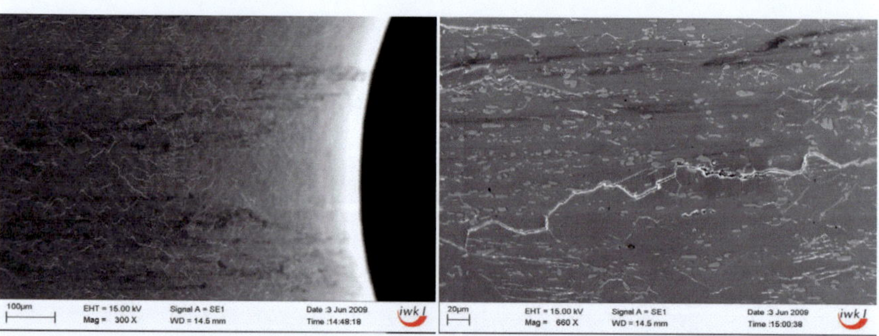

Abbildung 9.21 Oberflächenschädigung im Kerbgrund nach 2.250 Zyklen (80% N_A) bei $\varepsilon^{n}_{a,t}$ = 0,14 %, R_ε = -1, T = 180°C, links Übersicht, rechts Detailansicht

Nach insgesamt 2.700 Zyklen (Abbildung 9.22) zeigt sich eine stark geschädigte Oberfläche, an der sich wegen der starken Verformung die Kornstruktur des Werkstoffes sehr deutlich abbildet. Vereinzelt wurden kleine Körner bzw. Körnerreste aus der Oberfläche herausgelöst. Es hat sich eine Vielzahl von Rissen gebildet, die teilweise durch das Zusammenwachsen mehrerer kleiner Risse entstanden sind und eine Gesamtlänge von etwa 400 bis 1.200 µm aufweisen.

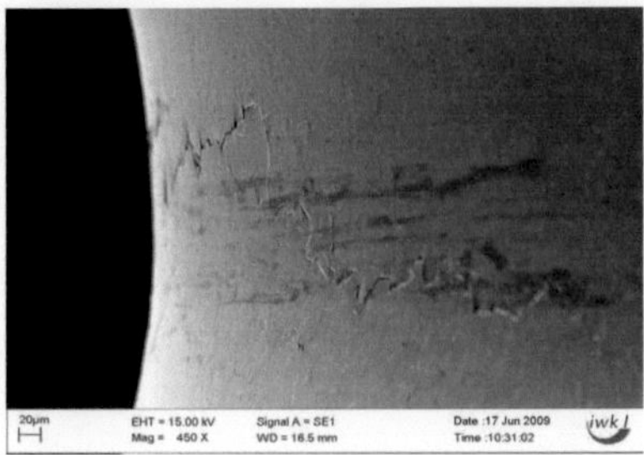

Abbildung 9.22 Riss 1,2mm nach 2700 Zyklen (95% N_A) bei $\varepsilon^{n}_{a,t}$ =0,14 %, R_ε = -1, T= 180 °C

Das Zusammenwachsen der vorhandenen Mirkorisse setzt sich mit steigender Lastspielzahl fort. Nach 2.850 Zyklen haben sich so viele Mikrorisse zusammengeschlossen, dass ein Riss entstanden ist, der praktisch den gesamten Umfang der Probe im Kerbgrund umfasste und nach weiteren 150 Zyklen den Bruch der Probe auslöste. Abbildung 9.23 zeigt links einen Ausschnitt aus diesem umlaufenden Anriss nach 2.850 Zyklen und rechts eine Aufnahme der Bruchfläche der nach 3.000 Zyklen gebrochenen Probe. Der teilweise zickzack-förmige Rissverlauf an der Oberfläche bildet sich in treppenstufenähnlichen Strukturen am Probenrand ab, die etwa 100 µm tief reichen. Es ist zu vermuten, dass dies auch die Tiefen sind, bis zu der die entstandenen Risse individuell gewachsen sind, bevor sie sich mit benachbarten Rissen vereinigt haben und dann als Gesamtriss weiter ins Innere der Probe gewachsen sind.

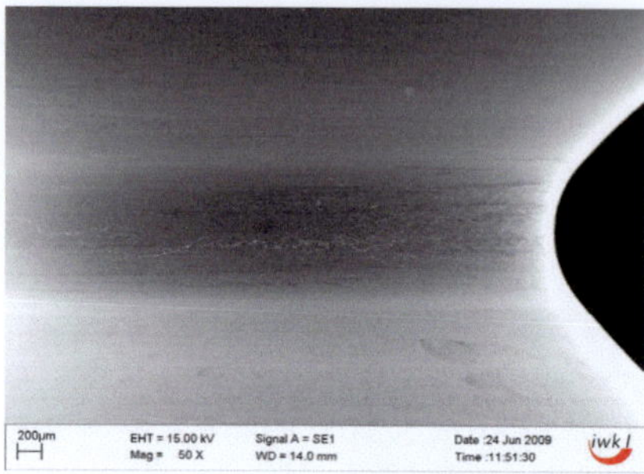

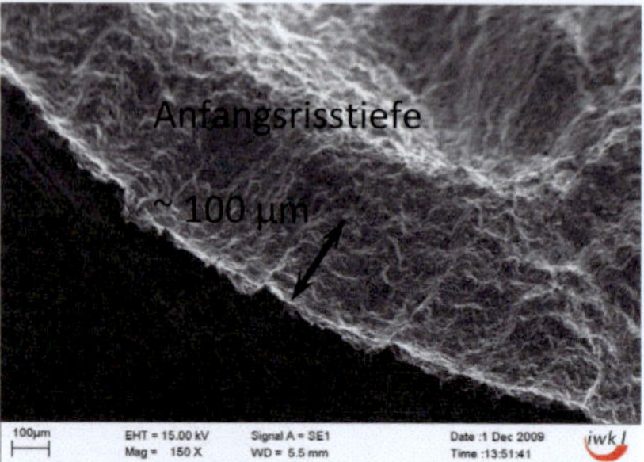

Abbildung 9.23 Im Kerbgrund umlaufender Oberflächenanriss nach 2.850 Zyklen bei $\varepsilon^{n}_{a,t}$ = 0,14 %, R_{ε} = -1, T = 180 °C (links) und Ausschnitt aus der Bruchfläche (rechts)

Auch für R_{ε} = 0 wurde die Schädigungsentwicklung exemplarisch bei der Nenntotaldehnungsamplitude 0,14% untersucht. Da mit einer kürzeren Lebensdauer zu rechnen war, wurde die Oberfläche der Kerbprobe in kürzeren Intervallen am Rasterelektronenmikroskop untersucht. Bereits nach dem ersten Lastintervall von 120 Zyklen wurden die ersten Mikrorisse gefunden, die ausschließlich an Korngrenzen entstanden sind und eine Länge von 5 bis 10 µm aufweisen. Abbildung 9.24 zeigt beispielhaft einige dieser interkristallinen Mikrorisse.

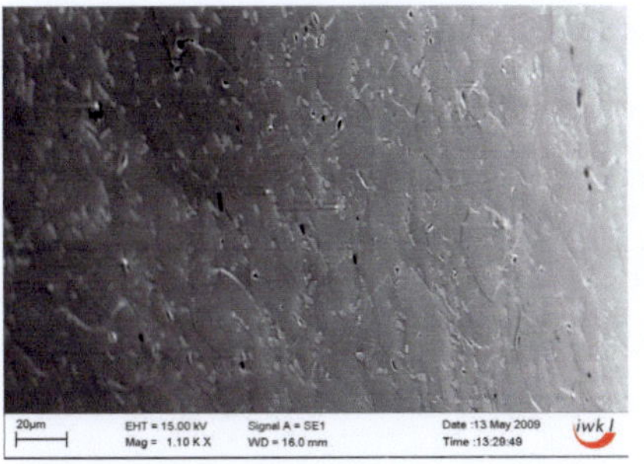

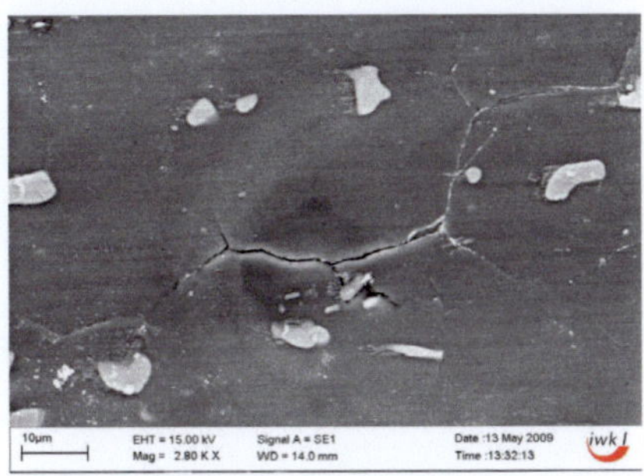

Abbildung 9.24 Interkristalline Mikrorisse nach 120 Zyklen (10% N_A)
bei $\varepsilon^n_{a,t}$ = 0,14 %, R_ε= 0, T = 180 °C, links Übersicht, rechts Detailansicht

Auch die Wechselwirkungen zwischen den interkristallinen und den transkristallinen Rissen erfolgt bei beiden Lastverhältnissen ähnlich. Durch die abwechselnde Einbindung von Mikrorissen an Korngrenzen und Gleitbändern in den Risspfad entstehen zick-zack-förmige Verläufe von längern Mikrorissen. Nach 900 Lastzyklen erstreckten sich die meisten Mikrorisse über ein oder zwei Körner. Mit weiter zunehmender Zyklenzahl vereinigten sich diese Mikrorisse weiter und es entstehen längere treppenähnliche Verläufe. Abbildung 9.26 zeigt beispielhaft einen derartigen Riss nach 1090 Zyklen.

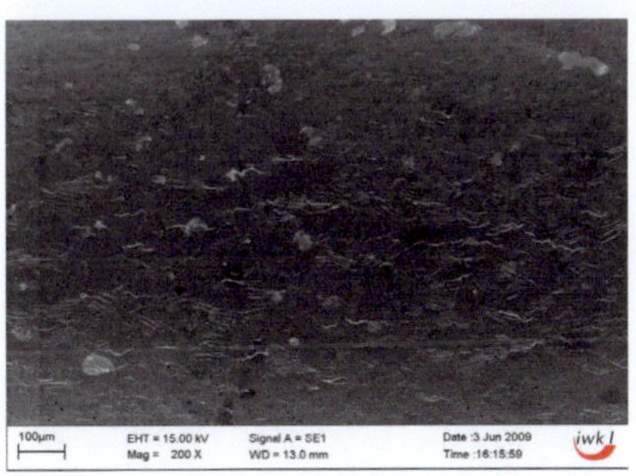

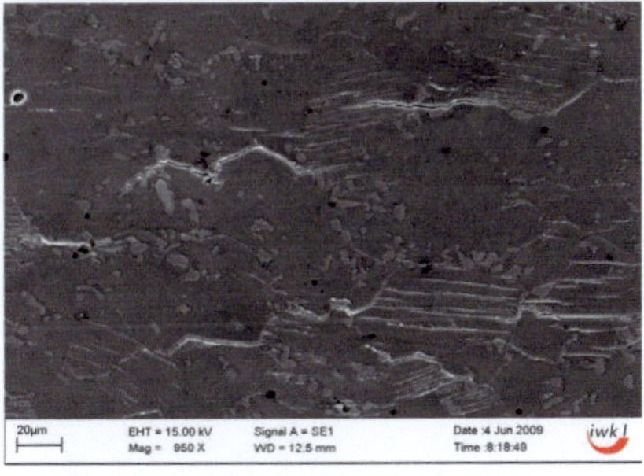

Abbildung 9.25 Mikrorisse im Kerbgrund nach 900 Zyklen(70% N_A),
bei $\varepsilon^n_{a,t}$ = 0,14 %, R_ε = 0, T = 180°C, links Übersicht, rechts Detailansicht

Zu diesem Zeitpunkt wurden Mikrorisse mit Risslängen von 150 bis 250 µm, die sich über mehrere Körnern erstrecken, gefunden. Gleichzeitig hat sich die Anzahl ausgeprägter Gleitbänder sowie transkristalliner Mikrorisse an derartigen Gleitbändern weiter erhöht. Der Probenbruch erfolgte nach weniger als 200 Zyklen nach diesem Beobachtungszeitpunkt. Offensichtlich führte ein Zusammenwachsen mehrer kleinerer Mikrorisse zu einem hinreichend langen und tiefen Riss, der den Bruch der Kerbprobe verursachte. Neben einer qualitativen Vorstellung zur Entwicklung der Ermüdungsschädigung in der Form von Mikrorissen haben die Oberflächenuntersuchungen gezeigt, dass bei T = 180 °C die Bildung ausgeprägter Gleitbänder allein von der Lastspielzahl abhängt.

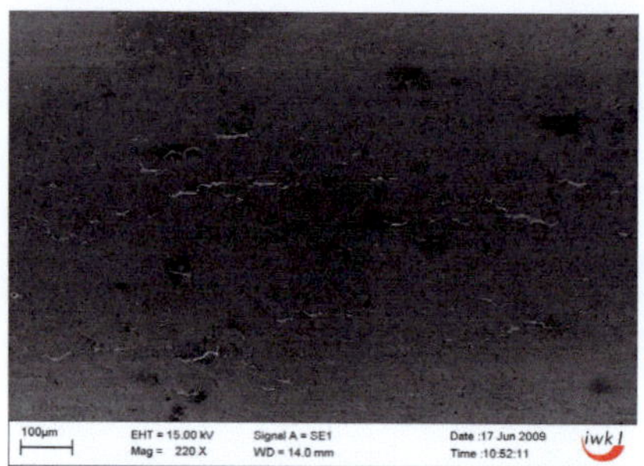

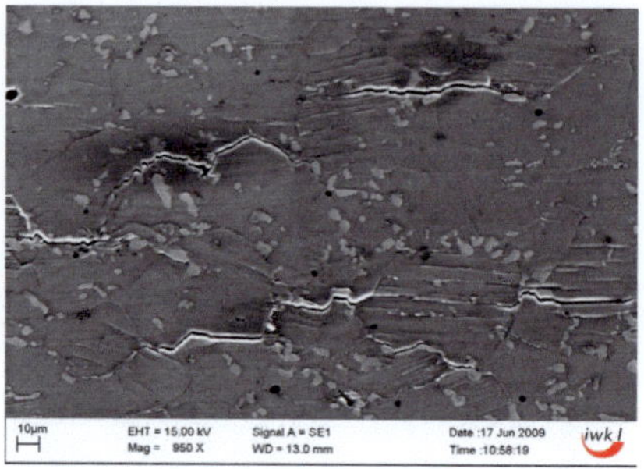

Abbildung 9.26 Risse im Kerbgrund nach 1090 Zyklen (85% N_A)
bei $\varepsilon^{n}_{a,t}$ = 0,14 %, R_ε= 0, T = 180°C, links Übersicht, rechts Detailansicht

9.3 Diskussion

In Abbildung 9.27 ist das Lebensdauerverhalten der Kerbproben aus der Al-Knetlegierung 2618A bei allen untersuchten Nenntotaldehnungen in Abhängigkeit der Temperatur sowie des Lastverhältnisses zusammengefasst.

Wie bei den glatten Proben sinkt die Lebensdauer mit zunehmendem Lastverhältnis ab (vgl. Abbildung 8.6). Der Lebensdauerabfall ist jedoch bei 80 °C ausgeprägter, da höhere Maximalspannungen sowie Mittelspannungen insbesondere bei kleineren Nenndehnungsamplituden aufgrund des steileren Anstiegs der Verfestigungskurve bei 80 °C im Kerbgrund induziert werden. Demzufolge unterscheiden sich die induzierten Mittelspannungen (vgl. Abbildung 8.13). Während für R_ε = -1 geringfügige Druckmittelspannungen auftreten (vgl. Abbildung 9.1), werden bei R_ε = 0 deutliche Zugmittelspannungen induziert (vgl. Abbildung 9.2). Bei 80 °C und hohen Beanspruchungen relaxieren die bei unterschiedlichen Lastverhältnissen unterschiedlichen induzierten Mittelspannungen schnell. Aus diesem Grund liegt die Lebensdauer bei großen Nenntotaldehnungsamplituden im gleichen Streubereich. Bei niedrigeren Beanspruchungen hingegen bleiben Unterschiede der induzierten Mittelspannungen erhalten, so dass sich die Lebensdauern unterscheiden. Daraus lässt sich die Schlussfolgerung ableiten, dass der ungünstige Einfluss des Lastverhältnisses am stärksten bei 80 °C insbesondere im Bereich kleiner Nenntotaldehnungsamplituden ist.

Im Unterschied zu T= 80 °C führt bei T= 180 °C die bei R_ε = 0 im Vergleich zu R_ε = -1 vorgegebene positive Nennmitteldehnung zu einer leichten Verringerung der Lebensdauer bei allen untersuchten Nenntotaldehnungsamplituden, wie Abbildung 9.17 zeigt. Diese Verringerung der Lebensdauer bei sämtlichen Totaldehnungsamplituden aufgrund Erhöhung des Lastverhältnisses wurde bei 180 °C auch an den glatten Proben beobachtet (vgl. Abbildung 8.12). Daher dürfte das Lebensdauerverhalten bei dieser Temperatur im Wesentlichen von den im Kerbgrund lokal induzierten wahren Spannungen bestimmt sein. Die Maximalkerbspannungen wurden für 180 °C und R_ε = 0 nach Neuber (Gleichung 19 und 20) rechnerisch ermittelt. Dabei beträgt die Kerbspannung z.B. für $\varepsilon^{n}_{a,t}$ = 0,24 %, R_{ε}= 0 etwa 410 MPa und $\varepsilon^{n}_{a,t}$ = 0,12 %, R_{ε}= 0 etwa 345 MPa, während für $\varepsilon^{n}_{a,t}$ = 0,24 %, R_{ε}= -1 etwa 355 MPa und $\varepsilon^{n}_{a,t}$ = 0,12 %, R_{ε}= -1 etwa 255 MPa. Bei R_{ε}= -1 liegt die Kerbspannung nur bei höchsten Nenntotaldehnungsamplituden im Bereich der ermittelten Zugfestigkeit (vgl. Tabelle 5.1). Bei R_{ε}= 0 überschreiten die Kerbspannungen hingegen die in den Kurzzeitkriechversuchen untersuchte Spannung (344 MPa) deutlich, die innerhalb sehr kurzer Zeit (80 Sekunden) zum Kriechbruch führte (vgl. Abbildung 5.6 links). Bei hohen Nenntotaldehnungsamplituden ist der Werkstoff für einen Teil der Zykluszeit der hohen Zugspannung ausgesetzt (vgl. Abbildung 8.7 Hysterese bei $\varepsilon_{a,t}$= 1,2%). Daraus kann man die Schlussfolgerung ziehen, dass das Kriechen bei 180 °C und R_{ε} = 0 zur Schädigung der Kerbprobe insbesondere bei hohen Nenntotaldehnungsamplituden beiträgt. Demzufolge führt das höhere Lastverhältnis zusätzlich zur Kriechschädigung und somit zur Verringerung der Lebensdauer der Kerbproben. Bei 180 °C relaxieren die Mittelspannungen bei allen untersuchten Beanspruchungen während des LCF-Versuchs (vgl. Abbildung 9.16). Also ist der Einfluss des Lastverhältnisses bei 180 °C und niedrigen Nenntotaldehnungsamplituden niedriger als bei 80 °C. Die Kriechschädigungskomponente ist aber bei höheren Mitteldehnungen etwas stärker, was schlussendlich zur Verschiebung der Ausgleichgeraden für R_{ε} = 0 zu etwas kleineren Lebensdauern führt.

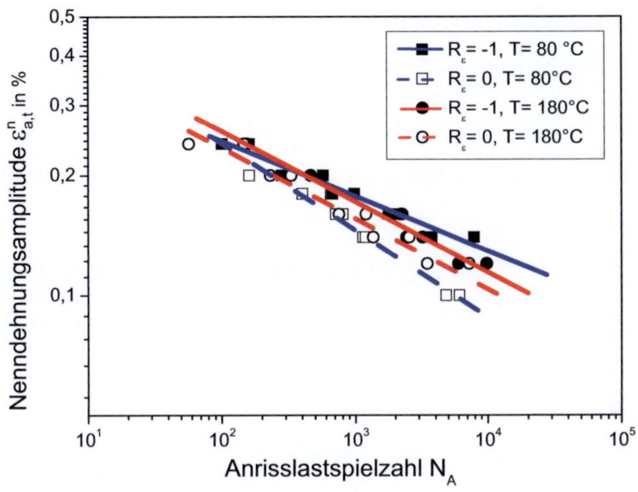

Abbildung 9.27 Vergleich der Anrisslebensdauer der Kerbproben für unterschiedliche Temperaturen und Lastverhältnisse

Obwohl an den glatten Proben höhere Anrisslebensdauer bei T = 180 °C als bei T = 80 °C ermittelt wurden (vgl. Abbildung 7.31), waren die Anrisslebensdauer der Kerbproben bei 180 °C geringer. Durch den Vergleich der Schädigungsuntersuchungen ist festzustellen, dass der gesamte Kerbgrund bei 180 °C nach einer bestimmten Lastspielzahl sowohl mit interkristallinen als auch mit transkristallinen Rissen behaftet ist (vgl. Abbildung 9.22). Das Versagenskriterium wird in diesen nenndehnungskontrollierten Versuchen an Kerbproben erreicht, wenn die Nennmaximalspannung um 10 % abfällt. Der Spannungsabfall ist in der Auftragung der Nennspannungsamplitude über der Schwingspielzahl z.B. in Abbildung 9.17 ersichtlich. Die Risswachstumsphase macht einen großen Anteil der Lebensdauer bei 180 °C aus (vgl. Abbildung 7.36). Dadurch bildet sich der technische Riss relativ früher im Vergleich zum Schädigungsvorgang bei 80 °C. Somit können sich die Risse nach relativ weniger Lastspielzahl als bei 80 °C vereinigen und zum Anriss führen, wodurch der 10%-ige Spannungsabfall früher erreicht wird.

Weiter ist zu berücksichtigen, dass die plastische Verformung an den glatten Proben in der gesamten Messlänge erfolgt, so dass die gemessene Dehnung der auftretenden Dehnung im Werkstoff entspricht. Bei den gekerbten Proben hingegen findet die Plastizierung lokal im Kerbgrund statt. Dort treten große plastische Verformung im Randbereich auf, während der Restquerschnitt der Probe makroskopisch elastisch beansprucht wird [5]. Die Untersuchungen haben gezeigt, dass das Lebensdauerverhalten sowohl bei 80 °C als auch bei 180 °C vom Schädigungsparameter P_{SWT} mit guter Näherung beschrieben werden kann (vgl. Abbildungen 8.14 und 8.15). Für beide Darstellungen lässt sich das Lebensdauerverhalten glatter Proben mit einer Ausgleichsgerade zusammenfassen.

Nach dem örtlichen Konzept (vgl. Abbildung 2.21) kann die Lebensdauervorhersage der Kerbprobe unter der Annahme erfolgen, dass sich der Werkstoff im Kerbgrund hinsichtlich Verformung und Anriss ähnlich wie eine dort gedachte ungekerbte axialbelastete Vergleichsprobe verhält [73]. Die Neuber-Gleichung (Gleichung 19) hat sich in einem großen Formzahlbereich als gute Näherung zur Ermittlung der Kerbbeanspruchung erwiesen [73, 83, 130]. Für einen vorgegebenen Nennspannungswert bestimmt sich die Hook'sche Spannung auf der elastischen Geraden mit der geltenden Formzahl als Produkt [83]. Die Nennspannung wird für die untersuchten Nenntotaldehnungsamplituden aus dem Verhältnis der im jeweiligen LCF-Versuch gemessenen Normalkraft zur Querschnittfläche im Kerbgrund berechnet. Um die örtliche Beanspruchung zu berechnen (zwei Unbekannte: Kerbspannung und Kerbdehnung), wird eine weitere Gleichung benötigt. Dies ist die Ramberg-Osgood-Gleichung (Gleichung 20) der zyklischen Spannungs-Dehnungs-Kurve, deren Konstanten für die untersuchten Temperaturen bereits ermittelt wurden (vgl. Abbildung 7.9 und 7.26). Die im Kerbgrund wirkende Spannungsamplitude und die zugehörige elastisch-plastische Gesamt-Dehnungsamplitude ergibt sich von der Nennspannung ausgehend als Schnittpunkt der Neuber-Hyperbel mit der zyklischen Spannungs-Dehnungs-Kurve [83].

Zur Ermittlung der Anrisslebensdauer im Kerbgrund wurde die an den glatten Proben ermittelte Schädigungsparameter-Wöhlerlinie P_{SWT} (vgl. Abbildungen 8.14 und 8.15) herangezogen. In Abbildung 9.28 ist das gerechnete Anrisslebensdauerverhalten der Kerbproben bei allen untersuchten Nenntotaldehnungen in Abhängigkeit der Temperatur und des Lastverhältnisses exemplarisch dargestellt. Die Lebensdauervorhersage kann das ermittelte Lebensdauerverhalten der Kerbproben teilweise beschreiben. Das Diagramm zeigt die im Versuch ermittelte Tendenz (Abbildung 9.27), dass die Lebensdauer der Kerbproben mit zunehmendem Lastverhältnis, insbesondere bei kleinen Nenntotaldehnungsamplituden, abnimmt. Dabei ist auch festzustellen, dass der Einfluss des Lastverhältnisses bei 80 °C ausgeprägter als bei 180°C ist, da die Berechnung die niedrigsten Lebensdauern für 80 °C und $R_\varepsilon = 0$ vorhersagt. Im Gegensatz zum Versuch ist kein großer Unterschied in der Wirkung des Lastverhältnisses zwischen 80 °C und 180 °C zu erkennen. Bei beiden Temperaturen ist ein steileres Abfallen der Lebensdauer für $R_\varepsilon = 0$ als für $R_\varepsilon = -1$ in Abbildung 9.28 zu erkennen. Ein Vergleich der gerechneten Anrisslebensdauer mit der im Versuch ermittelten Anrisslebensdauer der Kerbproben zeigt, dass die Anrisslebensdauer nach dem Ansatz von Neuber überwiegend unterschätzt wird. In Abbildung 9.29 ist die gerechnete Anrisslebensdauer im Verhältnis zur im Versuch ermittelten Anrisslebensdauer dargestellt.

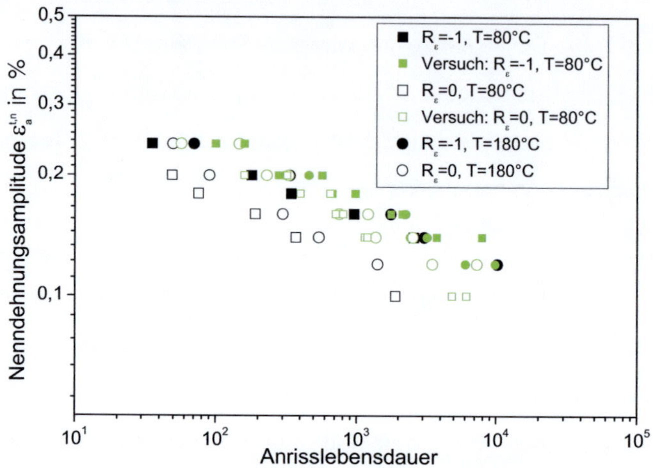

Abbildung 9.28 Vorhersage des Lebensdauerverhaltens der Kerbproben (schwarze Symbole) über das Lebensdauerverhalten der glatten Proben mit dem Ansatz von Neuber und P_{SWT} im Vergleich zu den ermittelten Anrisslebensdauern (grüne Symbole)

Die Vorhersage ergibt jedoch eine recht gute Übereinstimmung mit den Versuchsergebnissen für 180 °C und R_ε = -1. Der Grund dafür liegt darin, dass die gerechnete Kerbspannung aufgrund des steileren Anstiegs der Verfestigungskurve bei 80 °C (vgl. Abbildung 7.9) überbewertet wird. Ebenfalls bei 180 °C wurde die Kerbspannung für R_ε = 0 überschätzt. Infolge dessen wurden kürzere Lebensdauern für 180 °C, R_ε = 0 sowie für 80 °C vorhergesagt. Über FEM-Modellierung der Kerbbeanspruchung sollte eine bessere Treffsicherheit erzielt werden können.

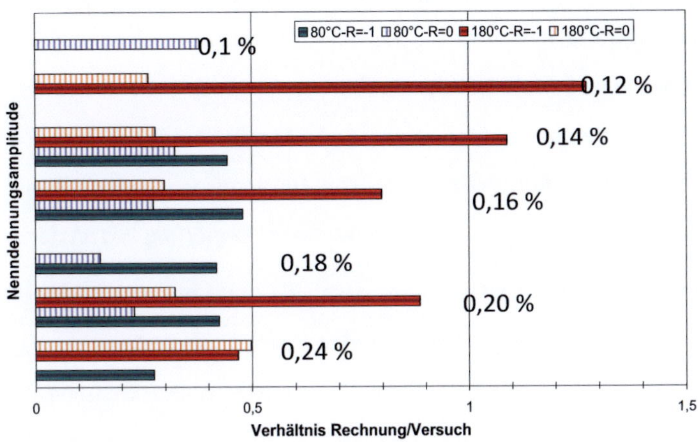

Abbildung 9.29 Das Verhältnis der gerechneten Anrisslebensdauern der Kerbproben zum Mittelwert der im Versuch ermittelten Anrisslebensdauern

Im Bereich der Kurzzeitermüdung (LCF) muss neben der Spannungshöhe und den davon abhängigen plastischen Dehnung im Kerbgrund der Rissforschritt berücksichtigt werden. Allerdings ist eine allgemeingültige Beschreibung des Rissfortschritts in Kerben unter mehrachsigen Beanspruchungen schwierig [104, 105]. Der Rissfortschritt im Kerbgrund wird bis zu einem halbkreisförmigen Anriss nach Vormwald mittels ΔJ-Integral unter Einfluss des Rissschließens (P_J-Konzept) für eine Lochscheibe befriedigend beschrieben. Hingegen ergibt das einfache P_J-Konzept für gekerbte Rundproben aus der Al-Legierung 7075 gerechnete Schwingspielzahlen, die kleiner als die im Wöhlerversuch ermittelten Lebensdauer sind [128, 129].

Grundsätzlich unterscheidet sich die Schädigungsentwicklung bei glatten und gekerbten Proben nicht. Im Allgemeinen können die klassischen Rissbildungs-

und Fortschrittsstadien die Schädigungsentwicklung dieser hochfesten Al-Legierung nur teilweise beschreiben. Die mikrostrukturellen Untersuchungen zeigten, dass der Riss sowohl bei der Rissbildung als auch beim Rissforschritt die schwächste Stelle im Gefüge sucht (vgl. Abschnitte 7.2.3 und 7.4.3). Grundsätzlich stellen die Korngrenzen hier kein Hindernis weder für die Mikrorissbildung noch für das Kurzrisswachstum bei der Al-Legierung 2618A dar.

Zusammenfassend kann gesagt werden, dass sich auch bei den Kerbproben zunächst lokale Verformungsmerkmale an den Korngrenzen bilden. An derart geschädigten Korngrenzen bilden sich dann auch erste mikroskopische Risse, die dann überwiegend entlang der Korngrenzen wachsen. Die mehrachsige gradientenbehaftete Beanspruchung im Kerbgrund beschleunigt lediglich den Schädigungsprozess im Vergleich zur homogenen Beanspruchung glatter Proben und fördert die Rissausbreitung in Umfangsrichtung im Vergleich zum Tiefenwachstum.

Im Bereich niedriger Temperatur (T= 80 °C) erfolgt die Mikrorissbildung und somit die Schädigung ausschließlich an Korngrenzen (vgl. Abbildungen 9.5 - 9.14). Im Allgemeinen wurde sie durch die Schädigungsversuche bestätigt, dass die Korngrenzen die Schwachstelle darstellen. Dabei weist der Werkstoff keinerlei Gleitbänder unter der zyklischen Beanspruchung auf. Gleichwohl liegt für viele Kurzrissfortschrittsmodelle die Annahme zugrunde, dass das Forschrittsverhalten kurzer Risse von den mikrostrukturellen Hindernissen wie z.B. Korngrenzen abhängt, so dass die mikrostrukturelle Kurzrissrate in wechselnder Größe auftritt [104, 105]. Im Gegensatz zu den homogen beanspruchten glatten Proben bilden sich aber häufiger Mikrorisse aufgrund der Beanspruchungskonzentration im Kerbgrund, die sich aufgrund des steilen Spannungsabfalls in Radialrichtung ins Probeninnere nicht ausbreiten können.

Die bereits an glatten Proben bei 180 °C beobachteten Schädigungsmerkmale (vgl. Abschnitt 7.4.3) wurden auch an den Kerbproben beobachtet. Offensichtlich erfolgt die Schädigung unter isothermen LCF-Beanspruchungen bei T= 180°C zunächst in der Rissinitiierungsphase über zwei Mechanismen: die Mikrorissbildung an Gleitbändern und die Mikrorissbildung an Korngrenzen (vgl. Abbildung 9.20). Die interkristallinen Risse dominieren jedoch die Rissbildung. Da die Korngrenzen den wirksamsten Beitrag zur Reduzierung der Grenzflächenenergie beim Ausscheidungsprozess liefern, finden dort bevorzugt Keimbildung und Wachstum statt. An den Korngrenzen entstehen dadurch ausscheidungsfreie Zonen (AFZ) (vgl. Abbildung 7.32) [32, 34, 43]. Die Schädigungsuntersuchungen an den Kerbproben haben gezeigt, dass die korngrenzennahen ausscheidungsarmen Bereiche lokalisierte Verformungen am Anfang der LCF-Lebensdauer erfahren (vgl. Abbildung 9.18). Die lokalisierte Verformung führt demzufolge unter wiederholter Beanspruchung zur Werkstofftrennung und zu interkristalliner Mikrorissbildung. Weiter ist zu berücksichtigen, dass transkristalline Mikrorisse sich bei hoher Temperatur an ausgeprägten Gleitbändern bilden (vgl. Abbildung 9.20). Die in den Gleitbändern vorhandenen Mikrorisse erleichtern die Rissausbreitung an der Oberfläche (vgl. Abbildung 9.25). Beobachtet man die Bildung der Gleitbänder in Abhängigkeit der Lastspielzahl, so stellt man fest, dass sich gleiche Entwicklung der Gleitbänder für beide untersuchten Dehnungsverhältnisse ergab. Abbildung 9.30 vergleicht die Gleitbänder beispielhaft nach 300 Zyklen bei $\varepsilon_{a,t}^{n}$ = 0,14 %, R_ε = -1 und R_ε = 0.

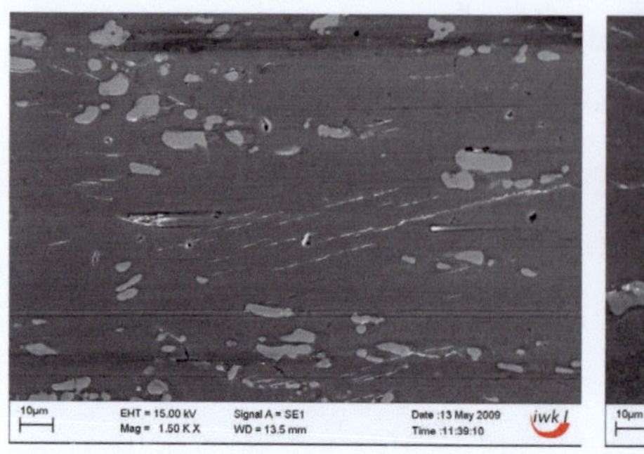

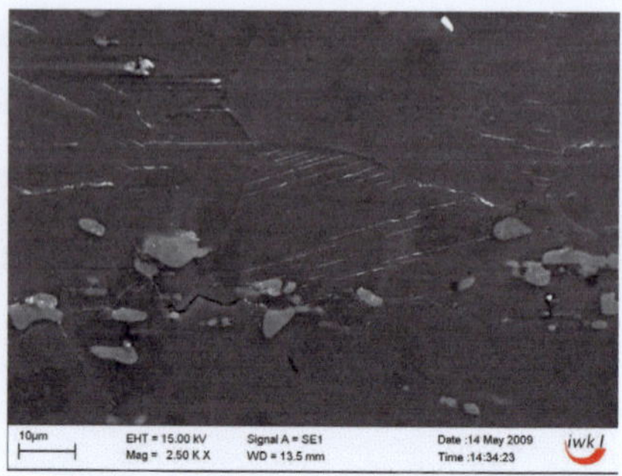

Abbildung 9.30 REM-Untersuchung der Probenoberfläche im Kerbgrund: Bildung der Gleitbänder bei 180 °C hängt hauptsächlich von der Schwingspielzahl ab; nach 300 Zyklen bei $\varepsilon^{n}_{a,t}$ *= 0,14 %,* R_{ε} *= -1 (links) und nach 300 Zyklen bei* $\varepsilon^{n}_{a,t}$ *= 0,14 %,* R_{ε} *= 0 (rechts)*

Somit hängt die Entstehung der transkristallinen Mikrorisse hauptsächlich von der Schwingspielzahl ab. Unter Einfluss höheren Dehnungsverhältnisses bilden sich die interkristallinen Risse relativ früher, während die Gleitbänder aufgrund der geringen Schwingspielzahl keine wesentliche Werkstoffschädigung verursachen. Des Weiteren liegt die Kerbspannung deutlich oberhalb der Spannung, die innerhalb von Sekunden zur Kriechschädigung führt (vgl. Abbildung 5.6 links). Demzufolge führt die hohe Kerbspannung bei R_{ε} = 0 zusätzlich zur Schädigung der Korngrenzen. Somit führt das höhere Lastverhältnis bei 180 °C zwar zur Beschleunigung der Schädigung, aber nur in Bezug auf einen Mechanismus. Dies führt dazu, dass der Mitteldehnungseinfluss bei 180 °C geringer als bei 80 °C ist.

Die beobachtete Risslänge an den Kerbproben wird im Vergleich zu den Mikroriss- (bis 100 µm) und Kurzriss- (bis 1 mm) beziehungsweise Langrissbereichen nach Radaj [73] in Abbildung 9.31 dargestellt. Bei einem Lastverhältnis von R_ε = -1 wachsen die Mikrorisse sowohl bei 80 °C als auch bei 180 °C zunächst aufgrund der Schubspannung an der Oberfläche bevorzugt in Umfangsrichtung in die zuvor geschädigten Bereiche hinein. Offensichtlich ist die Risstiefe aber noch relativ gering, da einerseits die Risse in die Umfangsrichtung, wo vorhandene Schädigung und auch andere Risse die Rissausbreitung ermöglichen, bevorzugt und unerschwert wachsen können und andererseits, da die Beanspruchungserhöhung im Probeninneren abgebaut wird. Die Untersuchung der Bruchfläche bestätigte dieses Rissausbreitungsverhalten im Kerbgrund (vgl. Abbildungen 9.10 und 9.23).

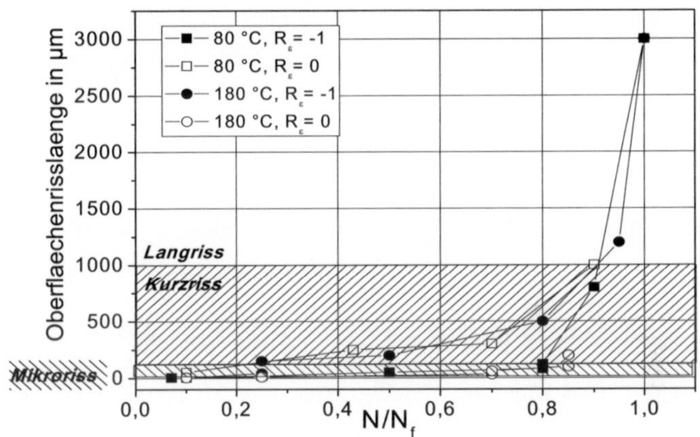

Abbildung 9.31 Risswachstum im Kerbgrund in Abhängigkeit der auf die Anrisslastspielzahl bezogenen Lastspielzahl im Vergleich zu den Kurzriss- bzw. Langrissbereichen nach Radaj

Bei R_ε = 0 bildet sich dagegen eine Art Kurzrissnetzwerk, in dem die Kurzrisse nahezu quer zur Umfangsspannung zusammenwachsen (vgl. Abbildungen 9.14 und 9.26). Dies ist einerseits auf die durch die Kerbe hervorgerufene lokale Beanspruchungserhöhung und andererseits auf die mehrachsige Beanspruchung zurück zu führen. Offensichtlich wird das Zusammenwachsen der benachbarten Risse von der Umfangsspannung hervorgerufen. Dadurch erfährt die Kerbprobe eine sprunghafte Zunahme der Rissgröße und möglicherweise einen beschleunigten Übergang zum Langrisswachstum. Die Anzahl der geschädigten Korngrenzen bei $R_\varepsilon = 0$ war dennoch insgesamt relativ gering (vgl. Abbildungen 9.14 und 9.26). Offensichtlich kann ein Riss bis zu einer Korngröße zunächst als Anfangsriss betrachtet werden.

Es ist festzustellen, dass das Wachsen kürzerer Risse einen Verhaltenswechsel ab einer bestimmten Rissgröße etwa 300 µm aufweist. Dabei vereinigen sich die kurzen Risse; zum einen aufgrund der Überlappung der plastischen Zonen an der jeweiligen Rissspitze, und zum anderen hervorgerufen durch die Umfangsspannung. Dies erfolgte, wenn der Kurzriss eine Größe von ungefähr 5-mal der Korngröße (etwa 300 µm) erreicht und einen Abstand von etwa 100 µm zum nächsten benachbarten Riss aufweist. Abbildung 9.32 veranschaulicht das Kurzrisswachstum im Kerbgrund in Abhängigkeit des Lastverhältnisses.

Bei Lebensdauermodellierung mittels Kurzrissfortschritt wird in der Regel von einem einzelnen Riss mit einer Größe von etwa 50 µm ausgegangen [104, 105]. Bei der Schädigungsentwicklung der Al-Knetlegierung 2618A spielen hingegen das Wachstum und das Zusammenwachsen vorhandener Risse eine wesentliche Rolle. Daher scheint die Lebensdauerbetrachtung mittels Rissfortschritt eines einzigen Risses bis zu einem erwarteten Halbkreisriss für das Versagen im Kerbgrund eher nicht treffsicher, da das Zusammenwachsen kurzer Risse die Lebensdauer wesentlich beeinflusst. Offensichtlich werden die Mikrorissbildung und Risswachstum bis zu einer Größe von etwa 300 µm von der Beanspruchungshöhe sowie von der Temperatur bestimmt. Entscheidend für einen Verhaltenswechsel, wo der Rissforschritt von der Umfangsspannung beeinflusst wird, ist offenbar die Höhe der Mittelspannung.

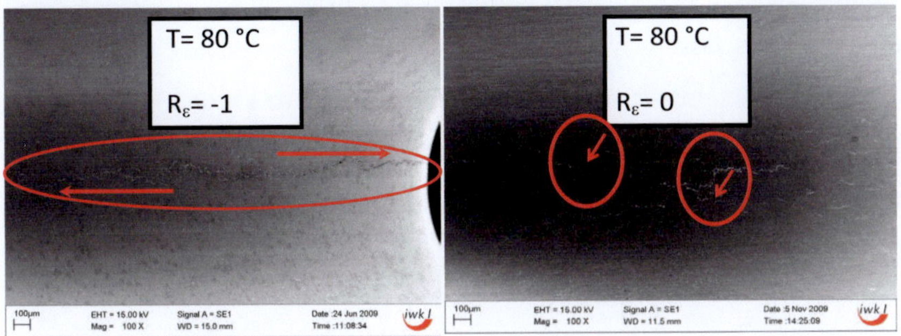

Abbildung 9.32 Richtung des Rissfortschritts in Abhängigkeit des Lastverhältnisses im Kerbgrund exemplarisch bei 80 °C, $\varepsilon^n_{a,t}$ = 0,14 %: Rissfortschritt in Umfangsrichtung bei R_ε= -1 (100% N_A) (links) und Risskoaleszens bei R_ε= 0 nach 1.000 Zyklen (87% N_A) (rechts)

Auffällig war außerdem, dass durch die plastische Wechselverformung in einzelnen Fällen intermetallische Ausscheidungen aus der Probeoberfläche herausbrechen und Kavitäten hinterlassen, wie z.B. in Abbildungen 9.18 rechts und 9.20 links ersichtlich ist. Diese befanden sich überwiegend an Korngrenzen, an denen sich bereits ein Riss gebildet hat. Daher ist die Schädigungswirkung dieser Kavitäten nicht hoch einzuschätzen. Die Beobachtung, dass das Herauslösen der intermetallischen Ausscheidungen bei T = 180 °C öfter als bei 80 °C vorkommt, kann durch das unterschiedliche thermische Dehnungsverhalten der beiden Phasen erklärt werden. Dies wurde auch für einen Aluminium-Keramik-Verbundwerkstoff (6061/Al_2O_3) im Rahmen einer Untersuchung der thermischen Ermüdung beobachtet, wodurch eine Steigerung der Versuchstemperatur zur Beschleunigung der durch lokalisierte Verformung an den Phasengrenzen hervorgerufenen Schädigung führte [122]. Mit erhöhter Temperatur steigt auch der Steifigkeitsunterschied zwischen Matrix und Ausscheidungen und somit fallen intermetallische Phasen an der Oberfläche leichter heraus. Es lässt sich ableiten, dass die intermetallische Phase von Typ Al_9FeNi die Lebensdauer negativ beeinflussen kann, da sie den Rissfortschritt fördert. Daher empfiehlt sich, eine Legierungsvariante ohne Fe- bzw. Ni-Zusätze zu untersuchen, für die ein besseres LCF-Verhalten erwartet werden kann.

10 Größeneinfluss

Die Abgasturbolader werden für Motoren von unterschiedlichsten Größen hergestellt. Das Spektrum variiert von PKW-Motoren bis zu große Schiffsmotoren. Für unterschiedlich große Motoren sind auch unterschiedlich große Turbolader mit unterschiedlich großen Verdichterrädern erforderlich. Hierzu werden auch Rohlinge mit unterschiedlichen Geometrien und Durchmessern zur Herstellung der Radialverdichterräder benötigt. Während der Herstellung der Schmiederohlinge können lokale Gefügeunterschiede in folge der Warmumformung sowie der Wärmebehandlung auftreten. Insbesondere bei großen Schmiedrohlingen kann die sich ausbildende Mikrostruktur auch lokal sehr unterschiedlich sein. Im Rahmen dieser Arbeit wurde deshalb ergänzend zu den Untersuchungen an der im Abschnitt 3.4 beschriebenen Schmiederonde mit etwa 182 mm Durchmesser und 71 mm Höhe ein weiterer Schmiederohling untersucht, der etwa 530 mm Durchmesser und 200 mm Höhe aufwies. Die Gefügeuntersuchungen haben gezeigt, dass in dieser Schmiederonde das Gefüge sich in Korngröße, Kornart und Gefügeanteile an unterschiedlichen Stellen unterscheidet. Für Proben mit unterschiedlichen Entnahmeorten wurden daher die Härte und die quasistatischen Festigkeitskennwerte sowie das isotherme LCF-Verhalten bei T = 80 °C und 180 °C mit jeweils zwei Totaldehnungsamplituden ermittelt.

10.1 Zugversuche

Die quasistatischen Werkstoffkennwerte der Proben bei T = 80°C aus den unterschiedlichen Bereichen (vgl. Abbildung 3.10) sind in Tabelle 10.1 dargestellt. Für jeden Bereich wurden 3 Zugversuche durchgeführt. Die angegebenen

Werte stellen die Mittelwerte aus den drei Versuchen dar. Die einzelnen Kennwerte weisen jedoch eine geringe Streuung auf. Alle ermittelten Kennwerte werden in Abhängigkeit der Probenlage in Abbildung 10.1 graphisch dargestellt. Die Zugverfestigungskurven verlaufen für alle drei Bereiche zunächst mit etwa gleicher Steigung, d.h. in allen drei Bereichen liegt der gleiche E-Modul vor. Es liegt ein stetiger Übergang vom elastischen in den plastischen Bereich vor. Die Dehngrenze der Proben aus dem Außenbereich ist mit 351 MPa deutlich höher als diejenige der Proben aus dem Übergangs- und dem Kernbereich mit jeweils etwa 331 MPa. Auch die Zugfestigkeit der Proben aus dem Außenbereich ist mit 412 MPa deutlich höher als diejenige der Proben des Übergangs- (385 MPa) und des Kernbereichs (382 MPa). Die Bruchdehnung ist im Außenbereich mit etwa 13 % etwas höher als im Übergangs- (etwa 12 %) und im Kernbereich (etwa 11 %). Tendenziell weisen die Proben aus dem Übergangsbereich leicht höhere Kennwerte als Proben aus dem Kernbereich auf.

Tabelle 10.1 Mechanische Kennwerte bei T= 80 °C für die Bereiche nach Abbildung 3.10

Bereich	R_m [MPa]	$R_{p,0.2}$ [MPa]	E [GPa]	A_2 [%]
Außen	411	351	77	13
Übergang	385	331	77	12
Kern	382	330	77	11

Die Ergebnisse für Versuche bei T= 180 °C an Proben aus den unterschiedlichen Bereichen sind in Tabelle 10.2 zusammengestellt. Die Zugfestigkeit und die Dehngrenze nehmen mit zunehmendem Abstand vom Rand ab. Die Werte der Bruchdehnung sind nahezu identisch. Auch bei 180 °C liegt ein stetiger Übergang vom elastischen in den plastischen Bereich vor. Die 0,2 %-Dehngrenze des Außenbereichs ist mit etwa 300 MPa deutlich höher als die des Übergangs- und Außenbereichs mit etwa 277 MPa. Auch die Zugfestigkeit des Außenbereichs ist mit 304 MPa deutlich höher als die des Übergangs- (287 MPa) und des Kernbereichs (282 MPa).

Der Vergleich zeigt, dass die Zugfestigkeit, dem jeweiligen Bereich entsprechend, bei 180 °C gegenüber 80 °C um etwa 100 MPa verringert ist. Auch die Dehngrenze ist bei 180°C um 50 bis 60 MPa kleiner. Die ermittelten E-Moduli sinken bei 180 °C um etwa 10 GPa. Die Bruchdehnung hingegen steigt bei 180 °C gegenüber 80 °C geringfügig an, insbesondere im Kernbereich.

Tabelle 10.2 Mechanische Kennwerte bei T = 180°C für die Bereiche nach Abbildung 3.10

Bereich	R_m [MPa]	$R_{P,0.2}$ [MPa]	E [GPa]	A [%]
Außen	304	299	68	15
Übergang	287	276	66	15
Kern	282	267	68	16

In Abbildung 10.1 sind die mit einem kapazitiven Aufsetz-Dehnungs-messsystem ermittelten Anfangsbereiche der Zugverfestigungskurven bei 80 °C und bei 180 °C dargestellt. Der elastische Bereich verläuft bei 80 °C aufgrund des etwas höheren E-Moduls mit einer etwas höheren Steigung als bei 180 °C. Der Beginn des Übergangs vom elastischen in den plastischen Bereich beginnt bei 180 °C deutlich früher als bei 80 °C. Es ist hier deutlich zu erkennen, dass bei 80 °C eine deutlich stärke Verfestigung stattfindet als bei 180 °C, wo auch eine niedrigere Zugfestigkeit erreicht wird. Aus den hier nicht dargestellten Messungen mit einem induktiven Dehnungsmesssystem ist erkennbar, dass bei 180 °C die Proben schon bei etwa 4 % der Totaldehnung mit der Einschnürung und damit viel früher als bei 80 °C beginnen. Dort fängt die Einschnürung frühestens bei etwa 12 % Totaldehnung an.

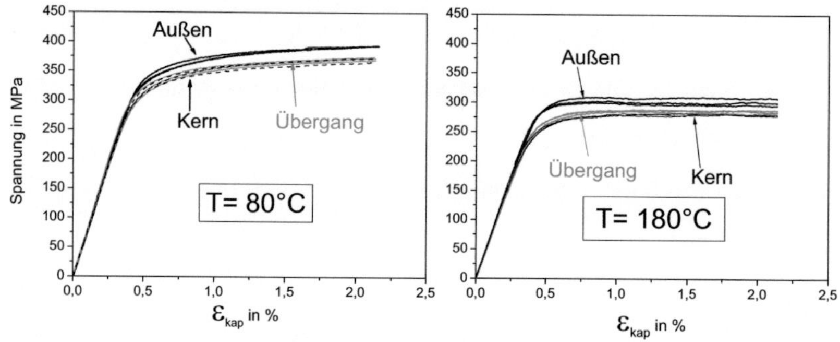

Abbildung 10.1 Zugverfestigungskurve von Proben aus dem Außen-, Übergangs- und Kern-Bereich bei T = 80 °C (links) und bei T = 180 °C (rechts)

In Abbildung 10.2 sind die Zugfestigkeit und die 0,2 %-Dehngrenze in Abhängigkeit vom Abstand vom Rand aufgetragen. Im Vorfeld der Versuche wurde die Ronde, aus der die Proben entnommen wurden in die drei Bereiche Außen, Übergang und Kern unterteilt. Diese Unterteilung wurde willkürlich festgelegt (vgl. Abschnitt 3.4). Die Größe des Außenbereichs erstreckt sich von 0 – 96 mm Abstand vom Rand, die des Übergangs von 97 – 192 mm und die des Kernbereichs von 193 – 257 mm, also bis zur Mitte des Bauteils. Diese Bereiche sind hier mit unterschiedlichen Graustufen unterlegt.

Die Zugfestigkeit bei 80 °C ist im Außenbereich mit etwa 411 MPa am höchsten. Sie fällt auf Werte von etwa 385 MPa in Übergang und Kern. Das gleiche Verhalten zeigt auch die 0,2 %-Dehngrenze. Sie beträgt im Außenbereich etwa 352 MPa und fällt im Übergangs- und Kernbereich auf etwa 330 MPa ab. Der Vergleich von R_m und $R_{p0,2}$ im Bereich von 0 – 25 mm weist eine Differenz von etwa 65 MPa auf. Ab 40 mm Abstand vom Rand bis 255 mm beträgt die Differenz bei allen gemessenen Werten nur noch etwa 50 MPa. Das gleiche Verhalten zeigten auch die Zugverfestigungskurven.

Bei 180°C ist auch die Zugfestigkeit mit etwa 310 MPa am Außenbereich am höchsten. Im Gegensatz zu 80 °C fällt sie nahezu linear bis auf etwa 280 MPa im Kernbereich ab. Übergang und Kern unterscheiden sich hier hinsichtlich der vorliegenden Festigkeit. Die 0,2 %-Dehngrenze zeigt bei 180 °C das gleiche Verhalten wie die Zugfestigkeit. Sie nimmt ebenfalls nahezu linear von 303 MPa bis auf etwa 270 MPa mit dem Abstand vom Rand ab. Die Differenz zwischen R_m und $R_{P0,2}$ nimmt vom Außen- zum Kernbereich stetig zu. Sie beträgt im Außenbereich bei 25 mm Abstand vom Rand nur 7 MPa und steigt bis zum Kernbereich auf eine Differenz von 14 MPa an.

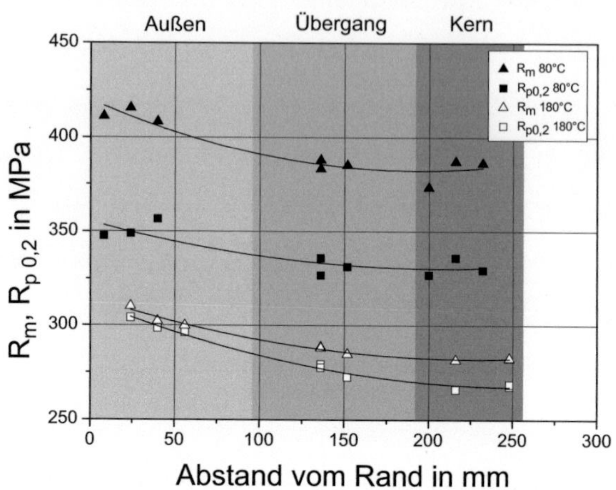

Abbildung 10.2 Zugfestigkeit und 0,2 %-Dehngrenze in Abhängigkeit vom Entnahmeabstand vom Rand

Der Vergleich der beiden Temperaturen zeigt, dass bei 80 °C die Zugfestigkeit und die 0,2 %- Dehngrenze deutlich höhere Werte besitzen als bei180 °C. Bei 80 °C ist die Differenz von R_m und $R_{P0,2}$ allgemein höher als bei 180 °C. Sie ist bei 80 °C im Außenbereich größer als im Übergangs- und Kernbereich. Bei 180 °C ist die Differenz hingegen im Außenbereich sehr gering und steigt vom Übergangs- zum Kernbereich an. Bei 80 °C bildet sich ein Plateau, bei dem R_m und $R_{p0,2}$ im Übergangsbereich konstant bleiben. Bei 180 °C hingegen werden die Werte erst im Kernbereich konstant

10.2 Isotherme Kurzzeitermüdung (LCF) bei 80 °C

Das isotherme LCF-Verhalten wurde an Proben aus dem Außenbereich sowie dem Kernbereich bei T = 80 °C für zwei Totaldehnungsamplituden $\varepsilon_{a,t}$ = 0,5 % und $\varepsilon_{a,t}$ = 0,8 % an jeweils zwei Proben untersucht. Die Versuche wurden totaldehnungsgeregelt mit einer Frequenz von 1 Hz und R_ε = -1 durchgeführt. Aus dem Übergangsbereich wurden stichprobenartig zwei Proben bei $\varepsilon_{a,t}$ = 0,5 % und R_ε = -1 untersucht.

10.2.1 Wechselverformungsverhalten

Abbildung 10.3 zeigt als Wechselverformungskurven die logarithmisch über die Lastspielzahl N aufgetragene Spannungsamplitude σ_a und Mittelspannung σ_m. Alle Bereiche (Außen, Kern und Übergang) zeigen bei 80 °C und beiden Totaldehnungsamplituden ein neutrales bis leicht entfestigendes Wechselverformungsverhalten. Der Wert der Spannungsamplitude der Proben aus dem Außenbereichs bei $\varepsilon_{a,t}$ = 0,5 % bleibt konstant bei etwa 330 MPa. Bei den übrigen Proben nimmt die Spannungsamplitude geringfügig ab bis zum Auftreten eines makroskopischen Anrisses. Dort fallen die Spannungsamplituden stark ab. Die Spannungsamplitude der Außenprobe bei $\varepsilon_{a,t}$ = 0,8 % fällt kontinuierlich von 360 MPa bei 10 Zyklen auf 335 MPa bei 270 Zyklen ab. Die Spannungsamplitude der Proben aus dem Kernbereich bei $\varepsilon_{a,t}$ = 0,5 % fällt ebenfalls von 315 MPa bei 10 Zyklen auf 295 MPa bei 700 Zyklen ab. Die Proben aus dem Kernbereich bei 0,8 % zeigen ebenso einen Abfall der Spannungsamplitude von 338 MPa bei 10 Zyklen auf 328 MPa bei 240 Zyklen. Die Proben aus dem Übergangsbereich zeigen bei $\varepsilon_{a,t}$ = 0,5 % Totaldehnungsamplitude ein ähnliches Verhalten wie die Proben aus dem Kernbereich. Nur die Spannungsamplitude ist hier gegenüber dem Kern um etwa 10 MPa erhöht. Generell nimmt mit ansteigender Totaldehnungsamplitude die Spannungsamplitude zu. Die Mittelspannungen bleiben bei allen Proben konstant zwischen 0 und –25 MPa. Erst bei Auftreten makroskopischer Anrisse beginnen sie stark in den negativen Bereich zu fallen.

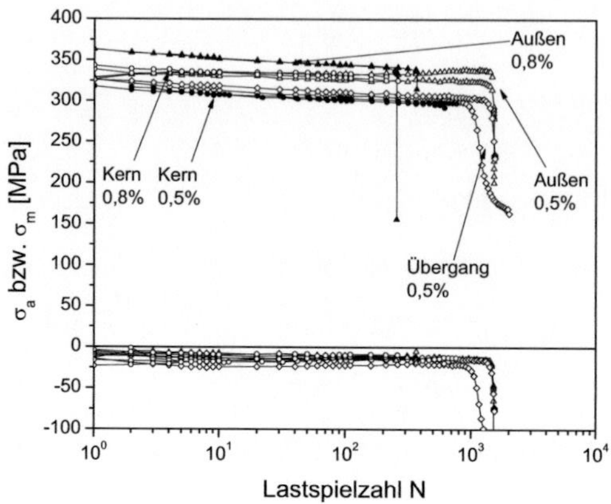

Abbildung 10.3 Verläufe der Spannungsamplituden und Mittelspannungen für die unterschiedlichen Bereiche und verschiedene Totaldehnungsamplituden bei T = 80 °C

Ein Vergleich der Proben aus den drei Bereichen für eine Totaldehnungsamplitude von 0,5 % zeigt, dass vom Außen- über den Übergangs- zum Kernbereich die Spannungsamplituden abnehmen. Der gleiche Sachverhalt ist auch bei einer Totaldehnungsamplitude von 0,8 % zu beobachten, wobei der Unterschied bei $\varepsilon_{a,t}$ = 0,5 % bei niedriger Zyklenzahl geringer ist und zu höheren Zyklenzahlen zunimmt. Bei $\varepsilon_{a,t}$ = 0,8 % ist der Unterschied der Spannungsamplitude für den Außen- und Kernbereich bei niedrigen Zyklenzahlen höher und nimmt bei höheren Zyklenzahlen ab. Bei $\varepsilon_{a,t}$ = 0,5 % ist auffällig, dass die Spannungsamplitude für Proben aus dem Übergangsbereich im Vergleich zu Proben aus dem Kernbereich nur leicht erhöht ist (etwa 10 MPa), Der Außenbereich hingegen weist einen Unterschied in der Spannungsamplitude zum Übergangsbereich von etwa 20 MPa auf. Diese Differenz zwischen Außen- und Kernbereich ist bei $\varepsilon_{a,t}$ = 0,8 % etwas kleiner. Auch lässt sich festhalten, dass die Lebensdauer von Proben aus dem Außenbereich größer ist als für Proben aus dem Kernbereich. Proben aus dem Übergangsbereich liegen hinsichtlich der Lebensdauer dazwischen. Dies ist bei beiden Totaldehnungsamplituden der Fall. Auch bei der Lebensdauer ist die Differenz bei der Totaldehnungsamplitude $\varepsilon_{a,t}$ = 0,5 % größer als bei $\varepsilon_{a,t}$ =0,8 %.

Abbildung 10.4 zeigt die logarithmisch über der Lastspielzahl aufgetragenen plastischen Dehnungsamplituden für Proben aus den drei Bereichen bei $\varepsilon_{a,t}$ = 0,5 % und 0,8 %. Die plastische Dehnungsamplitude ist bei 0,8% Totaldehnungsamplitude erwartungsgemäß deutlich höher als bei 0,5 % (0,3 % zu 0,05 - 0,09 %). Die plastische Dehnungsamplitude bleibt bei 0,8% bei Proben aus dem Außen- und dem Kernbereich bis zum Anriss relativ konstant bei etwa 0,3%. Proben aus dem Kernbereich weisen eine leicht erhöhte plastische Dehnungsamplitude im Vergleich zu Proben aus dem Außenbereich auf (etwa 0,02 %). Bei $\varepsilon_{a,t}$ = 0,5 % hingegen steigt $\varepsilon_{a,p}$ mit der Lastspielzahl bis zum makroskopischen Anriss bei allen drei Bereichen leicht linear an. Proben aus dem Außenbereich zeigen plastische Dehnungsamplituden von 0,05 % bei 10 Zyklen bis 0,06 % bei 1.200 Zyklen. Die plastische Dehnungsamplitude steigt bei Proben aus dem Übergangsbereich von anfänglich 0,07 % bei 10 Zyklen auf 0,08 % bei 1.450 Zyklen. Die Dehnungsamplituden der Proben des Kernbereichs steigen von 0,08 % bei 10 Zyklen auf 0,09 % bei 600 Zyklen an. Der Anstieg von $\varepsilon_{a,p}$ ist also sehr gering und kann deshalb vernachlässigt werden. Auch bei 0,5 % Totaldehnungsamplitude fällt die plastische Dehnungsamplitude von Proben aus dem Kernbereich über Proben aus dem Übergangsbereich zu Proben aus dem Außenbereich.

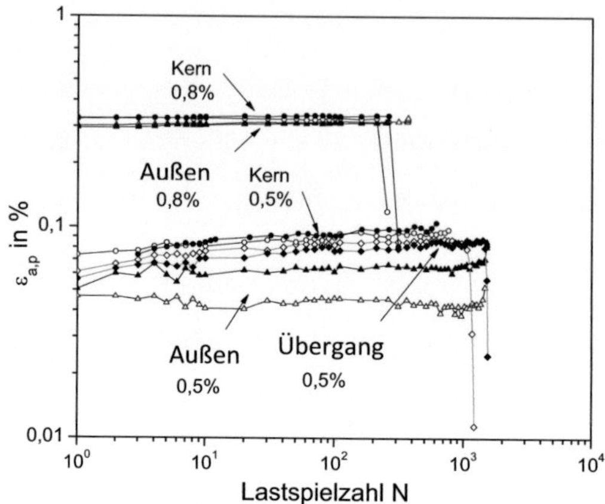

Abbildung 10.4 Verläufe der plastischen Dehnungsamplituden für Proben aus den unterschiedlichen Bereichen und verschiedene Totaldehnungsamplituden bei T= 80 °C

Abbildung 10.5 zeigt die σ_n-$\varepsilon_{a,t}$ -Hysteresen bei Totaldehnungsamplituden von 0,5 % und 0,8 % für Proben aus den drei unterschiedlichen Bereichen bei T = 80°C und einer Zyklenzahl von N = 70. Die Nennspannung bei $\varepsilon_{a,t}$ = 0,5 % ist für Proben aus dem Kern- und dem Übergangsbereich gegenüber Proben aus dem Außenbereich ein wenig erniedrigt. Entsprechend der Abnahme der Spannung nimmt die plastische Dehnungsamplitude etwas zu. Bei $\varepsilon_{a,t}$ =0,8 % ist auch die Nennspannung der Probe aus dem Kernbereich gegenüber der Probe aus dem Außenbereich geringfügig niedriger. Auch hier nimmt die plastische Dehnungsamplitude entsprechend der Abnahme der Spannung ein wenig zu. Der Vergleich zwischen den beiden untersuchten Totaldehnungsamplituden zeigt, dass die Nennspannung bei $\varepsilon_{a,t}$ = 0,8 % gegenüber $\varepsilon_{a,t}$ = 0,5 % erwartungsgemäß leicht erhöht ist. Die plastische Dehnungsamplitude ist bei $\varepsilon_{a,t}$ = 0,8 % hingegen deutlich größer.

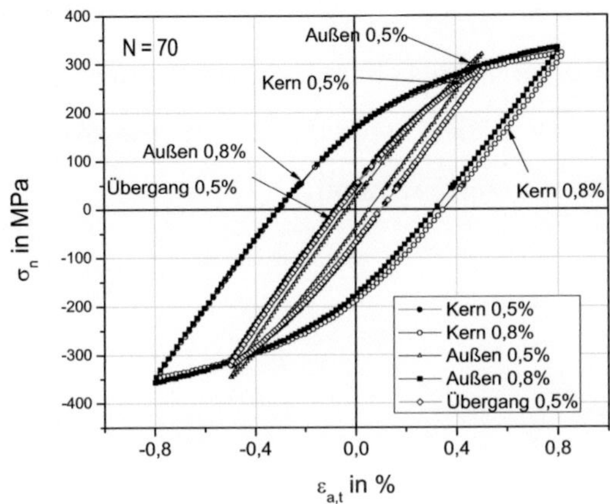

Abbildung 10.5 Spannungs-Dehnungs-Hysteresisschleifen bei verschiedenen Totaldehnungsamplituden für Proben aus den verschiedenen Bereichen bei T = 80°C

10.2.2Lebensdauerverhalten

In Abbildung 10.6 ist die Totaldehnungsamplitude in Abhängigkeit der Anrisslastspielzahl bei T = 80 °C aufgetragen. Es sind die Werte des Schwerpunktwerkstoffs bei mehreren Totaldehnungsamplituden und die Werte der drei Bereiche der großen Ronde bei $\varepsilon_{a,t}$ = 0,5 % und 0,8 % dargestellt. Die Anrisslastspielzahlen sind bei dem Schwerpunktwerkstoff bei beiden Totaldehnungsamplituden höher als bei der großen Ronde. Die Anrisslastspielzahlen nehmen bei der großen Ronde vom Kern- über den Übergangs- zum Außenbereich hin zu, erreichen aber nicht die Anrisslastspielzahl des Schwerpunktwerkstoffs. Nur der Außenbereich kommt in die Nähe der Anrisslastspielzahlen des Schwerpunktwerkstoffs, erreicht sie aber nicht ganz. Die Differenz der Anrisslastspielzahl zwischen großer Ronde und Schwerpunktwerkstoff bei $\varepsilon_{a,t}$ = 0,8 % ist nahezu vernachlässigbar, insbesondere im Außenbereich. Hingegen differieren bei $\varepsilon_{a,t}$ = 0,5 % sowohl die Anrisslastspielzahlen von Außen-, Übergangs- und Kernbereich stärker untereinander, ebenso die Werte zwischen großer Ronde und Schwerpunktwerkstoff.

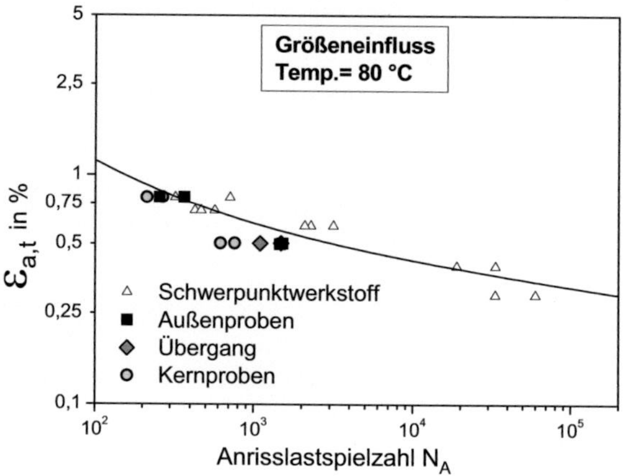

Abbildung 10.6 Anrisslebensdauer der Proben aus dem Außen-, Übergangs-, und Kernbereich der großen Ronde im Vergleich zum Lebensdauerverhalten von Proben aus dem Schwerpunktwerkstoff für T = 80 °C

10.2.3Schädigungsverhalten

Die Versuche zur Schädigungsentwicklung erfolgten an insgesamt vier Proben. Es wurden zwei Proben aus dem Außenbereich und 2 Proben aus dem Kernbereich verwendet. Die Versuche für die Schädigungsentwicklung wurden bei $\varepsilon_{a,t}$

= 0,5 % und bei T = 80 °C und 180 °C durchgeführt. Die wurden so lange gefahren bis die Probe komplett durchtrennt war.

Abbildung 10.7 a zeigt eine polierte Probenoberfläche vor dem Versuch. Sie ist bis auf einzelne kleine Ausbrüche der intermetallischen Ausscheidungen - oft an Korngrenzen - unbeschädigt. Die Ausbrüche werden durch Mg_2Si-Ausscheidungen verursacht, die durch das Polieren teilweise aus der Matrix gelöst werden. Abbildung 10.7 b zeigt die Oberfläche nach 700 Zyklen bzw. etwa 25% der Lebensdauer. Bereichweise sind deutliche Verformungsspuren an Korngrenzen zu erkennen. Durch die zyklische Belastung sind auch AlFeNi-Ausscheidungen teilweise gebrochen oder angerissen. Abbildung 10.7 c zeigt eine Aufnahme der Probe nach 1.100 Zyklen (etwa 39% der Lebensdauer). Die Plastizierung an den Korngrenzen hat weiter zugenommen, teilweise sind bis zu 100 µm lange Bereiche erfasst. Auch die Anzahl der Korngrenzen mit plastischen Verformungsspuren hat zugenommen. Es zeigen sich erste interkristalline Mikrorisse, die typischerweise etwa 45° zur Hauptnormalspannung orientiert sind. Die Mikrorisse sind bis zu 100 µm lang und liegen alle entlang von Korngrenzen. Nach einer Belastungsdauer von 1.950 Zyklen (Abbildung 10.7 d), die 68% der Lebensdauer entspricht, zeigen sich vereinzelt kurze Gleitbänder im Innern von Körnern. Die Korngrenzenanrisse sind auf Risslängen von bis zu 290 µm gewachsen. An Stellen, an denen Korngrenzenanrisse auf Gleitbänder treffen, die günstig orientiert sind, folgen die kurzen Risse auch den Gleitbändern und wachsen interkristallin weiter. Dies ist aber eher selten zu finden, da sich insgesamt nur wenige Gleitbänder bilden. Typischerweise wachsen die Kurzrisse entlang von Korngrenzen, die etwa unter 45° zur Hauptnormalspannung orientiert sind. Dies ist aus Abbildung 10.7 e) ersichtlich, in der die Probenoberfläche nach 2.100 Zyklen bzw. etwa 74% der Lebensdauer ist zu sehen ist. Nach 2.450 Zyklen bzw. 86% der Lebensdauer (Abbildung 10.7 f) haben sich die Anzahl und Länge der Gleitbändern nicht mehr verändert. Die Kurzrisse folgen immer noch den Korngrenzen und zeigen Längen von bis zu 500 µm.

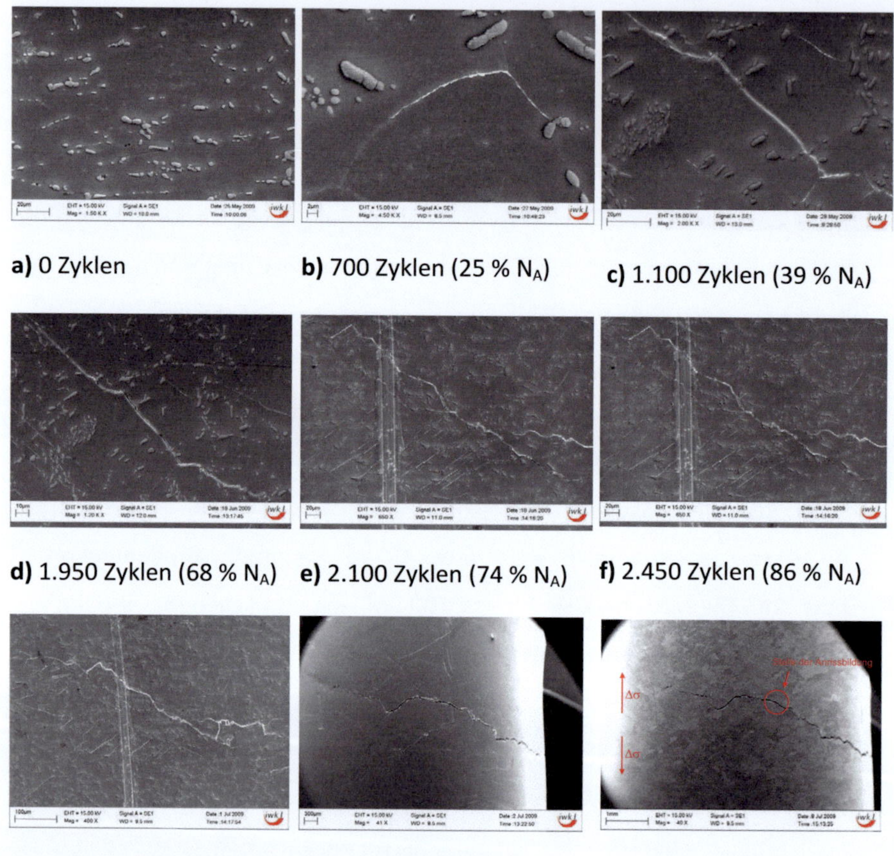

a) 0 Zyklen **b)** 700 Zyklen (25 % N_A) **c)** 1.100 Zyklen (39 % N_A)

d) 1.950 Zyklen (68 % N_A) **e)** 2.100 Zyklen (74 % N_A) **f)** 2.450 Zyklen (86 % N_A)

g) 2.650 Zyklen (93 % N_A) **h)** 2.850 Zyklen (100 % N_A) **i)** angerissene Probe: geätzt

Abbildung 10.7 REM-Untersuchung der Schädigungsentwicklung an einer Probe aus dem Außenbereich bei 80°C, $\varepsilon_{a,t}$ = 0,5 %

Nach 2.650 Zyklen bzw. etwa 93% der Lebensdauer haben sich bereits einzelne Kurzrisse untereinander verbunden. Dadurch sind Gesamtrisslängen von bis zu 636 µm (Abbildung 10.7 g) entstanden. Bei 2.850 Zyklen hat die Probe durch Bruch ausgehend von einem Anriss, der sich an einer anderen Stelle gebildet hatte, versagt (Abbildung 10.7 h). Es ist deutlich zu sehen, dass der hier verfolgte Riss nur interkristallin verlaufen ist und die wenigen Gleitbänder, die sich in seiner Nähe gebildet haben, keinen Einfluss auf die Rissausbreitung hatten.

Abbildung 10.8 zeigt eine Aufnahme der Stelle, von der der beschriebene Anriss ausgegangen ist, nach einer Ätzung. Hier wird nochmals deutlich, dass der Riss interkristallin entstanden ist und sich praktisch ausschließlich entlang der Korngrenzen, die in diesem Fall nahezu 45° zur Hauptspannung orientiert sind, gewachsen ist.

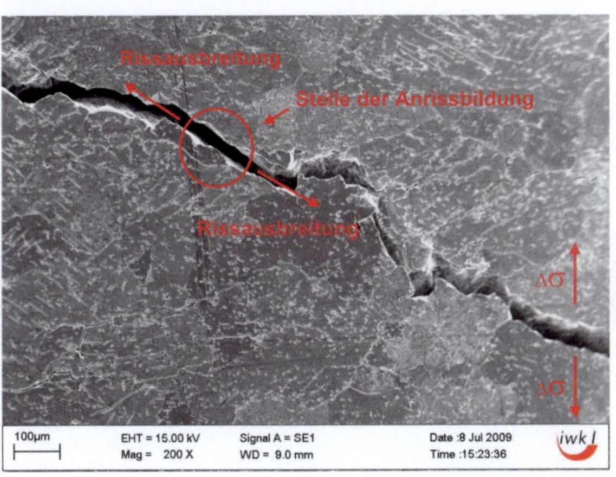

Abbildung 10.8 Rissinitiierungsstelle nach der Ätzung der Probe aus dem Außenbereich für T = 80 °C

Abbildung 10.9 zeigt die Risslänge aller bei der Schädigungsentwicklung beobachteten Risse in Abhängigkeit von der auf die Bruchlastspielzahl bezogenen Lastspielzahl. Es konnten bei dieser Probe vier Risse bis zum Bruch beobachtet werden. Riss 1 und 2 haben nach einem Lebensdaueranteil von etwa 39 % bereits Längen von über 100 µm erreicht. Nach etwa 53 % der Lebensdauer wurden weitere Kurzrisse mit Gesamtlängen von über 250 µm entdeckt und weiterverfolgt. Einer dieser Kurzrisse, der als Hauptriss bezeichnet ist, hat schließlich das Versagen der Probe ausgelöst. Die neu gefundenen Kurzrisse wachsen bei weiterer Beanspruchung schneller als die zuerst beobachteten Risse. In der Darstellung ist zu erkennen, dass das Risswachstum nicht immer kontinuierlich erfolgt. Die teilweise starken Zunahmen von Beobachtungszeitpunkt zu Beobachtungszeitpunkt ist Folge des Zusammenwachsens von mikroskopisch kleinen Rissen. Durch dieses Zusammenwachsen können die Gesamtrisslängen auch sprunghaft ansteigen.

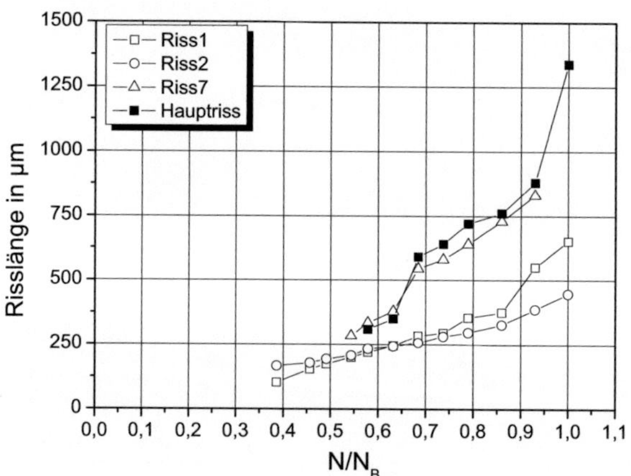

Abbildung 10.9 Risslänge an der Oberfläche einer Probe aus dem Außenbereich in Abhängigkeit der Lebensdauer für T = 80 °C

Nach dem Bruch der Proben wurde die Rissanzahl auf der Probenoberfläche bestimmt. Die Risse auf einer Probenhälfte, die sich im Bereich der Messstrecke befanden, wurden mit Hilfe von REM-Aufnahmen gezählt. Die Probe aus dem Außenbereich weist ca. 100 Risse auf. Ebenfalls wurde die Anzahl der plastizierten Korngrenzen nach dem Bruch der Probe festgestellt. Die prozentuale Angabe bezieht sich auf den Anteil der plastizierten Korngrenzen im Verhältnis zu den unplastizierten Korngrenzen. Bei den beiden Außenproben liegt der Anteil bei ca. 70%. Außerdem wiesen etwa 20% der Körner Gleitbänder auf, die jedoch zu keiner erkennbaren Materialtrennung führten.

Vergleichbare Untersuchungen zur Schädigungsentwicklung wurden auch an einer Probe aus dem Kernbereich bei den gleichen Randbedingungen durchgeführt. Abbildung 10.10 zeigt eine Auswahl von dabei entstandenen Oberflächenaufnahmen. Abbildung 10.10 a zeigt die polierte Probenoberfläche vor der Beanspruchung. Die Aufnahme zeigt einzelne Ausbrüche von Ausscheidungen. Diese herausgebrochen Einschlüsse können AlFeNi- oder Mg_2Si-Ausscheidungen sein. Zunächst bilden sich wie bei den Proben aus dem Randbereich plastische Verformungsspuren an einzelnen Korngrenzen. Die plastizierten Korngrenzenbereiche werden mit steigender Lastspielzahl länger. Nach 350 Zyklen bzw. 16 % der Lebensdauer sind plastizierte Korngrenzenbereiche von bis zu 80 µm Länge zu finden (Abbildung 10.10 b). Auch die Anzahl der plastizierten Korngrenzen nimmt mit der Lastspielzahl zu.

Nach 500 Zyklen (22% der Lebensdauer) sind erste Kurzrisse zu sehen, die eine Länge von etwa 233 µm aufweisen. Sie sind hauptsächlich unter 90° zur Hauptnormalspannung angeordnet. Sie verlaufen ausnahmslos in Bereichen mit Subkörnern und verlaufen entlang der Subkorngrenzen, also interkristallin.

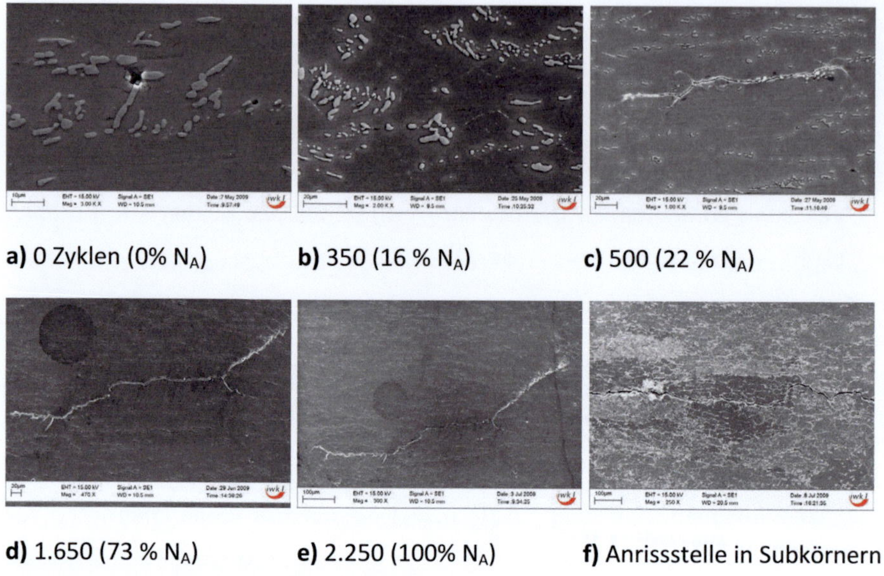

a) 0 Zyklen (0% N_A) **b)** 350 (16 % N_A) **c)** 500 (22 % N_A)

d) 1.650 (73 % N_A) **e)** 2.250 (100% N_A) **f)** Anrissstelle in Subkörnern

Abbildung 10.10 Schädigungsentwicklung an der Oberfläche einer Probe aus dem Kernbereich bei 80 °C

Ab einer Lastspielzahl von 1.650 Zyklen (73% der Lebensdauer) werden zusätzlich kurze Gleitbänder gefunden, die typischerweise in Körnern vor der Rissspitze auftreten. Der Rissfortschritt verläuft nun teilweise transkristallin in Körnern entlang der Gleitbänder und hauptsächlich interkristallin entlang der Korngrenzen der Subkörner und der Körner. Die Gesamtlänge der Kurzrisse ist auf 655 µm angewachsen (Abbildung 10.10 d). Bei 2.250 Zyklen erfolgte der Bruch der Probe. Die Risslänge des verfolgten Anrisses ist bis dahin auf etwa 1000 µm angewachsen (Abbildung 10.10 e).

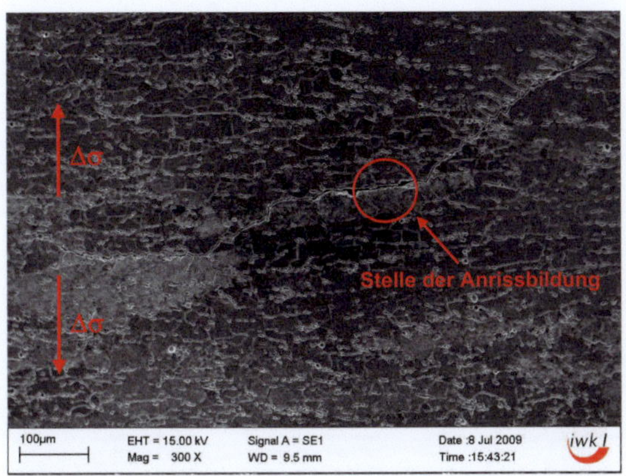

Abbildung 10.11 Rissbildung auf der geätzten Probe aus dem Kernbereich für T= 80 °C

Auch bei dieser Probe wurde eine Ätzung durchgeführt, die die Korngrenzen und Gleitbänder besser hervorhob, um die Aussagen, die anhand der REM-Aufnahmen an polierten Proben gemacht wurden, zu verifizieren. Abbildung 10.11 gibt eine dabei entstandene Aufnahme wieder. Es zeigte sich, dass der Riss inmitten von Subkörnern unter 90° zur Hauptnormalspannung entstanden ist und interkristallin verläuft. Erst mit Auftreffen des Risses auf ein weiteres Korn verläuft er transkristallin entlang von Gleitbändern (Abbildung 10.11 rechts oben). Dieses Phänomen wurde bei nahezu allen Rissen beobachtet. Es bildeten sich lediglich 5 Risse auf einer Probenhälfte. Insgesamt betrug der interkristalline Rissanteil etwa 80 %.

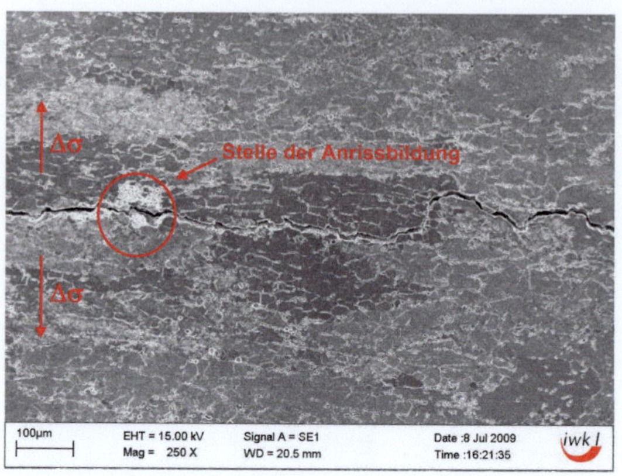

Abbildung 10.12 Rissausgangstelle des Hauptrisses der Probe aus dem Kernbereich für T = 80 °C

Der Versuch mit der Probe aus dem Kernbereich wurde beim Auftreten eines makroskopischen Anrisses gestoppt. Auf einer Probenhälfte wurden etwa 10% der Korngrenzen plastiziert. Abbildung 10.12 zeigt eine vergrößerte Aufnahme der Initiierungsstelle des längsten Risses (Hauptriss). An der angeätzten Oberfläche ist ersichtlich, dass der Hauptriss den gleichen Gesetzmäßigkeiten folgte wie die anderen Risse. Nur in der Ursache der Anrissbildung unterscheidet sich dieser. Um die Bruchfläche zu erhalten, wurde die Probe mit der Maschine vorsichtig auseinandergezogen. Unglücklicherweise ist die Probe dann endgültig an der Stelle gebrochen, an der die Dehnungsaufnehmer Eindrücke an der Probenoberfläche hinterließen. Die Anrissbildung erfolgte mit hoher Wahrscheinlichkeit an einem Materialfehler oder einer Segregation von Ausscheidungen, die eine Spannungsüberhöhung erzeugte. Dadurch konnte sich der Riss früher bilden und dann stärker wachsen. Abbildung 10.13 zeigt die Risslänge aller bei der Schädigungsentwicklung beobachteten Risse in Abhängigkeit von der auf die Bruchlastspielzahl bezogenen Lastspielzahl. Bei dieser

Probe konnten drei Risse vom Beginn der Belastung bis zum Bruch beobachtet und verfolgt werden. Alle drei Risse wurden ab einem Lebensdaueranteil von etwa 22% verfolgt. Riss 2 und 3 haben bis dahin Längen von 80 bzw. 72 µm erreicht und sind damit deutlich kürzer als Riss 1, der schon 233 µm lang war.

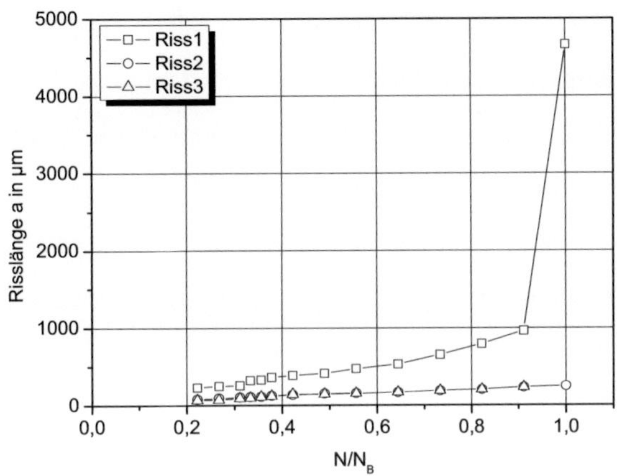

Abbildung 10.13 Oberflächenrisslänge in Abhängigkeit des Lebensdaueranteils für eine probe aus dem Kernbereich bei T = 80 °C

10.3 Isotherme Kurzzeitermüdung (LCF) bei 180 °C

Das isotherme LCF-Verhalten wurde an Proben aus dem Außenbereich sowie dem Kernbereich bei T = 180 °C für zwei Totaldehnungsamplituden $\varepsilon_{a,t}$ = 0,5 % und $\varepsilon_{a,t}$ = 0,8 % an jeweils zwei Proben untersucht. Die Versuche wurden totaldehnungsgeregelt mit einer Frequenz von 1 Hz und R_ε = -1 durchgeführt. Aus dem Übergangsbereich wurden stichprobenartig zwei Proben bei $\varepsilon_{a,t}$ = 0,5 % und R_ε = -1 untersucht.

10.3.1 Wechselverformungsverhalten

Abbildung 10.14 zeigt die Verläufe der induzierten Spannungsamplituden und Mittelspannungen in Abhängigkeit der Lastspielzahl. Alle untersuchten Proben zeigen bei beiden Totaldehnungsamplituden ein leicht entfestigendes Wechselverformungsverhalten. Die induzierten Spannungsamplituden nehmen vor dem Auftreten eines makroskopischen Anrisses relativ langsam und danach relativ stark ab. Eine Ausnahme bilden Proben aus dem Außenbereich bei $\varepsilon_{a,t}$ = 0,5 %. Diese beginnen bei etwa 200 Zyklen stärker zu entfestigen als alle anderen untersuchten Proben. Die induzierten Spannungsamplituden werden sogar kleiner als diejenigen der Probe aus dem Kernbereich. Dadurch ist eventuell die hohe Lebensdauer der Probe aus dem Außenbereich bei $\varepsilon_{a,t}$ = 0,5 % erklärbar. In Proben aus dem Kernbereich werden bei $\varepsilon_{a,t}$ = 0,5 % zu Beginn des Versuches eine Spannungsamplitude von etwa 280 MPa induziert. Diese fällt auf etwa 245 MPa bei 1000 Zyklen ab. Dort beginnt, wie im Abschnitt 10.3.3 bei der Beschreibung der Schädigungsentwicklung näher erläutert, die Bildung des makroskopischen Anrisses. Die Probe aus dem Kernbereich startet bei $\varepsilon_{a,t}$ = 0,8 % bei einer Spannungsamplitude von etwa 301 MPa und entfestigt bis 300 Zyklen auf etwa 270 MPa. Die Proben aus dem Außenbereich entwickeln anfänglich bei $\varepsilon_{a,t}$ = 0,5 % eine Spannungsamplitude von etwa 300 MPa und entfestigen bis etwa 200 Zyklen auf 285 MPa. Ab 200 Zyklen beginnen die Proben dann stärker zu entfestigen. Die Spannungsamplitude fällt auf 230 MPa bei 2.000 Zyklen. Die Proben aus dem Außenbereich starten bei $\varepsilon_{a,t}$ = 0,8% mit einer Spannungsamplitude von 320 MPa, die dann auf 275 MPa bei 390 Zyklen abnimmt.

Die Mittelspannungen bleiben bei allen Proben während des Versuches zunächst nahezu konstant zwischen 5 und -5 MPa. Erst mit der Bildung und dem

Wachstum eines makroskopischen Anrisses bauen sich stark zunehmende Druckmittelspannungen auf. Ein Vergleich der Proben aus den Außen- und Kernbereich bei der Totaldehnungsamplitude 0,5 % zeigt, dass vom Außen zum Kern die induzierten Spannungsamplituden abnehmen. Der gleiche Sachverhalt ist auch bei einer Totaldehnungsamplitude von 0,8% zu beobachten. Die Differenz der Spannungsamplitude beträgt bei $\varepsilon_{a,t}$ = 0,5 % und 0,8 % jeweils etwa 25 MPa.

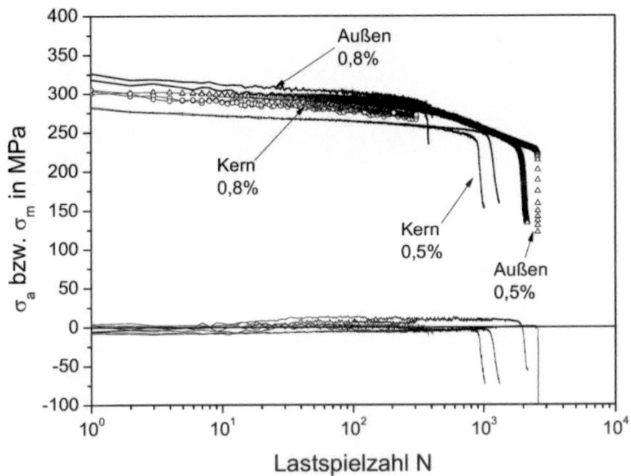

Abbildung 10.14 Verläufe der Spannungsamplituden und Mittelspannungen für Proben aus den unterschiedlichen Bereichen und verschiedene Totaldehnungsamplituden bei T = 180 °C

Abbildung 10.15 zeigt die logarithmisch über die Lastspielzahl aufgetragene plastische Dehnungsamplitude für Proben aus dem Außen- und dem Kernbereich bei 0,5 % und 0,8 % Totaldehnungsamplitude. Die plastische Dehnungsamplitude ist bei 0,8 % Totaldehnungsamplitude mit $\varepsilon_{a,p}$ = 0,35 % erwartungsgemäß mit Werten zwischen $\varepsilon_{a,p}$ = 0,04 und 0,2 % deutlich höher als bei $\varepsilon_{a,t}$ =

0,5 %. Die plastische Dehnungsamplitude bleibt bei $\varepsilon_{a,t}$ = 0,8 % vom Beginn der Belastung bis zum makroskopischen Anriss relativ konstant. Proben aus dem Kern- und Außenbereich zeigen jeweils etwa gleiche plastische Dehnungsamplituden. Bei $\varepsilon_{a,t}$ = 0,5 % hingegen weisen Proben aus dem Außenbereich zu Beginn der Versuche etwas niedrigere plastische Dehnungsamplituden auf als Proben aus dem Kernbereich. Die plastischen Dehnungsamplituden steigen bis zum Bruch an. Ab etwa 200 Zyklen verlaufen die Kurven deutlich steiler. Dieser stärkere Anstieg der plastischen Dehnungsamplitude ist mit einer Abnahme der induzierten Spannungsamplitude verbunden. Bei 180°C zeigen Proben aus dem Kern bis etwa 960 Zyklen eine höhere $\varepsilon_{a,p}$-Werte als Proben aus dem Außenbereich.

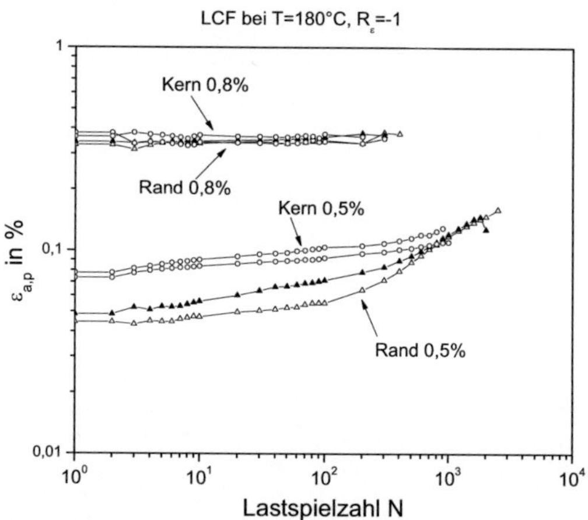

Abbildung 10.15 Verläufe der plastischen Dehnungsamplituden für Proben aus den unterschiedlichen Bereichen und verschiedene Totaldehnungsamplituden bei T= 180 °C

Ab 960 Zyklen bis zum makroskopischen Anriss weisen Proben aus dem Außenbereich eine höhere plastische Dehnungsamplitude auf als Proben aus dem Kernbereich auf. Der Außenbereich entfestigt also stärker als der Kernbereich.

Abbildung 10.16 zeigt die Spannungs-Dehnungs-Hysteresisschleifen bei 0,5 % und 0,8 % Totaldehnungsamplituden für Proben aus dem Außen- und dem Kernbereich bei T = 180 °C für eine Lastspielzahl von N = 100. Bei beiden Totaldehnungsamplituden werden in den Proben aus dem Kernbereich etwas kleinere Nennspannungen aber etwas größere plastische plastischen Dehnungen induziert.

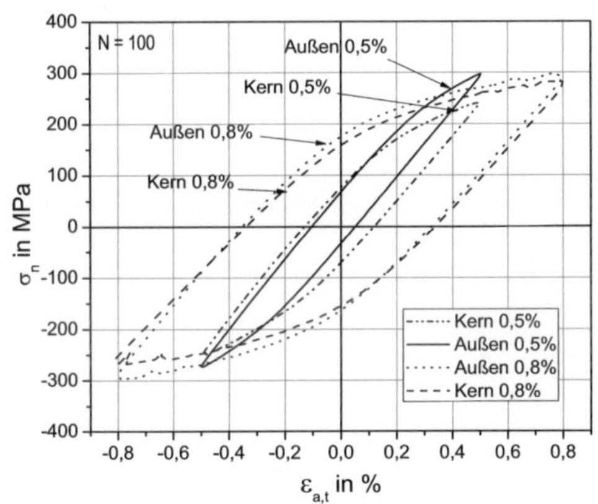

Abbildung 10.16 Spannungs-Dehnungs-Hysteresisschleifen bei verschiedenen Totaldehnungsamplituden und für Proben aus dem Außen- und dem Kernbereich bei T = 180 °C

10.3.2 Lebensdauerverhalten

In Abbildung 10.17 ist die Totaldehnungsamplitude in Abhängigkeit der Anrisslastspielzahl bei T = 180°C aufgetragen. Es sind die Werte des Schwerpunktwerkstoffs bei mehreren Totaldehnungsamplituden und die Werte der drei Bereiche der großen Ronde bei $\varepsilon_{a,t}$ = 0,5 % und 0,8 % dargestellt. Die Anrisslastspielzahlen sind bei dem Schwerpunktwerkstoff bei beiden Totaldehnungsamplituden deutlich höher als bei der großen Ronde. Die Anrisslastspielzahlen nehmen bei der großen Ronde vom Kern-, über den Übergangs- zum Außenbereich hin zu, erreichen aber nicht die Anrisslastspielzahl des Schwerpunktwerkstoffs. Bei dem Schwerpunktwerkstoff ist die Anrisslastspielzahl gegenüber der des Außenbereichs um etwa 1.000 Zyklen höher. Bei $\varepsilon_{a,t}$ = 0,8 % ist die Differenz der Anrisslastspielzahlen zwischen großer Ronde und Schwerpunktwerkstoff nicht so groß wie bei $\varepsilon_{a,t}$ = 0,5 %. Bei $\varepsilon_{a,t}$ = 0,5 %. Dafür differieren sowohl die Anrisslastspielzahlen von Kern-, Übergangs- und Außenbereich stärker untereinander, ebenso die Werte zwischen großer Ronde und Schwerpunktwerkstoff.

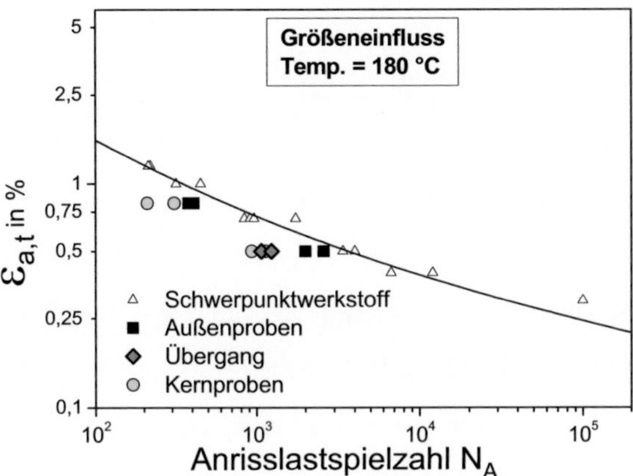

Abbildung 10.17 Anrisslebensdauer der Außen-, Übergang-, und Kernproben im Vergleich zum Schwerpunktwerkstoff für T= 180 °C

10.3.3 Schädigungsverhalten

Auch bei der Temperatur T = 180 °C wurde die Schädigungsentwicklung an jeweils zwei Proben aus dem Außenbereich und dem Kernbereich in totaldehnungskontrollierten LCF-Versuchen untersucht.

Abbildung 10.18 a zeigt die polierte Probe vor dem Versuch. Wieder sind wenige AlFeNi-Ausscheidungen gebrochen und einige Mg_2Si-Ausscheidungen herausgelöst. Dieses Herauslösen wurde höchstwahrscheinlich durch das Polieren erzeugt. Abbildung 10.18 b zeigt eine Übersichtsaufnahme bei 500 Zyklen bzw. einem Lebensdaueranteil von etwa 35%. Es sind sehr viele Gleitbänder zu erkennen, die ganze einzelne Körner ausfüllen. Auch gibt es viele Korngrenzen mit Spuren plastischer Verformung. Teilweise sind Korngrenzenbereiche aufgebrochen (Abbildung 10.18 c), so dass erste interkristalline Mikrorisse mit Längen von etwa 95 µm und einer Orientierung von etwa 45° zur Hauptnormalspannung gefunden wurden. Nach 1.100 Zyklen (etwa 75% von N_B) hat die Anzahl und Größe der Gleitbänder stark zugenommen.

Die Oberfläche der Probe ist nun zu etwa 50% von Gleitbändern bedeckt, Auch die Anzahl der plastizierten Korngrenzen hat zugenommen (Abbildung 10.18 d). Die Kurzrisse sind nicht nur interkristallin gewachsen sondern verlaufen bereichsweise auch transkristallin entlang von Gleitbändern. Die Risslänge beträgt hier etwa 300 µm (Abbildung 10.18 e und f). Da die Probe bei etwa 63% der erwarteten Lebensdauer brach, konnte kein Hauptriss, der für das Versagen der Probe verantwortlich ist, ermittelt und die weitere Schädigungsentwicklung verfolgt werden. Es konnte aber nachgewiesen werden, dass auch bei dieser Probe die Mikrorisse an Korngrenzen entstehen und bevorzugt wachsen. Nur wenn sie auf günstig orientierte Gleitbänder treffen, werden diese auch in den Risspfad eingebunden. Die Probe weist bei 180 °C einen zu 60% vorliegenden interkristallinen und zu 40% vorliegenden transkristallinen Rissverlauf auf. Damit kann auch bei dieser Probe von einer Schädigungsentwicklung ausgegangen werden, die derjenigen des Schwerpunktwerkstoffs für T = 180 °C qualitativ vergleichbar ist. Nach dem Bruch der Probe wurde die Rissanzahl auf der Probenoberfläche bestimmt. Die Risse auf einer Probenhälfte, die sich im Bereich der Messstrecke befanden, wurden mit Hilfe von REM-Aufnahmen gezählt. Die Probe aus dem Außenbereich wies bei 180 °C ca. 200 Risse auf einer Probenhälfte auf. Des Weiteren waren etwa 50% der Körner mit Gleitbändern durchgezogen.

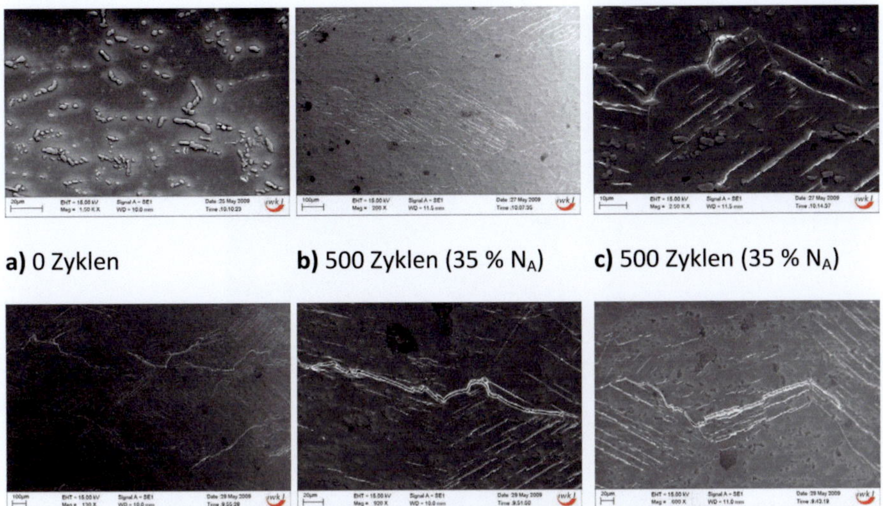

a) 0 Zyklen **b)** 500 Zyklen (35 % N_A) **c)** 500 Zyklen (35 % N_A)

d) 1.100 Zyklen (75 % N_A) **e)** 1.100 Zyklen (75% N_A) **f)** 1.100 Zyklen (75 % N_A)

Abbildung 10.18 REM-Untersuchungen der Schädigungsentwicklung an der Probe aus dem Außenbereich für $\varepsilon_{a,t}$ = 0,5 % und T= 180 °C

Abbildung 10.19 zeigt die Bruchfläche der untersuchten Probe aus dem Außenbereich. Auf der linken Seite ist die Dauerbruchfläche und auf der rechten Seite die Gewaltbruchfläche zu erkennen. Die genaue Stelle des Rissausgangs war aufgrund fehlender Bilder des Hauptrisses nicht zu ermitteln. Die Bruchfläche wurde beim Gewaltbruch teilweise zerdrückt. Dies machte eine genaue Bestimmung des Rissausgangs unmöglich. Der Hauptriss hat sich aber offensichtlich aus einer Vielzahl kleinerer Kurzrisse durch Zusammenschluss gebildet. In der Abbildung sind zwei typische Bereiche der Dauerbruchfläche und der Gewaltbruchfläche hervorgehoben. Die Dauerbruchfläche ist relativ glatt und vereinzelt Schwingstreifen zu erkennen. Die Gewaltbruchfläche weist den für diese Legierung typischen duktilen Wabenbruch auf. Allerdings weist die

Bruchfläche vereinzelt Stellen, die auf intermetallische Partikel oder Seigerungen mit schlechter Haftung zur Matrix hindeuten, wie in Abbildung 10.19 rechts ersichtlich ist, auf, was zur Verringerung der Schwingfestigkeit führt.

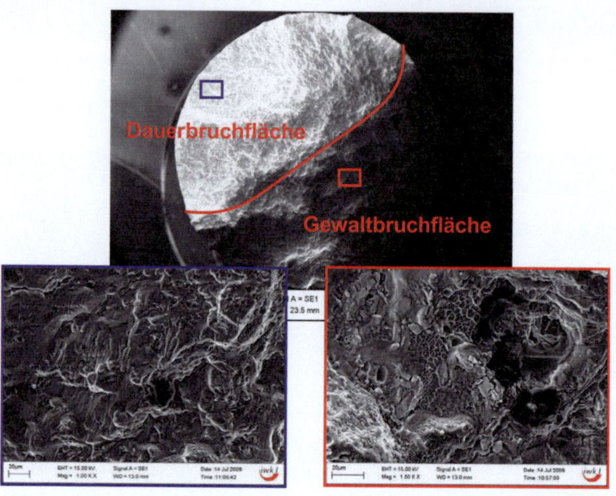

Abbildung 10.19 Bruchfläche der untersuchten Probe aus dem Außenbereich bei T= 180 °C

Die Untersuchung der Schädigungsentwicklung an einer Probe aus dem Kernbereich erfolgte ebenfalls mit einer Totaldehnungsamplitude von 0,5 %. Abbildung 10.20 a zeigt die polierte Probe vor Versuchsbeginn. Abbildung 10.20 b wurde nach 100 Zyklen bzw. 12% der Lebensdauer aufgenommen. Die Korngrenzen sind teilweise auf Längen von 100 - 180 µm plastiziert. Die Anzahl der Ausbrüche von intermetallischen Ausscheidungen hat im Vergleich zum unbelasteten Zustand etwas zugenommen. Nach 250 Zyklen bzw. einem Lebensdaueranteil von etwa von 29% (Abbildung 10.20 c) treten erste Risse mit einer Länge von ca. 145 µm auf. Diese Risse verlaufen interkristallin an den Korngrenzen zwischen Körnern und Subkörnern. Die Aufweitung des kleinen Risses kann möglicherweise auf lokale Eigenspannungen zwischen den Körnern und Subkörnern zurückgeführt werden. Daneben treten erste Gleitbänder in Körnern auf. Sie befinden sich alle am Rand der Körner nahe den Korngrenzen. In den Subkörnern wird keine Gleitbandbildung beobachtet.

Nach 500 Zyklen bzw. etwa 58% der Lebensdauer sind die Risse bis auf etwa 300 µm angewachsen (Abbildung 10.20 d). Sie verlaufen nun auch teilweise transkristallin entlang von Gleitbändern, die sich in den Körnern ausgebildet haben. Auch ist eine leichte Zunahme der Gleitbanddichte zu beobachten. Abbildung 10.20 e bestätigt diese Beobachtung anhand der Aufnahme einer anderen Stelle. Nach 600 Zyklen bzw. etwa 70 % der Lebensdauer ist die Risslänge auf ca. 700 µm angestiegen (Abbildung 10.20 f). Die Risse laufen hier nicht mehr nur an einem Gleitband entlang, sondern sie beginnen in andere Gleitbänder zu wechseln. Die Anzahl der Gleitbänder hat weiter zugenommen.

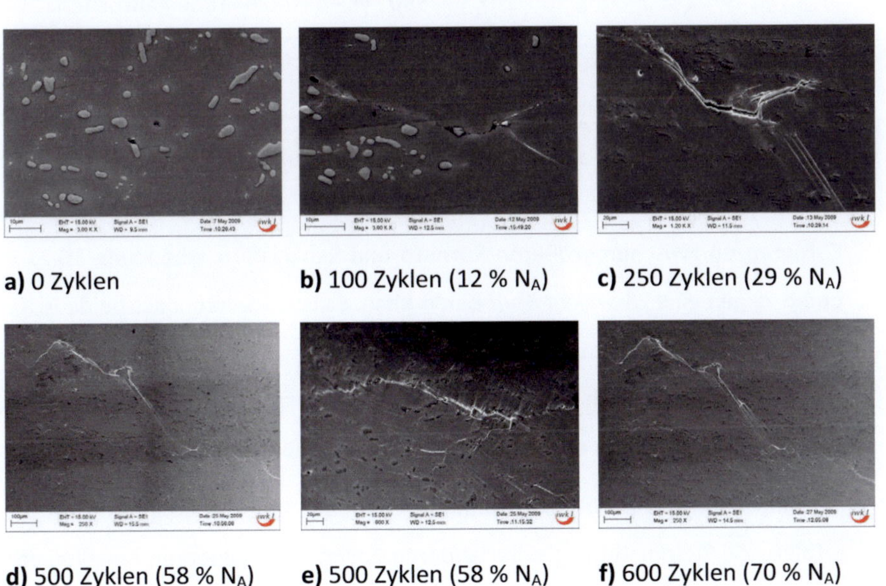

a) 0 Zyklen **b)** 100 Zyklen (12 % N_A) **c)** 250 Zyklen (29 % N_A)

d) 500 Zyklen (58 % N_A) **e)** 500 Zyklen (58 % N_A) **f)** 600 Zyklen (70 % N_A)

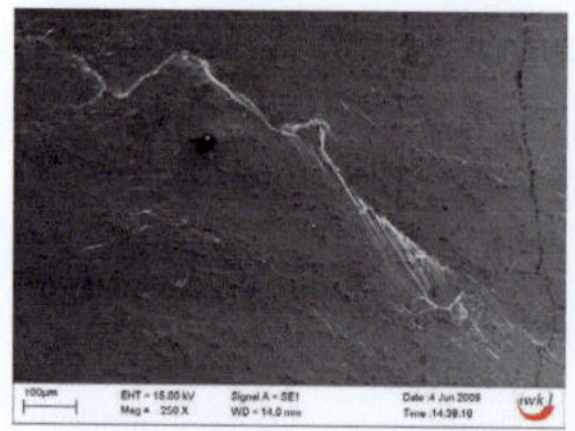

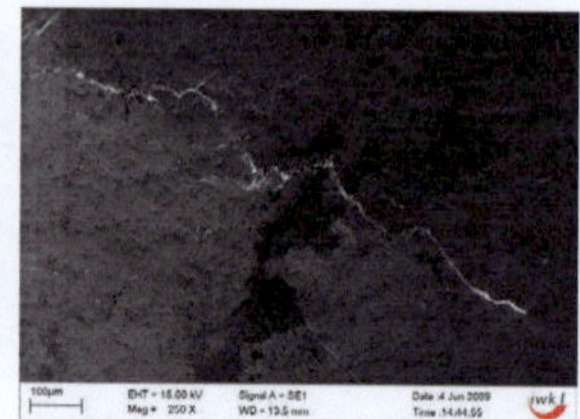

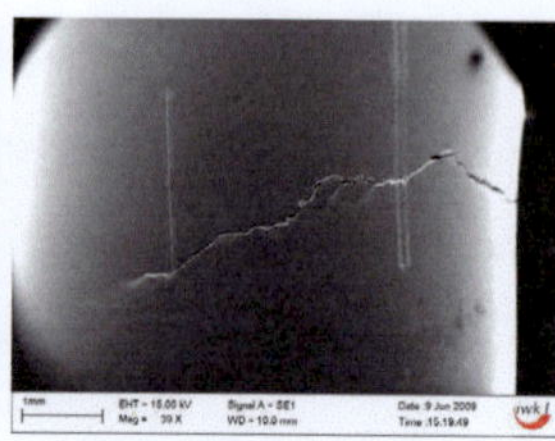

g) 800 Zyklen (93 % N_A) **h)** 800 Zyklen (93 % N_A) **i)** Hauptriss

Abbildung 10.20 Schädigungsentwicklung an der Oberfläche einer Probe aus dem Kernbereich bei $\varepsilon_{a,t}$ = 0,5 % und T = 180 °C

Bei 700 Zyklen (etwa 81 % von N_B) beträgt die Risslänge ca. 750 µm. Die Anzahl der Gleitbänder hat nur noch wenig zugenommen (Abbildung 10.20 g). Auch nach 800 Zyklen bzw. 93 % der Lebensdauer ist die Anzahl der Gleitbänder praktisch konstant geblieben. Die Länge der Kurzrisse ist auf bis zu 800 µm angewachsen (Abbildung 10.20 h). Bei 860 Zyklen ist die Probe gebrochen.

Nach dem Probenbruch wurde die Probenoberfläche angeätzt, um die Korngrenzen besser erkennen zu können. In Abbildung 10.21 wurden exemplarisch zwei Risse ausgewählt, anhand derer der Rissverlauf näher untersucht wurde. Bei beiden ist die Stelle der Rissinitiierung markiert. Beide Risse entstanden an Korngrenzen zwischen größeren Körnern und Subkörnern. Abbildung 10.21 c und d zeigen eine Übersicht über beide Risse. Es ist zu sehen, dass beide Risse hauptsächlich interkristallin verlaufen. An Stellen, an denen die Risse auf Körner getroffen sind, verlaufen sie transkristallin entlang von Gleitbändern. Bei Riss 1 ist zu sehen, dass er die Gleitbänder beim Wachstum häufig wechselt.

Bei dem Hauptriss (Abbildung 10.22), an dem die Probe auch gebrochen ist, erfolgte die Rissentstehung unter anderen Gesetzmäßigkeiten als bei allen anderen Rissen. Er wurde erst relativ spät (etwa 58 % der Lebensdauer) entdeckt. Er war an einer Fehlstelle entstanden und hatte zu diesem Zeitpunkt im Gegensatz zu den anderen zu diesem Zeitpunkt existierenden Kurzrissen eine ca. 4-fach größere Risslänge (ca. 1.240 µm). Das Kurzrisswachstumsverhalten war vergleich zu den übrigen mikroskopischen Anrissen. Er verläuft hauptsächlich unter 45° zur Hauptnormalspannung entlang von Korngrenzen. Teilweise bilden sich transkristalline Risspfadanteile entlang von Gleitbändern aus.

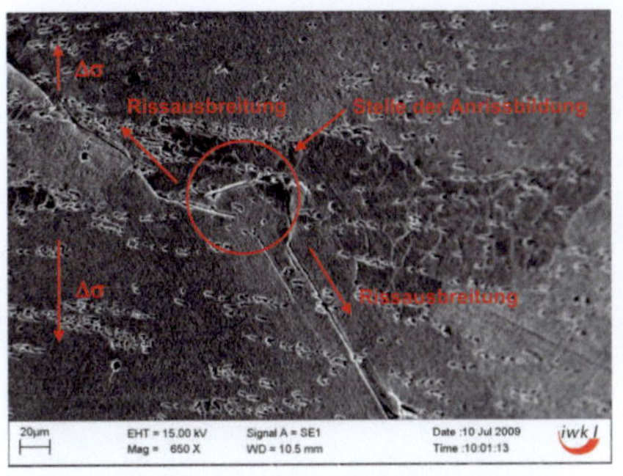

a) Riss1: Rissbildung an Subkörnern

b) Riss2: Rissbildung an Subkörnern

c) Riss1 geätzt

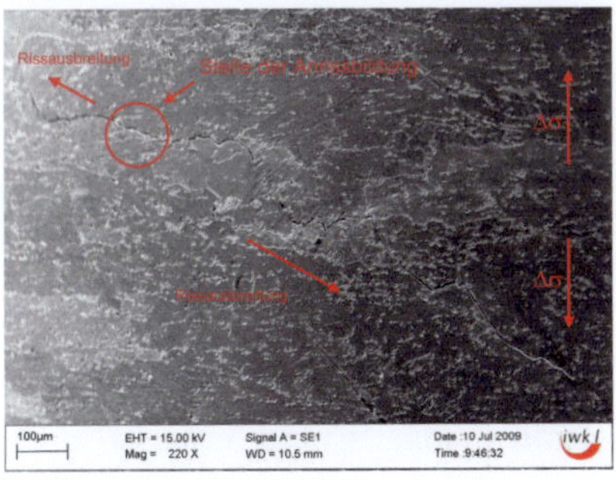

d) Riss2 geätzt

Abbildung 10.21 Rissbildung an Subkörnern bei einer Probe aus dem Kernbereich für T=180 °C

Die Risse auf einer Probenhälfte, die sich im Bereich der Messstrecke befanden, wurden mit Hilfe von REM-Aufnahmen gezählt. Insgesamt wurden etwa 100 Risse gezählt. Des Weiteren war ersichtlich, dass etwa 40% der Korngrenzen plastiziert wurden. Im Gegensatz zu 80 °C wurden Gleitbänder an etwa 10% der Körner beobachtet. Beim Rissfortschritt liegt ein Verhältnis von 80% interkristalliner Rissausbreitung und 20% transkristalliner Rissausbreitung vor. Hier fand die interkristalline Rissausbreitung im Gegensatz zum Außenbereich zwischen Korngrenzen und Subkorngrenzen statt.

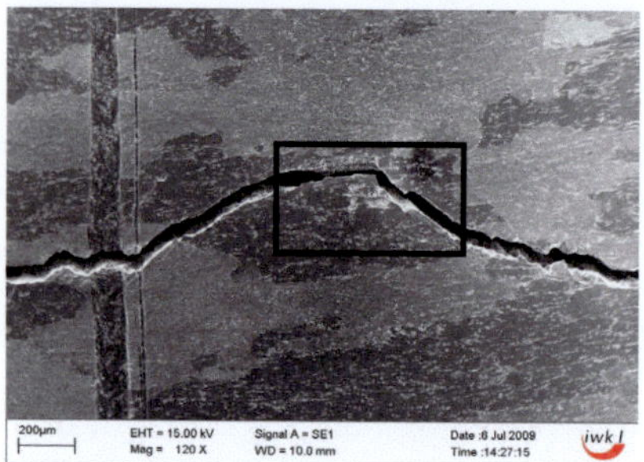

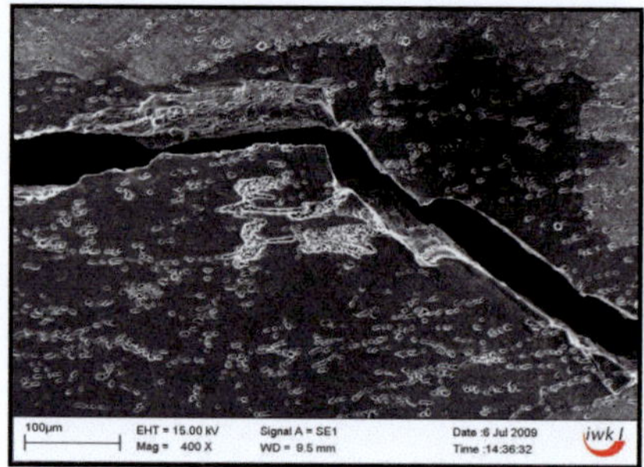

Abbildung 10.22 Initiierungsstelle des Hauptrisses: Probe aus dem Kernbereich für T=180 °C

10.4 Diskussion

Die Untersuchungen haben gezeigt, dass die große Ronde im Außenbereich einen Gefügezustand aufweist, der demjenigen des Schwerpunktwerkstoffes hinsichtlich der Zugfestigkeit und der Härte ähnelt, jedoch etwas größere Körner aufweist. Die Hall-Petch-Beziehung $\sigma_y = \sigma_o + k.d^{-1/2}$ wird häufig zur Beschreibung der Abhängigkeit der Fließgrenze σ_y von der Korngröße d verwendet [2]. σ_o ist hierbei die kritische Spannung des Einkristalls. Sie wird hauptsächlich durch die innere Reibung (Peierls-Spannung) des Materials bestimmt. Den

Grad der Abhängigkeit der Fließspannung von der Korngröße stellt der Koeffizient k dar. Im Vergleich zu Stahl haben Aluminium und seine Legierungen eine deutlich geringere Abhängigkeit der Fließgrenze von der Korngröße. In der geringeren Korngrößenabhängigkeit der Fließgrenze von Aluminium äußert sich das ausgeprägte Quergleitverhalten infolge seiner hohen Stapelfehlerenergie [52]. Abbildung 10.23 zeigt die Auftragung von $R_{p0,2}$ über den Reziprokwert aus der Wurzel des Korndurchmessers. Die angegebenen Werte der Korngröße beziehen sich auf die Durchmesser der größeren Körner und nicht der Subkörner.

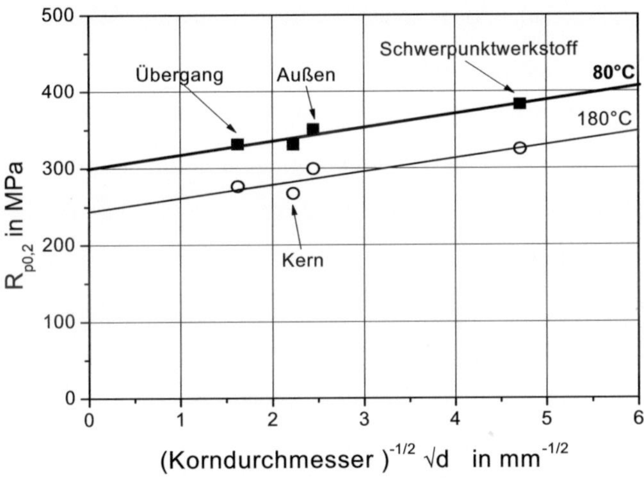

Abbildung 10.23 Abhängigkeit der Festigkeit von der Korngröße für die drei untersuchten Bereiche der großen Ronde und den Schwerpunktwerkstoff

Die jeweiligen Werte für T = 80°C und 180°C liegen näherungsweise auf Geraden, die zueinander parallel verlaufen. Mit sinkender Korngröße steigt erwartungsgemäß der Wert von $R_{p0,2}$. Die Zunahme von $R_{p0,2}$ mit der Korngröße ist aufgrund der Parallelität der Geraden für beide Temperaturen identisch. Daraus kann man schlussfolgern, dass die Abhängigkeit die Festigkeit von der Korngröße mit der Hall-Petch-Beziehung für einen praxisrelevanten Anwendungsbereich sehr gut beschreibbar ist.

Der Einfluss der Mikrostruktur bzw. der Gefügezustände auf die Ermüdungseigenschaften ist wesentlich komplizierter. Insgesamt sind die an Proben aus dem großen Schmiederohling ermittelten Lebensdauern kleiner als diejenige von Proben aus den kleineren Schmiederohlingen des Schwerpunktwerkstoffs. Bei 80 °C liegen die dem Außenbereich des großen Schmiederohlings entnommenen Proben mit ihren Lebensdauern zwar noch relativ nah an bzw. im Streubereich der Totaldehnungswöhlerlinie des Schwerpunktwerkstoffs, die Proben aus dem Übergangs- und dem Kernbereich erreichen aber nur noch deutlich kleinere Lebensdauern (vgl. Abbildung 10.6). Der vorliegenden Ergebnisse deuten an, dass die Lebensdauerunterschiede mit abnehmender Beanspruchung größer werden. Bei 180 °C weisen die dem Außenbereich entnommenen Proben des großen Schmiederohlings ebenfalls niedrigere Lebensdauern auf als die Proben aus den kleineren Rohlingen des Schwerpunktwerkstoffes (vgl. Abbildung 10.17). Auch hier deutet sich an, dass die Lebensdauerunterschiede mit abnehmender Beanspruchung größer werden.

Der Vergleich der Versuche bei 180 °C und 80 °C zeigt unterschiedliche Verläufe der Anrisslastspielzahl in Abhängigkeit vom Abstand zum Rand. Abbildung 10.24 zeigt die Anrisslebensdauer bei einer Totaldehnungsamplitude von 0,5 % für T = 80 °C und 180 °C in Abhängigkeit vom Abstand zum Rand. Bei 180 °C liegt die Lebensdauer N_A deutlich höher als bei 80 °C und fällt viel stärker ab. Ein ähnliches Verhalten wurde für den Schwerpunktwerkstoff bereits festgestellt (vgl. Abbildung 7.31). Hingegen weist das heterogene Gefüge im Übergangs- sowie Kernbereich niedrigere Lebensdauer auf. Während bei 80 °C die Lebensdauer N_A bis etwa 120 mm nur wenig mit steigendem Abstand vom Rand abnimmt, ist bei 180 °C die Anrisslastspielzahl schon bei etwa 50 mm Abstand vom Rand auf etwa 1.000 Zyklen, also deutlich weniger als die Hälfte der Lebensdauer der Proben aus dem Außenbereich, abgefallen.

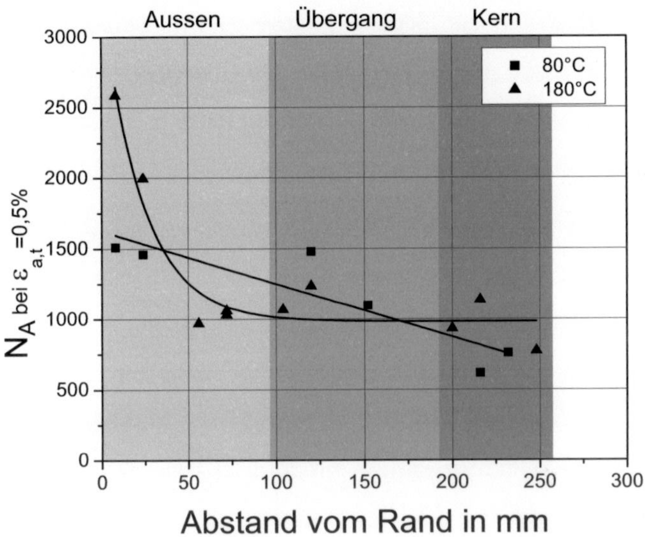

Abbildung 10.24 Anrisslastspielzahl bei $\varepsilon_{a,t}$ = 0,5 % in Abhängigkeit vom Entnahmeabstand zum Rand

In Abhängigkeit der Bauteildicke treten unterschiedliche Abkühlgeschwindigkeiten ab einem Abstand zum Rand auf. Bei Abschreckgeschwindigkeiten zwischen 400-290 °C/ s liegt dieser Abstand für Al-Cu-Knetlegierungen bei etwa 20 mm [52]. Dementsprechend zeigen die Untersuchungsergebnisse, dass die ermittelten LCF-Lebensdauern bis zu einem Abstand von etwa 25 mm zum Rand wesentlich hoch liegen (Abbildung 10.24). Dies deutet darauf hin, dass die Aushärtung in diesem Randbereich deutlich erfolgreich war. Untersuchungen zum Einfluss unterschiedlicher Abschreckgeschwindigkeiten auf die Bruchzähigkeit der Al-Legierung 6156 haben bereits ergeben, dass die Bruchzähigkeit deutlich von der Abschreckgeschwindigkeit anhängt, da niedrigere Abschreckgeschwindigkeiten zu breiteren AFZ sowie zur Entstehung grober Ausscheidungen an den Korngrenzen führen [117]. Daher können niedrigere Abkühlgeschwindigkeiten zur Bildung größerer ausscheidungsfreien, korngrenzennahen Bereiche im Inneren der ausscheidungsgehärteten, großen Ronde führen, die die interkristalline Rissbildung fördern und somit zu niedrigeren LCF-Lebensdauern führen können.

Es ist festzustellen, dass die unterschiedlichen Lebensdauern der Proben aus unterschiedlichen Entnahmepositionen Folge der lokal vorliegenden Mikrostruktur des Werkstoffes sind. Die Untersuchungen zeigen, dass sich die drei Bereiche im Gefüge deutlich unterscheiden. Der Außenbereich besteht nur aus etwa gleich großen Körnern. Der Übergangs- und Kernbereich hingegen bestehen aus Körnern und Subkörnern mit unterschiedlichen Größen (vgl. Abbildung 3.11).

Die Unterschiede in der Korn- und in der Ausscheidungsstruktur sind technologisch bedingt. Sie sind Folge des Herstellungsprozesses des Schmiederohlings und der durchgeführten Wärmebehandlung. Die Körner im Übergangs- und Kernbereich weisen deutlich größere Körner mit einem mittleren Korndurchmesser von jeweils 378 und 201 µm auf, die eine stark ausgeprägte Längsstreckung zeigen, während die Körner im Außenbereich einen mittleren Korndurchmesser von 167 µm aufweisen (vgl. Abschnitt 3.4).

Die Längsstreckung der Körner wird typischerweise durch die Umformung ausgelöst [141]. Offensichtlich ist das Vormaterial für die Schmiedeteile eine Stange, die im Strangpressverfahren hergestellt wurde. Ein äquiaxiales Gefüge hingegen, wie im Außenbereich (vgl. Abbildung 3.11 a) sowie im Schwerpunktwerkstoff (vgl. Abbildung 3.4 a), entsteht in der Regel durch Rekristallisation [150]. Die Rekristallisation hängt sowohl von der Rekristallisationstemperatur als auch vom Verformungsgrads ab [4]. Untersuchungen zum Warmumformungsverhalten der Al-Knetlegierung 2618 haben bereits gezeigt, dass eine vollständige Rekristallisation bei etwa 500 °C stattfinden kann [64]. Özbek [139] hat beobachtet, dass die vollständige Rekristallisation bei 530 °C und einer Glühdauer von 24 h stattfand. In diesem Temperaturbereich wurde die Aushärtung der untersuchten Rohlinge durchgeführt. Daraus kann man die Schlussfolgerung ziehen, dass der Außenbereich während der Aushärtung vollrekristallisiert wurde.

Hingegen kam es im Übergangs- sowie im Kernbereich zur Bildung von Subkörnern innerhalb der längsgestreckten (sog. Pancake) Körner. Ausgangspunkt der Rekristallisation ist das Verformte Gefüge, in dem sich die Subkörner bilden und auf dessen Kosten sich ausbreiten [2]. Der Anteil der Subkörner liegt bei 15% im Übergangsbereich und bei 50% im Kernbereich. Entsprechend weisen die Subkörner des Kernbereichs die zweifache Größe der Subkörner des Übergangsbereichs auf. Daraus lässt sich ableiten, dass der Kernbereich dem Rekristallisationstemperaturbereich wesentlich länger als der Übergangsbereich ausgesetzt war. Demzufolge weist das Gefüge des Kernbereichs kleinere Korngröße als das Gefüge des Übergangsbereichs auf (vgl. Tabelle 3.4). Der Grund dafür liegt darin, dass es beim Abschrecken infolge der Bauteilgröße zu einer längeren Glühdauer im Kernbereich als im Übergangsbereich kam.

Hinsichtlich der Schädigungsentwicklung weisen die Außenproben wesentliche Unterschiede zu den Kernproben auf, die bei der Beurteilung der Anrisslebensdauer berücksichtigt werden müssen. Beim Vergleich der beiden dem Außenbereich entnommenen Proben bei 80 °C und 180 °C zeigt sich, dass die Mikrorissbildung bei etwa der gleichen Lebensdauer beginnt (siehe Abbildung 10.25). Bei 80 °C ein wenig später (bei 39 % N_B) und bei 180 °C ein wenig früher (35 % N_B). Bei den Proben aus dem Kernbereich zeigt sich ein umgekehrter Fall. Bei 80 °C bilden sich erste Mikrorisse nach etwa 22 % N_B und bei 180 °C nach etwa 29 % N_B. Die Proben aus dem Außenbereich zeigen damit einen späteren Rissbeginn (gemittelt bei etwa 37 % N_B) als die Kernproben (gemittelt bei etwa 26 % N_B). Dies ist offensichtlich auf die unterschiedlichen Kornstrukturen zurückzuführen, insbesondere der Anteil der Subkörner, die einen wesentlichen Einfluss auf die Rissinitiierung haben. Je mehr Subkörner in der Matrix vorliegen (im Kern etwa 50 %) umso früher setzt die mikroskopische Rissbildung ein. Die Korngrenzen der Subkörner scheinen schwächer zu sein als die Korngrenzen der Körner.

Die Mikrorissanzahl der Proben ist auch sehr unterschiedlich. Nach dem Bruch der Proben wurde die Anzahl auf der Probenoberfläche vorhandenen Sekundärrisse bestimmt. Die Probe aus dem Randbereich weist nach dem Versuch bei 80 °C etwa 100 sekundären Mikrorisse auf. Bei der bei 180 °C geprüften Probe werden mit etwa 200 praktisch doppelt so viele mikroskopische Sekundärrisse gefunden. Dieser Unterschied der Anzahl ist durch den Temperaturunterschied zu erklären. Ein ähnliches Verhalten wurde beim Schwerpunktwerkstoff ebenfalls beobachtet (vgl. Kapitel 7).

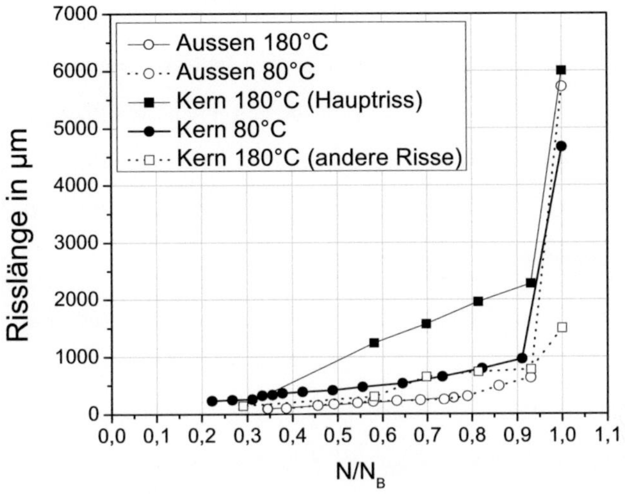

Abbildung 10.25 Kurzrisswachstum in Abhängigkeit der auf die Bruchlastspielzahl bezogenen Lastspielzahl

Bei höheren Temperaturen können sich die Korngrenzen stärker plastisch verformen als bei niedrigen Temperaturen. Dadurch können sich die Risse leichter bilden. Die Rissinitiierung wird begünstigt dadurch, dass sich bei höherer Temperatur viel mehr Gleitbänder bilden konnten, an denen sich die Risse leichter ausbreiten konnten (bei 80 °C sind 20 % und bei 180 °C sind 50 % der Probenoberfläche bedeckt von Gleitbändern). Bei der Probe aus dem Kernbereich haben sich bei 80 °C lediglich 5 Risse auf einer Probenhälfte gebildet. Bei T = 180 °C hingegen ca.100. Dies hängt auch wiederum mit der Existenz der Gleitbänder und Schwächung der Korngrenzen durch hohe Temperatur zusammen. Bei 80 °C bilden sich nur sehr wenig Gleitbänder (1% auf der Probenoberfläche) und bei 180 °C mehr Gleitbänder (10% auf der Probenoberfläche). Dadurch war das Risswachstum bei 80 °C fast nur auf interkristalline

Rissausbreitung beschränkt. Bei 180 °C hingegen waren die Gleitbänder zusätzliche mögliche Risspfade. Dies bestätigt sich bei einem Vergleich von Proben aus dem Rand- und dem Kernbereich bei gleichen Temperaturen. Die Proben aus dem Kernbereich weisen im Verhältnis zu den Proben aus dem Randbereich weniger Risse auf. Dies liegt daran, dass sich die Risse bei den Proben aus dem Kernbereich bevorzugt an den offensichtlich schwächeren Subkorngrenzen bilden.

Das Risswachstumsverhalten ist bei den verschiedenen Proben sehr unterschiedlich. Die Probe aus dem Außenbereich bei 80 °C weist einen ausnahmslos interkristallinen Rissverlauf auf. Dieser wird durch wenig existierende Gleitbänder begünstigt. Die Proben aus dem Außenbereich bei 180 °C weist dagegen etwa 60 % interkristallinen und etwa 40 % transkristallinen Rissverlauf auf. Offensichtlich erleichtert die höhere Temperatur die transkristalline Rissausbreitung. Ursache könnte die verstärkte Versetzungsaktivität sein, die sich auch in einer verstärkten Gleitbandbildung äußert. Risswachstum innerhalb der Körner wird praktisch ausschließlich entlang von Gleitbändern beobachtet.

Bei den Proben aus dem Kernbereich ist ein anderes Verhalten vorzufinden. Bei 80 °C ist der Rissverlauf zu etwa 80 % interkristallin innerhalb der Subkorngrenzen und nur 20 % transkristallin innerhalb der größeren Körner entlang von Gleitbändern. Offensichtlich sind die Korngrenzen der Subkörner schwächer als die der größeren Körner. Deshalb breitet sich der Riss bevorzugt an den Korngrenzen der Subkörner aus und weniger entlang der Korngrenzen der Körner. Die Rissausbreitung an Gleitbändern innerhalb der Körner ist leichter möglich als die Rissausbreitung entlang der Korngrenzen. Bei 180 °C liegt ebenfalls ein Verhältnis von etwa 80 % interkristalliner Rissausbreitung und etwa 20 % transkristalliner Rissausbreitung vor. Hier findet die interkristalline Rissausbreitung aber entlang von Korngrenzen größerer Körner und Subkorngrenzen statt. Die Rekristallisation in einem übersättigten Mischkristall ist eine besondere Erscheinungsform der Rekristallisation [2]. TEM-Untersuchungen der ausscheidungsgehärteten Al-Legierung 7075 [119] haben gezeigt, dass sich die Gleichgewichtsphase bei langsamen Abkühlgeschwindigkeiten an Korngrenzen bilden und somit die Rissinitiierung dort begünstigen kann (vgl. Abbildung 2.16). Die Schädigungsuntersuchung zeigte, dass die Rissinitiierung bei 180 °C hauptsächlich an Korngrenzen zwischen Körnern und Subkörnern stattfand (vgl. Abbildung 10.21). Offensichtlich kam es zur Bildung der Gleichgewichtsphase infolge der langsamen Abkühlgeschwindigkeit in der großen Ronde an den Korngrenzen zwischen Subkörnern und Körnern, so dass die Rissinitiierung dort begünstigt wurde.

Der Vergleich zwischen Proben aus dem Kern- und dem Außenbereich zeigt, dass sich bei 180 °C bei den Proben aus dem Außenbereich mit etwa 40 % deutlich mehr Anteile an transkristallinem Rissverlauf, überwiegend entlang von Gleitbändern, finden. Bei Proben aus dem Kernbereich werden dagegen nur etwa 20 % transkristalline Rissverlaufsanteile gefunden. Dies liegt wahrscheinlich daran, dass transkristallines Risswachstum nur innerhalb der größeren Körner und nicht in den Subkörner auftritt. Subkörner finden sich jedoch nur im Übergangs- und im Kernbereich, wodurch der Anteil an größeren Körnern insbesondere im Kernbereich deutlich kleiner ist. In Proben aus dem Kernbereich sind nur die Hälfte der Körner größere Körner. Alleine dadurch reduziert sich Wahrscheinlichkeit transkrislliner Rissausbildung deutlich.

Die Ergebnisse aus der Auftragung der Risslänge in Abhängigkeit der Lebensdauer haben gezeigt, dass mikroskopische Risse im Proben aus dem Außenbereich im Vergleich zum Schwerpunktwerkstoff früher initiiert wurden. Dies kann auf die Höhe der Totaldehnungsamplitude bzw. die Höhe der plastischen Dehnung zurückgeführt werden. Eine plastische Verformung wird üblicherweise noch nicht als schädigend betrachtet. Bei dem hier untersuchten Werkstoff führt eine plastische Wechselverformung aber zu lokalisierten Plastizierungen an Korngrenzen. Diese lokalisierte Plastizierung kann aber bereits als Vorstufe der Rissinitiierung und damit als erste Werkstoffschädigung betrachtet werden. Schädigungsuntersuchungen an der Probe aus dem Außenbereich bei T= 180 °C machen es deutlich, dass die Risse nach nur 500 Zyklen bzw. nach 25 % der erwarteten Lebensdauer eine Länge von 100 µm erreichen können, während beim Schwerpunktwerkstoff die gleiche Risslänge erst nach 6.000 Zyklen, d.h. bei der etwas kleineren Totaldehnungsamplitude nach etwa 40 % der Anrisslebensdauer beobachtet wurde. Daher hängt die Initiierungsphase mikroskopischer Risse nicht nur von der Temperatur sondern auch von der Höhe der plastischen Verformung ab.

Hinsichtlich der Rissinitiierungsstelle kann festgehalten werden, dass Korngrenzen bei sämtlichen untersuchten Randbedingungen der Ort für die Rissbildung waren. Im Schwerpunktwerkstoff betrug der mittlere Korndurchmesser 46 µm. Hingegen wurde ein mittlerer Korndurchmesser von etwa 167 µm im Außenbereich der großen Ronde ermittelt. Also werden die Rissinitiierung bzw. die auftretenden Risslängen auch von den unterschiedlichen Korngrößen beeinflusst. Abbildung 10.26 stellt das Schema der Rissbildung und Wachstum dar.

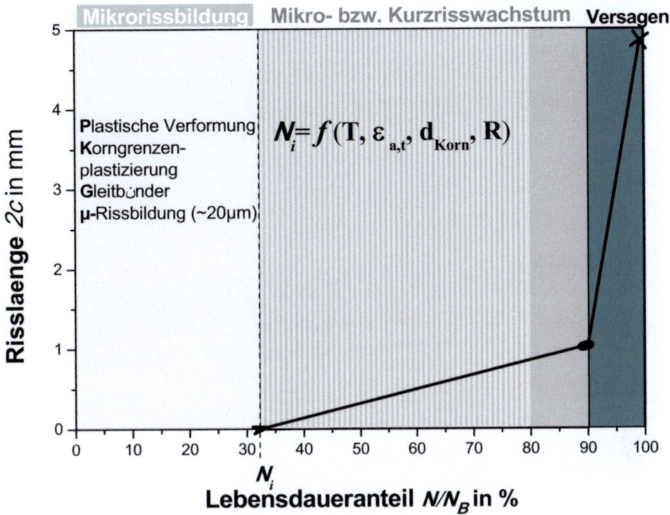

Abbildung 10.26 Schema der Oberflächenrissbildung in Abhängigkeit der Lebensdauerphasen

Die gesamte Lebensdauer kann in drei Phasen unterteilt werden. Eine rissfreie Rissinitiierungsphase, in der die mikrostrukturellen Veränderungen schließlich zur Materialtrennung in der Größenordung von etwa 20 µm führen. Danach wachsen die Mikrorisse zu kleinen Rissen, die sich eventuell mit anderen benachbarten Rissen vereinigen können. Die Kurzrisswachstumsphase endete mit der Bildung eines makroskopischen Risses, der im Rahmen dieser Untersuchungen an der Oberfläche eine Länge von über einem Millimeter aufwies. In der dann folgenden Makrorisswachstumsphase wachsen die Risse in den Proben relativ schnell und es kommt zum Versagen der Probe durch Gewaltbruch.

11 Zusammenfassung und Ausblick

Im Schmiederohling wurde ein Faserverlauf bzw. eine bevorzugte Orientierung der intermetallischen Phase Al_9FeNi festgestellt. Proben aus unterschiedlichen Entnahmestellen haben die gleichen Kennwerte im Zugversuch sowie bei den Härtemessungen gezeigt.

Die Festigkeitskennwerte sinken deutlich mit zunehmender Temperatur. Bei Raumtemperatur wurden Zugfestigkeiten zwischen 424 und 440 MPa und 0,2%Dehngrenzen zwischen 365 und 390 MPa gemessen. Der ermittelte Mittelwert des E-Moduls beträgt 74 GPa bei Raumtemperatur. Bei 80 °C weist der Werkstoff kaum Änderungen in der Festigkeit im Vergleich zur Raumtemperatur, aber eine leichte Abnahme des E-Moduls auf 72 GPa auf. Ab einer Versuchstemperatur von 150 °C nimmt die Festigkeit stark ab. Dabei war die Zugfestigkeit im Durchschnitt 374 MPa und die 0,2%Dehngrenze 346 MPa. Für T= 180 °C wurden Zugfestigkeiten von 336 bis 343 MPa und 0,2%Dehngrenzen von 320 bis 325 MPa ermittelt. Bei 200 °C wurde eine deutliche Streuung der Festigkeitswerte festgestellt, die möglicherweise auf ein unterschiedliches Überalterungsverhalten der Proben zurückzuführen ist. Die Ergebnisse der durchgeführten Kurzzeit-Kriechversuche und der Kurzzeit-Ralaxationsversuche korrelieren mit dem Festigkeitsabfall aus den Zugversuchen, wobei die Diffusionsvorgänge bei erhöhter Temperatur das zeitabhängige Werkstoffverhalten besonders bei 180 °C und 200 °C ausprägen. Bei diesen Temperaturen wurde auch eine verstärkte Spannungsrelaxation bei gleicher Totaldehnung beobachtet.

Im Rahmen der durchgeführten Untersuchungen wurden Daten und Werkstoffkennwerten zur Beschreibung des isothermen LCF-Verhaltens der Legierung 2618A im Zustand T6 im Temperaturbereich von 20 °C bis 180 °C ermittelt. Das LCF-Lebensdauerverhalten kann durch den Ansatz von Manson-Coffin beschrieben werden. Die LCF-Lebensdauer steigt für eine gegebene Totaldehnungsamplitude mit zunehmender Temperatur von 20 °C über 80 °C bis 150 °C an. Das Maximum der Lebensdauer liegt bei etwa 150 °C. In diesem Temperaturbereich wird die Ausscheidungshärtung der Legierung durchgeführt und dort ist offensichtlich die Wechselwirkung zwischen der Versetzungsbewegung und den intermetallischen Ausscheidungen optimal.

Der Werkstoff weist zwei unterschiedliche Wechselverformungsverhaltene auf: ein neutrales Wechselverformungsverhalten in dem Temperaturbereich von 20 °C bis 80 °C und ein entfestigendes Verhalten im Temperaturbereich von 150 °C bis 180 °C. Die Schädigungsentwicklung wurde bei zwei Temperaturen, die für das jeweilige Wechselverformungsverhalten stehen (T = 80 °C und T = 180 °C), im Detail an polierten Proben im Rasterelektronenmikroskop untersucht. Der Mitteldehnungseinfluss bei T= 80 °C ist nur bei kleinen Dehnungsamplituden $\varepsilon_{a,t} \leq 0{,}5\%$ zu verzeichnen. Dabei stellen sich bei höheren Dehnungsverhältnissen kleinere Lebensdauern ein, da hier die Mittelspannungen wesentlich höher sind und dadurch die Mikrorissausbreitung begünstigt wird. Auch bei T= 180 °C haben die induzierten Zugmittelspannung einen entscheidenden Einfluss auf das Lebensdauerverhalten. Bei der kleinsten Totaldehnungsamplitude ist dieser Effekt am größten. Mit steigender Totaldehnungsamplitude nehmen die induzierten Zugmittelspannungen stark ab, wobei die plastischen Dehnungsamplituden zunehmen. Zur Bewertung des Einflusses unterschiedlicher Beanspruchungen auf das Lebensdauerverhalten kann sowohl bei 80 °C, als auch bei 180 °C der Schädigungsparameter nach Smith, Watson und Topper herangezogen werden.

Zum besseren Verständnis des Einfluss der Temperaturbelastung wurde das LCF-Verhalten stichprobenartig an überalterten Proben untersucht. Erwartungsgemäß nehmen mit zunehmender Auslagerungstemperatur die induzierten Spannungen ab und die plastischen Dehnungsamplituden zu. Mit steigender Auslagerungstemperatur wird zunehmend auch ein quasi-neutrales Wechselverformungsverhalten beobachtet. Die an den ausgelagerten Proben ermittelten Lebensdauern liegen im Bereich der Streuung der Proben des Ausgangszustandes.

Anhand der Oberflächenuntersuchung konnte gezeigt werden, dass sich bei 80 °C der Riss an der Oberfläche interkristallin entlang der Korngrenzen ausbreitet und schnell nach dem Anriss zum Versagen führt. Offensichtlich wird die interkristalline Rissbildung als Folge der Mikroplastizierung in den ausscheidungsfreien Zonen nahe den Korngrenzen. Die Bruchfläche lieferte jedoch einen Mischbruch. Das bedeutet, dass die Rissausbreitung im Werkstoff inter- und transkristallin verläuft.

Bei 180 °C jedoch wurde ein anderes Verhalten festgestellt. Die Schädigung setzte im Vergleich zu 80 °C viel früher in der Lebensdauer ein. Zusätzlich konnten auch Gleitbänder beobachtet werden. Da diese wie Kerben an der Oberfläche wirken, konnten sich die Risse auch transkristallin entlang der Gleitbänder ausbreiten. Der Rissfortschritt erfolgt mittels Zusammenwachsen dieser zuvor gebildeten Schwachstellen überwiegend an der Oberfläche. Aufgrund der Entfestigung führte dies aber nicht gleich zum Probenbruch, sondern hatte sogar höhere Lebensdauern zur Folge.

Die Steigerung des Lastverhältnisses führt zur Beschleunigung die Schädigung an den Korngrenzen, während die Schädigung an den Gleitbändern hauptsächlich von der Schwingspielzahl abhängen. Dadurch wird der Einfluss des Lastverhältnisses bei 80 °C ausgeprägter insbesondere bei kleinen Totaldehnungsamplituden als bei 180 °C. Offensichtlich sind die sich entwickelnden Mittelspannungen für das Lebensdauerverhalten verantwortlich. Die genauere Betrachtung der Höhe der Mittelspannung für die zwei unterschiedlichen Lastverhältnisse $R_\varepsilon = 0$ und $R_\varepsilon = 0{,}33$ zeigt, dass sich für $R_\varepsilon = 0{,}33$ höhere Mittelspannungswerte einstellen.

In der Auftragung der Lebensdauer gekerbter Proben über der Nenndehnungsamplitude findet man diesen Zusammenhang als durchgezogene Linie eingetragen. Im Bereich niedriger Temperatur weist der lineare Zusammenhang einen steileren Abfall der Anrisslebensdauer bei höherem Lastverhältnis auf, während sich die Neigung der Korrelationsgerade bei hoher Temperatur kaum ändert. Es zeigt sich, dass der Einfluss der Mitteldehnung auf das Lebensdauerverhalten der Kerbproben für T= 80 °C mit steigender Nenndehnungsamplitude zwar abnimmt, im Lebensdauerbereich $N_A > 10^2$ bei identischen Nenntotaldehnungsamplituden positive Mitteldehnungen immer zu kürzeren Lebensdauern führen. Analog zu den Ergebnissen an glatten Proben lässt sich der Einfluss unterschiedlicher Nennmitteldehnungen auf das Lebensdauerverhalten der Kerbproben eventuell mit den induzierten Spannungen erklären, die zur Risskoalezens und eventuell zur früheren Überschreitung des Schwellenwerts.

Grundsätzlich unterscheidet sich die Schädigungsentwicklung bei glatten und gekerbten Proben nicht. Auch bei den Kerbproben bilden sich zunächst lokale Verformungsmerkmale an den Korngrenzen. An derart geschädigten Korngrenzen bilden sich dann auch erste mikroskopische Risse, die dann überwiegend entlang der Korngrenzen wachsen. Die mehrachsige gradientenbehaftete

Beanspruchung im Kerbgrund beschleunigt lediglich den Schädigungsprozess im Vergleich zur homogenen Beanspruchung glatter Proben und fördert die Rissausbreitung in Umfangsrichtung im Vergleich zum Tiefenwachstum. Die interkristallinen Risse dominieren die Rissbildung. Die in den ausgeprägten Gleitbändern vorhandenen Mikrorisse erleichtern die Rissausbreitung an der Oberfläche. Für T = 180 °C führt eine Mitteldehnung unabhängig von der Höhe der Nenndehnungsamplitude zu einer leichteren Verringerung der Anrisslebensdauer der Kerbproben. Auch bei dieser Temperatur dürfte das Lebensdauerverhalten im Wesentlichen von den im Kerbgrund lokal induzierten wahren Spannungen bestimmt sein. Im Allgemeinen wurde es durch die Schädigungsversuche bestätigt, dass die höheren Mittelspannungen zur Beschleunigung des Risswachstums als Folge Vereinigung benachbarter kleiner Risse führen.

Zur Untersuchung des Größeneinflusses wurden Proben aus einem Schmiederohling mit einem Durchmesser von 530 mm und einer Höhe von 200 mm untersucht. Es wurde der Unterschied des Werkstoffes zwischen Außen, Übergang und Kern untersucht. Es existieren unterschiedliche Gefügezustände im Bauteil. Die Korngröße in den drei Bereichen ist unterschiedlich. Es existieren Subkörner im Bauteil. Am Rand treten keine Subkörner auf. Im Übergangsbereich liegt der Subkornanteil bei 15% und im Kern liegt der Subkornanteil bei 50%. Die Zugfestigkeit nimmt vom Außenbereich zum Kernbereich ein wenig ab. Sie fällt vom Außenbereich von R_m = 411 MPa über den Übergangsbereich mit R_m = 385 MPa auf R_m = 382 MPa im Kernbereich ab. Die Abhängigkeit die Festigkeit von der Korngröße ist mit der Hall-Petch-Beziehung für einen praxisrelevanten Anwendungsbereich sehr gut beschreibbar. Die LCF-Lebensdauer nimmt vom Außenbereich zum Kernbereich auf ungefähr die Hälfte ab. Die

Abnahme der Lebensdauer ist somit abhängig von der Anzahl der Subkörner. Je höher der Subkornanteil, umso geringer die LCF-Lebensdauer. Die LCF-Lebensdauer des hier untersuchten Schmiederohlings ist bei allen untersuchten Dehnraten und Temperaturen geringer als die des Schwerpunktwerkstoffes. Hinsichtlich der Schädigungsentwicklung weisen die Außenproben wesentliche Unterschiede zu den Kernproben auf. Die Proben aus dem Außenbereich zeigen damit einen späteren Rissbeginn als die Kernproben. In den Kernproben entstehen die Mikrorisse bevorzugt an Korngrenzen der Subkörner. Je mehr Subkörner in der Matrix vorliegen umso früher setzt die mikroskopische Rissbildung ein. Die Korngrenzen der Subkörner scheinen schwächer zu sein als die Korngrenzen der Körner.

Die gesamte Lebensdauer kann in drei Phasen unterteilt werden. Eine rissfreie Rissinitiierungsphase, in der die mikrostrukturellen Veränderungen schließlich zur Materialtrennung in der Größenordung von etwa 20 µm führen. Danach wachsen die Mikrorisse zu kleinen Rissen mit einer Größe von etwa 350 µm, die sich eventuell mit anderen benachbarten Rissen vereinigen können. In dieser Kurzrisswachstumsphase führt eine Zugmittelspannung zur Beschleunigung des Kurzrissfortschritts. Die Kurzrisswachstumsphase endete mit der Bildung eines makroskopischen Risses, der im Rahmen dieser Untersuchungen an der Oberfläche eine Länge von über einem Millimeter aufwies. Allerdings spielt die Beanspruchungshöhe eine maßgebliche Rolle beim Übergang zum Langrisswachstum. In der dann folgenden Makrorisswachstumsphase wachsen die Risse in den Proben relativ schnell ohne nennenswerten Einfluss der mikrostrukturellen Hindernisse und es kommt zum Versagen der Probe durch Gewaltbruch.

Es ist festzustellen, dass die Korngrenze die schwächste Stelle hinsichtlich der Schädigung darstellt. Daher empfiehlt sich, den Einfluss der Kaltverformung nach dem Abschrecken sowie der Aushärtung in einem breiten Temperaturbereich (z.B. zwischen 150 °C und 180 °C) auf das LCF-Verhalten der Legierung zu untersuchen. Ferner ist festzustellen, dass die intermetallischen Partikel von Typ AlFeNi einen negativen Einfluss auf die LCF-Lebensdauer der Al-Knetlegierung 2618 haben können. Daher empfiehlt sich, eine Legierungsvariante ohne Fe bzw. Ni Zusätze zu untersuchen, da ein besseres Lebensdauerverhalten dieser Legierung ohne die intermetallischen Partikel erwartet werden kann.

12 Literaturverzeichnis

[1] von Hartrott P. Verbesserte Methoden zur Lebensdauerberechnung von Abgasturbolader-Radialverdichterräder aus hochwarmfesten Aluminium-legierungen In: Main Fa, Editor. Tagungsband FVV 2010. p.135.

[2] Gottstein G. Physikalische Grundlage der Materialkunde. Berlin: Springer Verlag, 2001.

[3] Hornbogen E. Metalle. Berlin: Springer 2008.

[4] Macherauch E. Praktikum im Werkstoffkunde. Braunschweig: Vieweg-Verlag, 2002.

[5] Rösler J, Harders H, Bäker M. Mechanisches Verhalten der Werkstoffe. Wiesbaden: Vieweg + Teubner, 2008.

[6] Brook G. Precipitation in Metals. Fulmer Research Institute, UK 1963; Special Report No. 3.

[7] Vietz JT, Polmear IJ. Journal of the Institute of Metals 1966;94:410ff.

[8] Schneibel J, Singer R, Blum W. Microstructure and flow stress of AlCuMgPb during deformation at 573 K. Zeitschrift für Metallkunde 1977:538.

[9] Pashley DW, Rhodes JW, Sendorek A. J. Inst. Metals 1966;94:41.

[10] Oguocha INA, Yannacopoulos S. Precipitation and dissolution kinetics in Al-Cu-Mg-Fe-Ni alloy 2618 and Al-alumina particle metal matrix composite. Materials Science and Engineering A 1997;231:25.

[11] Ringer SP, Sakurai T, Polmear IJ. Origins of hardening in aged Al-Cu-Mg-(Ag) alloys. Acta Materialia 1997;45:3731.

[12] Ringer SP, Hono K. Microstructural Evolution and Age Hardening in Aluminium Alloys: Atom Probe Field-Ion Microscopy and Transmission Electron Microscopy Studies. Materials Characterization 2000;44:101.

[13] Ringer SP, Prasad KS, Quan GC. Internal co-precipitation in aged Al-1.7Cu-0.3Mg-0.1Ge (at.%) alloy. Acta Materialia 2008;56:1933.

[14] Rodrigo P, Poza P, Utrilla MV, Ureña A. Identification of [sigma] and [Omega] phases in AA2009/SiC composites. Journal of Alloys and Compounds 2009;482:187.

[15] Reich L, Ringer SP, Hono K. Origin of the initial rapid age hardening in an Al-1.7at.% Mg-1.1 at.% Cu Alloy. Phil. Magazine Letters 1999;79:639.

[16] Wang J, Yi D, Su X, Yin F. Influence of deformation ageing treatment on microstructure and properties of aluminum alloy 2618. Materials Characterization 2008;59:965.

[17] Majimel J, Molénat G, Casanove MJ, Schuster D, Denquin A, Lapasset G. Investigation of the evolution of hardening precipitates during thermal exposure or creep of a 2650 aluminium alloy. Scripta Materialia 2002;46:113.

[18] Polmear IJ, Pons G, Barbaux Y, Octor H, Sanchez C, Morton AJ, Borbidge WE, Rogers S. After Concorde: evaluation of creep resistant Al-Cu-Mg-Ag alloys. Materials Science and Technology 1999;15:861.

[19] N.N. Werkstoffdatenblatt der Legierung AN 40 (AlCuMgNi). Meinerzhagen: Otto Fuchs Metallwerke, 2007.

[20] Wilson RN, Moore DM, Forsyth PJE. J. Inst. Metals 1967;75:177.

[21] Vasudévan AK, Doherty RD. Grain boundary ductile fracture in precipitation hardened aluminum alloys. Acta Metallurgica 1987;35:1193.

[22] Davis JR. Aluminum and aluminum alloys. Materials Park: ASM International, 1994.

[23] Nový F, Janecek M, Král R. Microstructure changes in a 2618 aluminium alloy during ageing and creep. Journal of Alloys and Compounds 2009;487:146.

[24] Feng W, Baiqing X, Yongan Z, Zhihui L, Peiyue L. Microstructural characterization of an Al-Cu-Mg alloy containing Fe and Ni. Journal of Alloys and Compounds 2009;487:445.

[25] Herring RA, Gayle FW, Pickens JR. High-resolution electron microscopy study of a high-copper variant of weldalite 049 and a high-strength Al-Cu-Ag-Mg-Zr alloy. Journal of Materials Science 1993;28:69.

[26] Lumley RN, Polmear IJ. The effect of long term creep exposure on the microstructure and properties of an underaged Al-Cu-Mg-Ag alloy. Scripta Materialia 2004;50:1227.

[27] Lumley RN, Morton AJ, Polmear IJ. Enhanced creep performance in an Al-Cu-Mg-Ag alloy through underageing. Acta Materialia 2002;50:3597.

[28] Chen Z, Zheng Z. Microstructural evolution and ageing behaviour of the low Cu:Mg ratio Al-Cu-Mg alloys containing scandium and lithium. Scripta Materialia 2004;50:1067.

[29] Ferry M, Munroe PR. Enhanced recovery in a particulate-reinforced aluminium composite. Materials Science and Engineering A 2003;358:142.

[30] Zou L, Pan Q-l, He Y-b, Wang C-z, Liang W-j. Effect of minor Sc and Zr addition on microstructures and mechanical properties of Al-Zn-Mg-Cu alloys. Transactions of Nonferrous Metals Society of China 2007;17:340.

[31] Bai S, Liu Z, Li Y, Hou Y, Chen X. Microstructures and fatigue fracture behavior of an Al-Cu-Mg-Ag alloy with addition of rare earth Er. Materials Science and Engineering: A 2010;527:1806.

[32] Bobrow D, Arbel A, Eliezer D. The effect of constant-load creep on fracture toughness and tensile behavior of precipitation-free zone aluminum alloy type 2618. Scripta Metallurgica 1988;22:1503.

[33] Chang C-H, Lee S-L, Lin J-C, Yeh M-S, Jeng R-R. Effect of Ag content and heat treatment on the stress corrosion cracking of Al-4.6Cu-0.3Mg alloy. Materials Chemistry and Physics 2005;91:454.

[34] Dymek S, Dollar M. TEM investigation of age-hardenable Al 2519 alloy subjected to stress corrosion cracking tests. Materials Chemistry and Physics 2003;81:286.

[35] Grosdidier, T, Keramidas, P, Shao, G, Tsakiropoulos, P. Influence of 2.8% zirconium addition on the microstructure of rapidly solidified Al-8Fe-4Ni alloy. Amsterdam, PAYS-BAS: Elsevier, 1999.

[36] Hutchinson CR, Fan X, Pennycook SJ, Shiflet GJ. On the origin of the high coarsening resistance of [Omega] plates in Al-Cu-Mg-Ag Alloys. Acta Materialia 2001;49:2827.

[37] Kloc L, Spigarelli S, Cerri E, Evangelista E, Langdon TG. Creep behavior of an aluminum 2024 alloy produced by powder metallurgy. Acta Materialia 1997;45:529.

[38] Lin Z, Chan SL, Mohamed FA. Effect of nano-scale particles on the creep behavior of 2014 Al. Materials Science and Engineering A 2005;394:103.

[39] Raviprasad K, Hutchinson CR, Sakurai T, Ringer SP. Precipitation processes in an Al-2.5Cu-1.5Mg (wt. %) alloy microalloyed with Ag and Si. Acta Materialia 2003;51:5037.

[40] Robinson, J S, Cudd, R L, Evans, J T. Creep resistant aluminium alloys and their applications. 2003;19:13.

[41] Tjong SC, Ma ZY. High-temperature creep behaviour of powder-metallurgy aluminium composites reinforced with SiC particles of various sizes. Composites Science and Technology 1999;59:1117.

[42] Wang SC, Starink MJ, Gao N. Precipitation hardening in Al-Cu-Mg alloys revisited. Scripta Materialia 2006;54:287.

[43] Xia Q-k, Liu Z-y, Li Y-t. Microstructure and properties of Al-Cu-Mg-Ag alloy exposed at 200 °C with and without stress. Transactions of Nonferrous Metals Society of China 2008;18:789.

[44] Yu K, Li W, Li S, Zhao J. Mechanical properties and microstructure of aluminum alloy 2618 with Al3(Sc, Zr) phases. Materials Science and Engineering A 2004;368:88.

[45] Starink MJ, Gao N, Kamp N, Wang SC, Pitcher PD, Sinclair I. Relations between microstructure, precipitation, age-formability and damage tolerance of Al-Cu-Mg-Li (Mn, Zr, Sc) alloys for age forming. Materials Science and Engineering: A 2006;418:241.

[46] Gupta RK, Nayan N, Nagasireesha G, Sharma SC. Development and characterization of Al-Li alloys. Materials Science and Engineering: A 2006;420:228.

[47] Sato T, Hirosawa S, Hirose K, Maeguchi T. Roles of microalloying elements on the cluster formation in the initial stage of phase decomposition of Al-based alloys. Metallurgical and Materials Transactions A 2003;34:2745.

[48] Singh V, Satya Prasad K, Gokhale AA. Effect of minor Sc additions on structure, age hardening and tensile properties of aluminium alloy AA8090 plate. Scripta Materialia 2004;50:903.

[49] Kaufman JG. Properties of Aluminium alloys: ASM, 1999.

[50] N.N. Werkstoffdatenblatt der Legierung AN 40 (AlCuMgNi). Meinerzhagen: Otto Fuchs Metallwerke.

[51] Ravindranathan S, Kashyap K, Kumar S, Ramachandra C, Chatterji B. Effect of delayed aging on mechanical properties of an Al-Cu-Mg alloy. Journal of Materials Engineering and Performance 2000;9:24.

[52] Ostermann F. Anwendungstechnologie Aluminium. Berlin: Springer Verlag, 2007.

[53] Srivatsan TS. An investigation of the cyclic fatigue and fracture behavior of aluminum alloy 7055. Materials & Design 2002;23:141.

[54] Rao KS, Raju PN, Reddy GM, Kamaraj M, Rao KP. Microstructure and high temperature strength of age hardenable AA2219 aluminium alloy modified by Sc, Mg and Zr additions. Materials Science and Technology 2009;25:92.

[55] Henne I. Schädigungsverhalten von Aluminiumgusslegierungen bei TMF und TMF/HCF-Beanspruchung. Schriftenreihe Werkstoffwissenschaft und Werkstofftechnik ; 2006/31. Herzogenrath: Shaker, 2006. p.IV.

[56] Myhr OR, Grong Ø, Fjær HG, Marioara CD. Modelling of the microstructure and strength evolution in Al-Mg-Si alloys during multistage thermal processing. Acta Materialia 2004;52:4997.

[57] Starink MJ, Wang P, Sinclair I, Gregson PJ. Microstrucure and strengthening of Al-Li-Cu-Mg alloys and MMCs: II. Modelling of yield strength. Acta Materialia 1999;47:3855.

[58] Nicolas M, Deschamps A. Characterisation and modelling of precipitate evolution in an Al-Zn-Mg alloy during non-isothermal heat treatments. Acta Materialia 2003;51:6077.

[59] Simar A, Brächet Y, Meester Bd, Denquin A, Pardoen T. Sequential modeling of local precipitation, strength and strain hardening in friction stir welds of an aluminum alloy 6005A-T6. 2007;55:6133.

[60] Yuan SP, Liu G, Wang RH, Zhang GJ, Pu X, Sun J, Chen KH. Aging-dependent coupling effect of multiple precipitates on the ductile fracture of heat-treatable aluminum alloys. Materials Science and Engineering: A 2009;499:387.

[61] Esmaeili S, Cheng LM, Deschamps A, Lloyd DJ, Poole WJ. The deformation behaviour of AA6111 as a function of temperature and precipitation state. Materials Science and Engineering A 2001;319-321:461.

[62] Cho JR, Bae WB, Hwang WJ, Hartley P. A study on the hot-deformation behavior and dynamic recrystallization of Al-5 wt.%Mg alloy. Journal of Materials Processing Technology 2001;118:356.

[63] Kaibyshev R, Sitdikov O, Mazurina I, Lesuer DR. Deformation behavior of a 2219 Al alloy. Materials Science and Engineering A 2002;334:104.

[64] Cavaliere P. Hot and warm forming of 2618 aluminium alloy. Journal of Light Metals 2002;2:247.

[65] Liu XY, Pan QL, He YB, Li WB, Liang WJ, Yin ZM. Flow behavior and microstructural evolution of Al-Cu-Mg-Ag alloy during hot compression deformation. Materials Science and Engineering: A 2009;500:150.

[66] Aghaie-Khafri M, Zargaran A. Low-cycle fatigue behavior of AA2618-T61 forged disk. Materials & Design 2010;31:4104.

[67] Kassner ME, Perez-Prado M-T. Fundamentals of creep in metals and alloys. Amsterdam: Elsevier, 2004.

[68] Pantelakis S, Kyrsanidi A, El-Magd E, Dünnwald J, Barbaux Y, Pons G. Creep resistance of aluminium alloys for the next generation supersonic civil transport aircrafts. Theoretical and Applied Fracture Mechanics 1999;31:31.

[69] H. Martinod, C. Renon, Calvet J. Mem. Sci. Rev. Metall. 1969;66:303.

[70] N.N. Hiduminium technical data. Slough High Duty Alloys 1967.

[71] Ferragut R, Dupasquier A, Macchi CE, Somoza A, Lumley RN, Polmear IJ. Vacancy-solute interactions during multiple-step ageing of an Al-Cu-Mg-Ag alloy. Scripta Materialia 2009;60:137.

[72] Macherauch E, Mayr P. Strukturmechanische Grundlagen der Werkstoffermüdung. Materialwissenschaft und Werkstofftechnik 1977;8:213.

[73] Radaj D, Vormwald M. Ermüdungsfestigkeit : Grundlagen für Ingenieure. Berlin: Springer, 2007.

[74] Schijve J. Fatigue of structures and materials. Dordrecht [u.a.]: Kluwer, 2001.

[75] Murakami Y, Kodama S, Konuma S. Quantitative evaluation of effects of non-metallic inclusions on fatigue strength of high strength steels. I: Basic fatigue mechanism and evaluation of correlation between the fatigue fracture stress and the size and location of non-metallic inclusions. International Journal of Fatigue 1989;11:291.

[76] Schijve J. Fatigue of structures and materials in the 20th century and the state of the art. International Journal of Fatigue 2003;25:679.

[77] Suresh S. Fatigue of materials. Cambridge [u.a.]: Cambridge Univ. Pr., 2003.

[78] Schott G. Werkstoffermüdung - Ermüdungsfestigkeit Suttgart: Dt. Verl. für Grundstoffindustrie, 1997.

[79] N.N. Dubbel : Taschenbuch für den Maschinenbau; mit ... Tabellen. Berlin: Springer, 2007.

[80] N.N. Rechnerischer Festigkeitsnachweis für Maschinenbauteile : aus Stahl, Eisenguss- und Aluminiumwerkstoffen. Frankfurt/Main: VDMA Verl., 2003.

[81] Coffin LF, Jr. Low Cycle Fatigue--A Review. Applied Materials Research 1962;1:129.

[82] Gudehus H, Zenner H. Leitfaden für eine Betriebsfestigkeitsrechnung : Empfehlung zur Lebensdauerabschätzung von Maschinenbauteilen. Düsseldorf: Verl. Stahleisen, 2000.

[83] Haibach E. Betriebsfestigkeit : Verfahren und Daten zur Bauteilberechnung. Berlin: Springer, 2006.

[84] Socie DF, Marquis GB. Multiaxial fatigue. Warrendale, Pa.: Society of Automotive Engineers, 2000.

[85] Manson SS. Thermal stress and low-cycle fatigue. New York [u.a.]: MacGraw-Hill, 1966.

[86] Manson SS. Interfaces between fatigue, creep, and fracture. International Journal of Fracture 1966;2:327.

[87] Morrow J, Halford G, Millan J. "Optimum Hardness for Maximum Fatigue Strength of Steel,. First International Conference on Fracture vol. 3. Sendai, Japan, 1965. p.1611.

[88] Bäumel Aj, Seeger T. Materials data for cyclic loading. Amsterdam: Elsevier Science Publishers, 1987.

[89] Sonsino CM. Einfluß von Kaltverformungen bis 5% auf das Kurzzeitschwingfestigkeitsverhalten des Feinkornbaustahles StE 47 und der Aluminiumknetlegierung AlCuMg 2. Materialwissenschaft und Werkstofftechnik 1983;14:1.

[90] Lemaitre J, Chaboche J-L. Mechanics of Solid Materials. Cambridge: Cambridge University Press, 1990.

[91] Jiang Y. Cyclic Plasticity with an Emphasis on Ratcheting. Mechanical Engineering, vol. Ph.D. Dissertation. Urbana: University of Illinois at Urbana-Champaign, 1993.

[92] Wagener R, Esderts A. Cyclic Material Behaviour of Aluminium Wrought Alloys. the 6th international conference on Low Cycle Fatigue LCF6. Berlin: DVM, 2008.

[93] Fatemi A, Plaseied A, Khosrovaneh AK, Tanner D. Application of bi-linear log-log S-N model to strain-controlled fatigue data of aluminum alloys and its effect on life predictions. International Journal of Fatigue 2005;27:1040.

[94] Madelaine-Dupuich O. Fatigue Strength of Eutectic Al-Si Alloys. Mater. Sci. Forum 1996;217-222:1343.

[95] Honma U, Oya S. Fatigue Strength of Aluminium Alloy castings Containing Impurities. Aluminium 1983;59:522.

[96] Borrego LP, Abreu LM, Costa JM, Ferreira JM. Analysis of low cycle fatigue in AlMgSi aluminium alloys. Engineering Failure Analysis 2004;11:715.

[97] Srivatsan TS. Mechanisms governing cyclic deformation and failure during elevated temperature fatigue of aluminum alloy 7055. International Journal of Fatigue 1999;21:557.

[98] Srivatsan TS, Al-Hajri M, Vasudevan VK. Cyclic plastic strain response and fracture behavior of 2009 aluminum alloy metal-matrix composite. International Journal of Fatigue 2005;27:357.

[99] Srivatsan TS, Coyne Jr EJ. Cyclic stress response and deformation behaviour of precipitation-hardened aluminium-lithium alloys. International Journal of Fatigue 1986;8:201.

[100] Srivatsan TS, Kolar D, Magnusen P. Influence of temperature on cyclic stress response, strain resistance, and fracture behavior of aluminum alloy 2524. Materials Science and Engineering A 2001;314:118.

[101] Srivatsan TS, Kolar D, Magnusen P. The cyclic fatigue and final fracture behavior of aluminum alloy 2524. Materials & Design 2002;23:129.

[102] Srivatsan TS, Lanning Jr D. Cyclic strain resistance and fracture behavior of 7150 aluminum alloy. Engineering Fracture Mechanics 1992;42:877.

[103] Zürn J. Einfluß der Mittelspannung auf die Schwingfestigkeit einsatzgehärteter Stähle am Beispiel 20 MoCr 4 und 16 MnCr 5. 1986. p.162 S.

[104] Vormwald M. Anrisslebensdauervorhersage auf der Basis der Schwingbruchmechanik kurzer Risse. Darmstadt: Veröffentlichungen d. Inst. f. Stahlbau u. Werkstoffmechanik d. TH Darmstadt 1989.

[105] Vormwald M, Seeger T. THE CONSEQUENCES OF SHORT CRACK CLOSURE ON FATIGUE CRACK GROWTH UNDER VARIABLE AMPLITUDE LOADING. Fatigue & Fracture of Engineering Materials & Structures 1991;14:205.

[106] Thalmair S. Thermomechanische Ermüdung von Aluminium-Silizium-Gusslegierungen unter ottomotorischen Beanspruchungen. 2009. p.Online.

[107] Seifert T, Riedel H. Mechanism-based thermomechanical fatigue life prediction of cast iron. Part I: Models. International Journal of Fatigue 2010;32:1358.

[108] Heitmann H. Betriebsfestigkeit von Stahl: Vorhersage der technischen Anrisslebensdauer unter Berücksichtigung des Verhaltens von Mikrorissen. vol. Dissertation. Aachen: RWTH Aachen, 1983.

[109] Newman JC. A crack opening stress equation for fatigue crack growth. International Journal of Fracture 1984;24:R131.

[110] Newman JC, Brot A, Matias C. Crack-growth calculations in 7075-T7351 aluminum alloy under various load spectra using an improved crack-closure model. Engineering Fracture Mechanics 2004;71:2347.

[111] Rios ERDL, Xin XJ, Navarro A. Modelling Microstructurally Sensitive Fatigue Short Crack Growth. Proceedings: Mathematical and Physical Sciences 1994;447:111.

[112] Bomas, H, Linkewitz, T, Mayr, P. Short cracks and lifetime of a normalized carbon steel under cyclic block loading. Oxford, ROYAUME-UNI: Blackwell Science, 1996.

[113] Newman JC, Phillips EP, Swain MH. Fatigue-life prediction methodology using small-crack theory. International Journal of Fatigue 1999;21:109.

[114] Socie D, Marquis G. Multiaxial Fatigue. Warrendale: SAE International, 2000.

[115] Hoffmann M. Ein Näherungsverfahren zur Ermittlung mehrachsig elastisch-plastischer Kerbbeanspruchungen,. Darmstadt: Veröffentlichungen d. Inst. f. Stahlbau u. Werkstoffmechanik d. TH Darmstadt, 1986.

[116] Glinka G. Energy Density Approach to Calculation of Inelastic strain-Stress near Notches and Cracks. Engineering Fracture Mechanics 1985;22:485.

[117] Morgeneyer TF, Starink MJ, Wang SC, Sinclair I. Quench sensitivity of toughness in an Al alloy: Direct observation and analysis of failure initiation at the precipitate-free zone. Acta Materialia 2008;56:2872.

[118] Lim ST, Yun SJ, Nam SW. Improved quench sensitivity in modified aluminum alloy 7175 for thick forging applications. Materials Science and Engineering A 2004;371:82.

[119] Liu S, Zhong Q, Zhang Y, Liu W, Zhang X, Deng Y. Investigation of quench sensitivity of high strength Al-Zn-Mg-Cu alloys by time-temperature-properties diagrams. Materials & Design 2010;31:3116.

[120] Chan KS. Roles of microstructure in fatigue crack initiation. International Journal of Fatigue;32:1428.

[121] Sakai T, Sato Y, Nagano Y, Takeda M, Oguma N. Effect of stress ratio on long life fatigue behavior of high carbon chromium bearing steel under axial loading. International Journal of Fatigue 2006;28:1547.

[122] Klaska A. Thermisches und thermisch-mechanisches Ermüdungsverhalten der oxidpartikelverstärkten Aluminiumknetlegierung AlMg1SiCu. IWK1, vol. Dissertation. Karlsruhe: Universität Karlsruhe (TH), 2008.

[123] Weiland H, Nardiello J, Zaefferer S, Cheong S, Papazian J, Raabe D. Microstructural aspects of crack nucleation during cyclic loading of AA7075-T651. Engineering Fracture Mechanics 2009;76:709.

[124] Desmukh MN, Pandey RK, Mukhopadhyay AK. Fatigue behavior of 7010 aluminum alloy containing scandium. Scripta Materialia 2005;52:645.

[125] Wang M, Liu Z, Liu Z, Yang S, Weng Y, Song T. Effects of Sc on microstructure and low-cycle fatigue properties of Al-Li alloy. Materials Science and Engineering: A 2008;483-484:448.

[126] Ovono Ovono D, Guillot I, Massinon D. Study on low-cycle fatigue behaviours of the aluminium cast alloys. Journal of Alloys and Compounds 2008;452:425.

[127] Ngiau C, Kujawski D. Sequence effects of small amplitude cycles on fatigue crack initiation and propagation in 2024-T351 aluminum. International Journal of Fatigue 2001;23:807.

[128] Burkart K, Schleicher M, Jansen C, Bomas H, Mayr P. Messung und Modellierung der Lebensdauer der Legierung AlCuMg2 unter zweistufiger Schwingbeanspruchung. Materialwissenschaft und Werkstofftechnik 2000;31:1027.

[129] Savaidis G, Seeger T. Werkstoffmechanische Beanspruchungs- und Lebensdaueranalyse zweistufig schwingbeanspruchter Biegeproben aus 42CrMo4. Materialwissenschaft und Werkstofftechnik 1994;25:141.

[130] Buxbaum O. Betriebsfestigkeit : sichere und wirtschaftliche Bemessung schwingbruchgefährdeter Bauteile. Düsseldorf: Verl. Stahleisen, 1992.

[131] Eichlseder W. Lebensdauervorhersage auf Basis von Finite Elemente Ergebnissen. Materialwissenschaft und Werkstofftechnik 2003;34:843.

[132] K. N. Smith PW, T. H. Topper. A stress-strain function for the fatigue of metals. Journal of Materials 1970;4:767.

[133] Heitmann H, Vehoff H, Neumann P. Life prediction for random load fatigue based on the growth behaviour of microcracks: Pergamon Press, 1985.

[134] Seifert T, Maier G, Uihlein A, Lang KH, Riedel H. Mechanism-based thermomechanical fatigue life prediction of cast iron. Part II: Comparison of model predictions with experiments. International Journal of Fatigue 2010;32:1368.

[135] Gross D, Seelig T. Bruchmechanik : mit einer Einführung in die Mikromechanik. Berlin: Springer, 2007.

[136] N.N. Bruchmechanischer Festigkeitsnachweis für Maschinenbauteile : [Abschlussbericht]. Frankfurt/Main: VDMA-Verl., 2001.

[137] N.N. Eurocode 9. Bemessung und Konstruktion von Aluminiumtragwerken: Beuth Verlag, 2009.

[138] Holm DK, Blom AF, Suresh S. Growth of cracks under far-field cyclic compressive loads: Numerical and experimental results. Engineering Fracture Mechanics 1986;23:1097.

[139] Özbek Ä. A study on the re-solution heat treatment of AA 2618 aluminum alloy. Materials Characterization 2007;58:312.

[140] Wang J, Yi D. Preparation and properties of alloy 2618 reinforced by submicron AlN particles. Journal of Materials Engineering and Performance 2006;15:596.

[141] Huang X, Zhang H, Han Y, Wu W, Chen J. Hot deformation behavior of 2026 aluminum alloy during compression at elevated temperature. Materials Science and Engineering: A 2010;527:485.

[142] N.N. Luft- und Raumfahrt –Prüfverfahren für metallische Werkstoffe - Dehnungsgesteuerter Kurzzeit-ErmüdungsVersuch (LCF). vol. DIN EN 3988 (Entwurf): Beuth-Verlag, 1998.

[143] Majimel J, Casanove MJ, MolÃ©nat G. A 2xxx aluminum alloy crept at medium temperature: role of thermal activation on dislocation mechanisms. Materials Science and Engineering: A 2004;380:110.

[144] Müller R. Die Streuung der Schwingfestigkeit. Materialwissenschaft und Werkstofftechnik 1978;9:316.

[145] Robert A. Edahl, Domack aMS. Effect of Thermal Exposure on the Tensile Properties of Aluminum Alloys for Elevated Temperature Service. Hampton, Virginia: Langley Research Center, NASA, 2004.

[146] Starink MJ, Gao N, Yan JL. The origins of room temperature hardening of Al-Cu-Mg alloys. Materials Science and Engineering: A 2004;387-389:222.

[147] Christ H-J, Dueber O, Knobbe H. Ausbreitungsverhalten mikrostrukturell kurzer Ermuedungsrisse – experimentelle Charakterisierung und mechanismenorientierte Simulation. Mat.-wiss. u. Werkstofftech. 2008;39:689.

[148] Salerno G, Magnabosco R, Moura Neto Cd. Mean strain influence in low cycle fatigue behavior of AA7175-T1 aluminum alloy. International Journal of Fatigue 2007;29:829.

[149] Lukas P, Kunz L. Effect of mean stress on short crack threshold. In: Miller KJ, editor. Short Fatigue Cracks. London: Mech. Engng.Publ., 1992. p.pp. 3651.

[150] Schackelford J. Werkstofftechnologie für Ingenieure. München: Pearson Studium, 2005.

Schriftenreihe des Instituts für Angewandte Materialien

ISSN 2192-9963

Die Bände sind unter www.ksp.kit.edu als PDF frei verfügbar oder als Druckausgabe bestellbar.

Band 1 Prachai Norajitra
Divertor Development for a Future Fusion Power Plant. 2011
ISBN 978-3-86644-738-7

Band 2 Jürgen Prokop
Entwicklung von Spritzgießsonderverfahren zur Herstellung von Mikrobauteilen durch galvanische Replikation. 2011
ISBN 978-3-86644-755-4

Band 3 Theo Fett
New contributions to R-curves and bridging stresses – Applications of weight functions. 2012
ISBN 978-3-86644-836-0

Band 4 Jérôme Acker
Einfluss des Alkali/Niob-Verhältnisses und der Kupferdotierung auf das Sinterverhalten, die Strukturbildung und die Mikrostruktur von bleifreier Piezokeramik $(K_{0,5}Na_{0,5})NbO_3$. 2012
ISBN 978-3-86644-867-4

Band 5 Holger Schwaab
Nichtlineare Modellierung von Ferroelektrika unter Berücksichtigung der elektrischen Leitfähigkeit. 2012
ISBN 978-3-86644-869-8

Band 6 Christian Dethloff
Modeling of Helium Bubble Nucleation and Growth in Neutron Irradiated RAFM Steels. 2012
ISBN 978-3-86644-901-5

Band 7 Jens Reiser
Duktilisierung von Wolfram. Synthese, Analyse und Charakterisierung von Wolframlaminaten aus Wolframfolie. 2012
ISBN 978-3-86644-902-2

Band 8 Andreas Sedlmayr
Experimental Investigations of Deformation Pathways in Nanowires. 2012
ISBN 978-3-86644-905-3

Band 9 Matthias Friedrich Funk
Microstructural stability of nanostructured fcc metals during cyclic deformation and fatigue. 2012
ISBN 978-3-86644-918-3

Band 10 Maximilian Schwenk
Entwicklung und Validierung eines numerischen Simulationsmodells zur Beschreibung der induktiven Ein- und Zweifrequenzrandschichthärtung am Beispiel von vergütetem 42CrMo4. 2012
ISBN 978-3-86644-929-9

Band 11 Matthias Merzkirch
Verformungs- und Schädigungsverhalten der verbundstranggepressten, federstahldrahtverstärkten Aluminiumlegierung EN AW-6082. 2012
ISBN 978-3-86644-933-6

Band 12 Thilo Hammers
Wärmebehandlung und Recken von verbundstranggepressten Luftfahrtprofilen. 2013
ISBN 978-3-86644-947-3

Band 13 Jochen Lohmiller
Investigation of deformation mechanisms in nanocrystalline metals and alloys by in situ synchrotron X-ray diffraction. 2013
ISBN 978-3-86644-962-6

Band 14 Simone Schreijäg
Microstructure and Mechanical Behavior of Deep Drawing DC04 Steel at Different Length Scales. 2013
ISBN 978-3-86644-967-1

Band 15 Zhiming Chen
Modelling the plastic deformation of iron. 2013
ISBN 978-3-86644-968-8

Band 16 Abdullah Fatih Çetinel
Oberflächendefektausheilung und Festigkeitssteigerung von niederdruckspritzgegossenen Mikrobiegebalken aus Zirkoniumdioxid. 2013
ISBN 978-3-86644-976-3

Band 17 Thomas Weber
Entwicklung und Optimierung von gradierten Wolfram/ EUROFER97-Verbindungen für Divertorkomponenten. 2013
ISBN 978-3-86644-993-0

Band 18 Melanie Senn
Optimale Prozessführung mit merkmalsbasierter Zustandsverfolgung. 2013
ISBN 978-3-7315-0004-9

Band 19 Christian Mennerich
Phase-field modeling of multi-domain evolution in ferromagnetic shape memory alloys and of polycrystalline thin film growth. 2013
ISBN 978-3-7315-0009-4

Band 20 Spyridon Korres
On-Line Topographic Measurements of Lubricated Metallic Sliding Surfaces. 2013
ISBN 978-3-7315-0017-9

Band 21 Abhik Narayan Choudhury
Quantitative phase-field model for phase transformations in multi-component alloys. 2013
ISBN 978-3-7315-0020-9

Band 22 Oliver Ulrich
Isothermes und thermisch-mechanisches Ermüdungsverhalten von Verbundwerkstoffen mit Durchdringungsgefüge (Preform-MMCs). 2013
ISBN 978-3-7315-0024-7

Band 23 Sofie Burger
High Cycle Fatigue of Al and Cu Thin Films by a Novel High-Throughput Method. 2013
ISBN 978-3-7315-0025-4

Band 24 Michael Teutsch
Entwicklung von elektrochemisch abgeschiedenem LIGA-Ni-Al für Hochtemperatur-MEMS-Anwendungen. 2013
ISBN 978-3-7315-0026-1

Band 25 Wolfgang Rheinheimer
Zur Grenzflächenanisotropie von $SrTiO_3$. 2013
ISBN 978-3-7315-0027-8

Band 26 Ying Chen
Deformation Behavior of Thin Metallic Wires under Tensile and Torsional Loadings. 2013
ISBN 978-3-7315-0049-0

Band 27 Sascha Haller
Gestaltfindung: Untersuchungen zur Kraftkegelmethode. 2013
ISBN 978-3-7315-0050-6

Band 28 Stefan Dietrich
Mechanisches Verhalten von GFK-PUR-Sandwichstrukturen unter quasistatischer und dynamischer Beanspruchung. 2013
ISBN 978-3-7315-0074-2

Band 29 Gunnar Picht
Einfluss der Korngröße auf ferroelektrische Eigenschaften dotierter $Pb(Zr_{1-x}Ti_x)O_3$ Materialien. 2013
ISBN 978-3-7315-0106-0

Band 30 Esther Held
Eigenspannungsanalyse an Schichtverbunden mittels inkrementeller Bohrlochmethode. 2013
ISBN 978-3-7315-0127-5

Band 31 Pei He
On the structure-property correlation and the evolution of Nanofeatures in 12-13.5% Cr oxide dispersion strengthened ferritic steels. 2014
ISBN 978-3-7315-0141-1

Band 32 Jan Hoffmann
Ferritische ODS-Stähle - Herstellung, Umformung und Strukturanalyse. 2014
ISBN 978-3-7315-0157-2

Band 33 Wiebke Sittel
Entwicklung und Optimierung des Diffusionsschweißens von ODS Legierungen. 2014
ISBN 978-3-7315-0182-4

Band 34 Osama Khalil
Isothermes Kurzzeitermüdungsverhalten der hoch-warmfesten Aluminium-Knetlegierung 2618A (AlCu2Mg1,5Ni). 2014
ISBN 978-3-7315-0208-1